管理学基础

(第4版)

主　编　张永良
副主编　李　博　卫玉成　陈冬梅
参　编　贾　敏　刘列转　张　艳
　　　　王　蕊　李　盟

北京理工大学出版社
BEIJING INSTITUTE OF TECHNOLOGY PRESS

内 容 简 介

本书旨在介绍管理学的基本概念、基本知识、基本原理和基本技能，内容主要包括管理与管理系统、管理思想、计划、组织、领导、控制以及管理创新等。本书结构简单明了，内容通俗易懂。

本书坚持以能力培养为目的，构建内容体系，创新编写体例，增强针对性和实用性，实现对通用管理技能的培养。本书每单元之前设有学习目标、导入案例，文中穿插有相关链接、管理故事、管理案例等专栏，单元之后设有阅读材料、重点概念、复习思考、案例分析、实训项目等，较好地适应了教学要求。同时，为了适应信息化环境，本书在文中插入了大量二维码，内容包括重点概念、微课、相关视频、案例分析、阅读材料等拓展资源，方便学习。

本书适合高职高专、成人高校财经商贸大类及其相关专业的教学使用，也可作为短期培训教材或相关人员的参考用书。

版权专有　侵权必究

图书在版编目（CIP）数据

管理学基础 / 张永良主编 . —4 版 . —北京：北京理工大学出版社，2022.1（2022.6 重印）

ISBN 978-7-5763-0962-1

Ⅰ . ①管… Ⅱ . ①张… Ⅲ . ①管理学-高等学校-教材 Ⅳ . ①C93

中国版本图书馆 CIP 数据核字（2022）第 027645 号

出版发行 / 北京理工大学出版社有限责任公司

社　　址 / 北京市海淀区中关村南大街 5 号

邮　　编 / 100081

电　　话 /（010）68914775（总编室）
　　　　　（010）82562903（教材售后服务热线）
　　　　　（010）68944723（其他图书服务热线）

网　　址 / http://www.bitpress.com.cn

经　　销 / 全国各地新华书店

印　　刷 / 北京昌联印刷有限公司

开　　本 / 787 毫米×1092 毫米　1/16

印　　张 / 15.25　　　　　　　　　　　　　　　　责任编辑 / 李玉昌

字　　数 / 360 千字　　　　　　　　　　　　　　　文案编辑 / 李玉昌

版　　次 / 2022 年 1 月第 4 版　2022 年 6 月第 2 次印刷　　责任校对 / 周瑞红

定　　价 / 85.00 元　　　　　　　　　　　　　　　责任印制 / 施胜娟

图书出现印装质量问题，请拨打售后服务热线，本社负责调换

再版前言

"管理学基础"是高职财经商贸大类专业的基础课程之一,为了更好地适应该课程教学改革的需要,我们依据财经商贸大类专业的培养目标,针对高职教育的特点和规律,结合高职学生的学习情况和近年来的教学改革与实践,在对现有教材进行兼收并蓄并广泛征求第3版教材使用院校意见的基础上,修订编写了本教材。

本教材在编写过程中,坚持以能力培养为目的,构建内容体系,创新编写体例,增强针对性和实用性,实现对学生通用管理技能的培养。

在内容选取和结构安排上,本教材按照突出基本概念、基本知识、基本原理和基本技能的原则,以管理系统和管理思想为基础和前提,以管理的计划、组织、领导及控制等四大基本职能为重点,同时,强调管理创新,以此构建内容体系,力求简单明了,通俗易懂。

在编写体例方面,本教材坚持形式为内容服务,进行大胆创新,力求适应高职教学的特点和规律。每单元前面,设有学习目标,提示学生注意把握知识要点和能力要求。同时,精心选择导入案例,以增强对课程内容的导入力度,提升学生的求知欲。每单元中间,根据需要设计了相关链接、管理故事、管理案例等专栏,以加强学生对主要内容的理解,提高学生的学习兴趣,扩大视野。每单元后面,除了正常的复习思考题外,还设有针对性较强的阅读材料、案例分析和实训项目,以提升学生理论联系实际,分析问题、解决问题的能力,特别是实训项目,旨在促进学生运用所学知识处理实际问题,有助于真正培养学生的管理技能。

在信息化教学方面,为了进一步适应"互联网+"信息化教学条件和线上线下混合教学模式的改革,本书在编写过程中添加了大量的二维码,更多地将重点概念、微课、相关视频、案例分析、阅读材料等拓展资源加入教材之中,有利于学生利用新媒体学习,丰富了内容,增强了灵活性和互动性,强化了教材的立体化呈现方式。

在"课程思政""三全育人"方面,每个单元都增加了思政案例,将党史党建历程中的卓越实践与经典管理理论相结合,将思想政治教育、商科职业素养培养融入教学过程,帮助学生树立正确的世界观、人生观和价值观,提升教材在价值塑造、知识传授、能力提升方面的功能。

本教材由宝鸡职业技术学院张永良教授负责总纂,担任主编;副主编由杨凌职业技术学院李博、卫玉成、陈冬梅担任。编写与修订工作分工如下:第1单元由宝鸡职业技术学院张永良、杨凌职业技术学院李博编写及修订;第2单元由宝鸡职业技术学院张艳修订;第3单元由杨凌职业技术学院王蕊修订;第4单元由陕西国际商贸学院贾敏修订;第5单元由宝鸡职业技术学院张永良、杨凌职业技术学院陈冬梅编写,西安思源学院李盟修订;第6单元由宝鸡职业技术学院张永良、杨凌职业技术学院卫玉成编写及修订;第7单元由宝鸡职业技术学院刘列转修订。另外,感谢黄河水利职业技术学院张之峰、马丽亚,陕西国际商贸学院高立军、寇红涛,郑州科技学院的王金蕊、梁昊在前三版编写中的辛勤付出。本教材由宝鸡职业技术学院张永良、杨凌职业技术学院李博进行统稿和定稿工作。

  本教材在编写过程中参考和引用了许多近年来同类教材和相关出版物的内容，以及网络、报纸、杂志等公开发表的有关资料，在此对原作者表示衷心的感谢。

  本教材为2020年陕西省职业技术教育学会课程思政课题研究成果（课题编号：SGKCSZ 2020-679）。

  由于编者水平所限，加之时间仓促，书中难免有不妥和疏漏之处，恳请广大读者和同行批评指正。

目 录

第1单元 管理与管理系统 ……………………………………………………（ 1 ）
  1.1 管理系统与管理职能 ……………………………………………………（ 2 ）
    1.1.1 管理的概念与特征 …………………………………………………（ 2 ）
    1.1.2 管理系统 ……………………………………………………………（ 4 ）
    1.1.3 管理职能 ……………………………………………………………（ 6 ）
    1.1.4 管理方法 ……………………………………………………………（ 7 ）
  1.2 管理主体与客体 ………………………………………………………（ 8 ）
    1.2.1 管理主体——管理者 ………………………………………………（ 8 ）
    1.2.2 管理客体——管理对象 ……………………………………………（ 13 ）
  1.3 管理环境与管理机制 …………………………………………………（ 14 ）
    1.3.1 管理环境 ……………………………………………………………（ 14 ）
    1.3.2 管理机制 ……………………………………………………………（ 18 ）

第2单元 管理思想 ……………………………………………………………（ 26 ）
  2.1 管理理论的产生与古典管理理论 ……………………………………（ 27 ）
    2.1.1 管理理论的产生 ……………………………………………………（ 27 ）
    2.1.2 古典管理理论 ………………………………………………………（ 30 ）
    2.1.3 人际关系理论 ………………………………………………………（ 35 ）
  2.2 现代管理理论及其发展 ………………………………………………（ 36 ）
    2.2.1 现代管理理论的形成与发展历程 …………………………………（ 36 ）
    2.2.2 现代管理流派 ………………………………………………………（ 38 ）
    2.2.3 管理理论的最新发展 ………………………………………………（ 41 ）

第3单元 计划 …………………………………………………………………（ 50 ）
  3.1 计划职能概述 …………………………………………………………（ 52 ）
    3.1.1 计划职能的含义与内容 ……………………………………………（ 52 ）
    3.1.2 计划的类型与作用 …………………………………………………（ 53 ）

3.2 预测 ……………………………………………………………………………（57）
　3.2.1 预测的含义和内容 …………………………………………………（57）
　3.2.2 预测的程序 …………………………………………………………（59）
　3.2.3 预测的方法 …………………………………………………………（60）
3.3 决策 ……………………………………………………………………………（61）
　3.3.1 决策的含义和类型 …………………………………………………（61）
　3.3.2 决策的程序 …………………………………………………………（63）
　3.3.3 决策的方法 …………………………………………………………（64）
3.4 计划的编制与调整 ……………………………………………………………（70）
　3.4.1 环境分析 ……………………………………………………………（70）
　3.4.2 制定目标 ……………………………………………………………（76）
　3.4.3 预测与决策 …………………………………………………………（78）
　3.4.4 编写计划书 …………………………………………………………（79）

第4单元 组织 ……………………………………………………………………（86）

4.1 组织职能概述 …………………………………………………………………（87）
　4.1.1 组织 …………………………………………………………………（87）
　4.1.2 组织的类型 …………………………………………………………（88）
　4.1.3 组织职能 ……………………………………………………………（89）
4.2 组织结构设计 …………………………………………………………………（90）
　4.2.1 组织横向结构设计 …………………………………………………（91）
　4.2.2 组织纵向结构设计 …………………………………………………（93）
　4.2.3 组织结构的形式 ……………………………………………………（95）
4.3 制度规范的制定与执行 ………………………………………………………（100）
　4.3.1 制度规范的含义与功能 ……………………………………………（100）
　4.3.2 制度规范的类型 ……………………………………………………（101）
　4.3.3 制度规范制定的原则与程序 ………………………………………（101）
　4.3.4 制度规范的制定 ……………………………………………………（102）
　4.3.5 制度规范的执行 ……………………………………………………（103）
4.4 职权配置 ………………………………………………………………………（104）
　4.4.1 职权与职权类型 ……………………………………………………（104）
　4.4.2 集权与分权 …………………………………………………………（107）
　4.4.3 授权 …………………………………………………………………（109）
4.5 人员配置 ………………………………………………………………………（111）
　4.5.1 人员配备的内容 ……………………………………………………（112）
　4.5.2 人员选聘 ……………………………………………………………（112）
　4.5.3 人员培训 ……………………………………………………………（115）
　4.5.4 人员考评 ……………………………………………………………（117）
4.6 组织变革与组织文化 …………………………………………………………（119）

4.6.1　组织变革 ……………………………………………………………（119）
　　4.6.2　组织文化 ……………………………………………………………（124）

第5单元　领导 ……………………………………………………………………（133）

5.1　领导职能概述 ………………………………………………………………（134）
　　5.1.1　领导的含义与作用 …………………………………………………（134）
　　5.1.2　领导的影响力 ………………………………………………………（136）
5.2　领导方式与领导艺术 ………………………………………………………（137）
　　5.2.1　领导方式的概念和基本类型 ………………………………………（137）
　　5.2.2　领导理论 ……………………………………………………………（137）
　　5.2.3　领导艺术 ……………………………………………………………（141）
5.3　指挥与协调 …………………………………………………………………（143）
　　5.3.1　指挥的含义 …………………………………………………………（143）
　　5.3.2　指挥的形式与艺术 …………………………………………………（143）
　　5.3.3　有效指挥 ……………………………………………………………（144）
　　5.3.4　协调与交涉 …………………………………………………………（145）
　　5.3.5　协调的方式方法 ……………………………………………………（146）
　　5.3.6　交涉与谈判 …………………………………………………………（147）
5.4　沟通与激励 …………………………………………………………………（148）
　　5.4.1　沟通的含义与类型 …………………………………………………（148）
　　5.4.2　沟通的障碍与控制 …………………………………………………（150）
　　5.4.3　有效沟通的技巧 ……………………………………………………（151）
　　5.4.4　激励的概念与原理 …………………………………………………（153）
　　5.4.5　激励理论 ……………………………………………………………（154）
　　5.4.6　激励的原则与作用 …………………………………………………（159）
　　5.4.7　激励的方法与技巧 …………………………………………………（161）

第6单元　控制 ……………………………………………………………………（171）

6.1　控制概述 ……………………………………………………………………（172）
　　6.1.1　控制的概念 …………………………………………………………（172）
　　6.1.2　控制的作用 …………………………………………………………（173）
　　6.1.3　控制的类型 …………………………………………………………（175）
6.2　控制过程与有效控制 ………………………………………………………（176）
　　6.2.1　控制的过程 …………………………………………………………（176）
　　6.2.2　有效控制的要领 ……………………………………………………（182）
6.3　控制的方法 …………………………………………………………………（186）
　　6.3.1　行为控制 ……………………………………………………………（186）
　　6.3.2　预算控制 ……………………………………………………………（188）
　　6.3.3　非预算控制 …………………………………………………………（191）

第 7 单元　管理创新 ……………………………………………………………（200）
7.1　认识创新 ………………………………………………………………（201）
7.1.1　创新的内涵 ………………………………………………………（201）
7.1.2　创新的类型 ………………………………………………………（202）
7.1.3　创新的意义 ………………………………………………………（206）
7.2　管理创新概述 …………………………………………………………（207）
7.2.1　管理创新的内涵 …………………………………………………（207）
7.2.2　管理创新的内容 …………………………………………………（209）
7.2.3　管理创新的方法 …………………………………………………（214）
7.2.4　管理创新的过程与组织 …………………………………………（217）
7.3　企业管理创新 …………………………………………………………（221）
7.3.1　企业管理创新的作用 ……………………………………………（221）
7.3.2　企业管理创新的举措 ……………………………………………（221）
7.3.3　企业管理创新的误区 ……………………………………………（223）
7.3.4　中国企业管理创新的趋势 ………………………………………（224）
7.3.5　企业管理创新案例与评析 ………………………………………（227）

参考文献 ……………………………………………………………………（236）

第 1 单元

管理与管理系统

学习目标

1. 知识目标

（1）掌握管理的含义，明确管理系统的构成。

（2）熟悉管理的基本职能，明确管理方法的类型。

（3）明确管理者基本素质和技能要求，掌握管理对象的构成与类型。

（4）认识管理环境的作用与内容，掌握管理机制的内涵、构成和作用方式。

2. 能力目标

（1）初步培养自己的管理思维，能从管理系统的角度分析管理现象。

（2）逐步提高自己的管理素质与技能，能有意识地将科学性和艺术性相结合来处理组织管理问题。

（3）能够从管理机制角度分析和解决实际管理问题。

导入案例

管理——在人类奇迹中彰显魅力

在人类发展的历史长河中，人们用智慧和汗水创造了一个又一个奇迹。在古代，从中国的万里长城到埃及的金字塔，在现代，从阿波罗登月计划到中国的"天宫"号空间站在轨建造，无不显示了人类征服自然、创造奇迹的成果。殊不知，在这些奇迹的背后，管理有着巨大的功劳。

万里长城，这个气势宏伟的人类建筑物，同埃及的金字塔一样，在当时条件下建成如此巨大的工程，令当代人感到难以置信。但毫无疑问的是，如此浩大的工程，除了先进的技术外，严密的组织管理也是绝对不可或缺的。长城的修筑人数达到数十万，历时上百年，工程量大到无法统计，如何组织，如何分工，如何实施严密的科学管理就成为关键。完成如此庞大的工程建设任务，存在大量管理工作，形成了严密的组织体系。在施工管理方面，由秦到明，都采用防务与施工相结合，分地区、分片负责，管理制度相当完善，工程质量相应也很好。单就工程的计算，就计划得十分周密。据《春秋》记载，不仅测量计算了包括城墙的长、宽、高以及沟穴在内的土石方总量，连所需人工、材料、从各地调来人力、往返道路里程、人员所需口粮、各地区负担的任务，也都分配得很明确。

纵观人类社会的发展史，管理无处不在，起到至关重要的作用。如今，科学技术和组织管理已被认为是推动人类社会发展的"两个车轮"，是社会发展的两股强大力量。

美国著名的曼哈顿工程技术总负责人奥本海默曾明确指出："使科学技术发挥威力的是组织管理。"阿波罗登月计划负责人韦伯说："我们没有使用一项别人没有的技术，我们的技术就是科学的组织管理。"中国"天宫"号空间站升天，凝结了数万科技人员的心血和汗水。他们要准确操作各科设备，完成发射、运转、接收、出舱等七大系统工作，在那么广阔的空间跨度内，要围绕同一目标，通过相互配合、顺畅对接，做到分毫无差、万无一失，没有强大的科学管理系统作为支撑，简直无法想象。

除了在工程领域，管理的魅力更在经济社会等领域大放异彩。第二次世界大战后的日本，从一个战败的小国，一举成为世界经济强国，其秘密武器就是通过实行"引进技术与管理并重"的战略，只用了15年左右的时间就走完了先进工业国家50年的发展道路，创造了令世人震惊的奇迹。中国自1978年实行改革开放以来，相继在经济、政治、文化以及其他领域逐步开展管理体制和运行机制的改革，经济体制由计划经济向市场经济转化，农村通过实行"联产承包责任制"调动农民积极性，带动农村经济迅速发展。城市通过实行"企业改制"等一系列的政策举措，带来了城市的大发展。昔日贫穷落后的中国如今真正成为东方雄狮，这都是管理体制改革的成效。

管理——在人类奇迹中彰显魅力！

1.1　管理系统与管理职能

1.1.1　管理的概念与特征

1. 管理的概念

管理是人类最基本的活动之一，它不仅存在于人类社会的全部历史阶段，而且贯穿于社会生活的各个领域、组织和部门。在现实生活中，大至政府、军队，小至企业、医院、学校、家庭等社会基本单位和部门都存在着管理活动。可以说，任何集体或组织都离不开管理。

那么，到底什么是管理呢？简单地讲，管理就是在一定的环境下，通过计划、组织、领导和控制等职能，协调以人为中心的组织资源，以有效实现组织目标的活动或过程。它包括以下五个方面的含义。

（1）管理的目的是为了有效实现组织目标。

（2）管理的基本职能是计划、组织、领导和控制。

（3）管理的本质是协调。

（4）管理的对象和内容是对组织资源进行协调和整合。组织资源包括人、财、物、信息、技术、时间、组织信誉和社会关系等。管理工作的有效性体现在对这些资源的合理、高效利用上。

（5）管理工作是在特定的环境下进行的，有效的管理必须审时度势、因势利导、灵活应变。

◆ **相关链接**

管理定义的多样化

关于管理的定义，从19世纪至今，众说纷纭，难以统一，许多学者从不同的角度提出了自己的观点，从中可以理解管理的内涵。

科学管理之父泰罗认为：管理是一门怎样建立目标，然后用最好的方法经过他人的努力来达到的艺术，强调的是管理的科学性与艺术性。

管理过程理论的创始人法约尔认为：管理就是计划、组织、指挥、协调、控制的过程，其强调的是管理的作业过程。

诺贝尔经济学奖获得者西蒙认为：管理就是决策，强调的是管理的核心环节。

现代社会学奠基人马克斯·韦伯认为：管理就是协调活动，强调的是管理的本质。

美国管理协会的定义：管理是通过他人的努力来达到目标，强调的是对人的管理。

2. 管理的特征

1) 管理是科学与艺术的结合

管理是一门科学。管理作为一项活动，其间存在着一系列基本的客观规律。人们经过长期的实践，归纳总结出了一系列反映管理过程中客观规律的管理理论和方法。人们利用这些理论和方法来指导管理实践，又以管理活动的结果来衡量这些管理理论和方法是否正确、有效，从而使管理的科学理论和方法在实践中得到不断的验证和丰富。因此，管理是一门科学，它以反映客观规律的管理理论和方法为指导，有一套分析问题、解决问题的科学方法论。

管理又是一门艺术。管理虽然可以遵循一定的原理和规律办事，但由于在管理过程中存在很多不确定的因素，包括突发性、偶然性因素，这些因素复杂多变，单靠管理理论和方法是不能够进行有效管理的。管理者必须在管理实践中发挥人的积极性、主动性和创造性，灵活地把管理知识与具体的管理活动结合起来，才能获得满意的管理效果。管理的艺术性强调管理活动除了依靠一定的理论和方法外，还要灵活地运用这些知识和理论，以达到更好的效果。

管理的科学性与艺术性

管理是科学与艺术的结合，要求管理者既要注重管理理论的学习，又要重视灵活地运用管理理论，这是成功管理的一项重要保证。

◆ **管理故事**

将军与士兵

一天，一个将军到前线，看到一名士兵在那里挖战壕，将军问："大兵你累吗？"士兵说："这哪里是人过的日子啊！"将军并没有直接给士兵回答和解释，而是带着士兵在整个军区走了一圈，给他讲了作为一个将军的种种压力。结果一圈下来，士兵说："我还是去挖战壕吧！"

小明起床

小明经常晚上很晚才睡，白天起不来，上学总是迟到。爸爸每天早上6点半提醒小明起床，每次爸爸都会粗暴地推开门，大声说"起床啦，起床啦，再不起要迟到啦！"头几次小明还能遵命起床，久而久之小明对这种枯燥的行为感到厌烦，叫了数十声就是不起床。爸爸因此打了小明，让小明产生了强烈的抵触心理。

> 对此，小明的妈妈换了一种方法，每天用不同的音乐去唤醒小明，小明每天都带着兴奋的心情在想，今天会是什么音乐呢？这样就把抵触情绪转移到好奇上来，从此小明上学再也没有迟到过。
>
> 管理启示：要管理好下属或孩子当然是需要科学的管理方法，否则，对方就不会服从。但要取得最好的效果还需要讲究一定的技巧和灵活性，这样，才能使对方心服口服，管理才更加有效。这就是管理的科学性和艺术性。

2）管理能力是一种在实践中不断习得的心智技能

首先，管理是一种心智技能。管理是一种思维力，是一种观察力，是一种决断力。管理是一种运用权威、利益机制与社会互动来影响他人与活动的运筹力、执行力。管理能力主要是心智性的技能，而非动作性技能。管理的关键在于思维，管理的灵魂是创新，管理的价值在于实践。

其次，管理技能只能在实践中习得，在实践中不断提高。管理的实践属性与艺术属性，以及其技能的心智性，决定了管理技能只能在实践中习得。管理理论的学习只能为管理技能的培养提供理论基础，离开管理的实际参与和运作，就不可能有效地培养管理者的技能。只有将理论应用于实践，在反复处理复杂的管理问题的过程中，才能不断地提高管理者的管理技能。

> ◆ 管理故事
>
> **同是一个公司的员工，为什么工资差距就这么大呢？**
>
> 一天，车间的小王见到公司财务部的主管说，我每天在车间这么辛苦地干活，而你是坐在办公室里，不出苦力，可我的工资还不到你的四分之一，同是一个公司的员工，为什么报酬差距这么大？然而，财务主管却笑着说，公司老总的工资比你我都高出好多倍，你去问他啊！
>
> 管理启示：报酬取决于付出，车间员工付出的是一般劳动力，而管理人员付出的是心智才能，即管理才能（特别是企业老总，他付出的叫企业家才能）。前者属于一般资源，而后者属于稀缺资源，按照供求关系，当然后者的报酬要高于前者。
>
> **管理技能只能在实践中习得**
>
> 一天，公司新近招聘的营销员小李对自己的上司说："我在学校里学的是市场营销，而咱们的营销员老刘没有上过一天专业课，公司为什么派他作为我的指导人员？"他的上司耐心地对小李讲："老刘虽然没有学过系统的理论知识，但他在这个岗位已经干了多年，经验丰富，业绩突出，你有这么好的专业基础，跟他多学一些实际的经验，会很快地成长起来的。"
>
> 管理启示：理论不等于技能，老刘虽然没有学过系统的营销理论知识，但他通过实践锻炼，拥有了营销技能。小李虽然学过系统的营销理论知识，但其缺乏实践基础，仍然难以真正地掌握营销技能。可见，管理技能只能在实践中习得。

1.1.2 管理系统

1. 管理系统的含义

管理系统，是指由相互联系、相互作用的若干要素或子系统，按照管理的整体功能和目标结合而成的有机整体。关于管理系统，可以从以下三个方面理解。

（1）管理系统是由若干要素构成的，这些要素可以看作是管理系统的子系统，而且这些要素之间是相互联系、相互作用的。

（2）管理系统是一个层次结构，其内部划分成若干子系统，并组成有序结构。对外，任何一个管理系统又成为更大的社会管理系统的一个子系统。

（3）管理系统是整体的，发挥着整体功能，即其存在的价值在于其管理功能的大小。任何一个子系统都必须是为实现管理的整体功能和目标服务的。

2. 管理系统的构成

（1）管理目标。管理目标是指人们在管理活动中，用合理科学的管理措施所要达到的预期结果。管理目标是管理系统建立与运行的出发点和归宿，管理系统必须围绕目标而建立并运行。

◆ 管理故事

明确的目标

父亲带着三个儿子到草原上猎杀野兔。在到达目的地一切准备得当开始行动之前，父亲向三个儿子提出一个问题："你看到了什么？"

老大回答道："我看到了我们手里的猎枪、在草原上奔跑的野兔，还有一望无际的草原。"

父亲摇了摇头。

老二回答道："我看到了爸爸、大哥、弟弟、猎枪、野兔，还有茫茫无际的草原。"

父亲又摇了摇头。

而老三的回答只有一句话："我只看到了野兔。"

这时父亲露出满意的笑容。

管理启示：有了明确的目标，才会为行动指出正确的方向，才会在实现目标的道路上少走弯路。事实上，漫无目标，或目标过多，都会阻碍我们前进。要实现自己的心中所想，如果不切实际，最终可能会一事无成。

（2）管理主体。管理主体即管理者，是指掌握管理权力，承担管理责任，决定管理方向和进程的人。

（3）管理对象。管理对象是管理者为实现管理目标，通过管理行为作用于其上的客体。管理对象不仅包括不同类型的组织，也包括各组织中的构成要素及职能活动。

（4）管理媒介。主要指管理机制与方法，它是管理主体作用于管理对象过程中的一些运作原理、实施方式和手段。管理机制是管理问题的核心，有什么样的管理机制，就会产生什么样的管理效果。

（5）管理环境。管理环境是实施管理过程中的各种内外条件和因素的总和，包括自然环境、经济环境、社会环境及人文环境。管理环境对管理行为产生直接或间接影响。

1.1.3 管理职能

1. 管理职能的含义

管理职能是管理者在管理过程中的各种基本活动及其功能。管理的各项职能总体上是为管理的目标而服务的。

2. 管理职能的内容

（1）计划职能。计划职能的主要任务是在收集大量基础资料的基础上，对组织未来环境的发展趋势作出预测，根据预测的结果和组织拥有的可支配资源建立组织目标，然后制定出各种实施目标的方案、措施和具体步骤，为组织目标的实现作出完整的谋划与筹划。

（2）组织职能。组织职能有两层含义：一是进行组织结构的设计、构建和调整，如成立某些机构或对现有机构进行调整和重塑；二是为达成计划目标所进行的必要的组织过程，如进行人员、资金、技术、物资等的调配。

（3）领导职能。领导职能是指组织的各级管理者利用各自的职位权力和个人影响力去指挥和影响下属为实现组织目标而努力的过程。为了使领导工作卓有成效，管理者必须了解个人和组织行为的动态特征、激励员工并进行有效的沟通。

（4）控制职能。控制职能所起的作用就是检查组织活动是否按既定的计划、标准和方法进行，及时发现偏差、分析原因并进行纠正，以确保组织目标的实现。控制职能与计划职能具有十分密切的关系，计划是控制的标准和前提，控制的目的是为了计划的实现。

3. 管理职能之间的关系

管理职能相互融合、相互交叉。在管理实践中，计划、组织、领导和控制职能一般是按顺序履行的，即先要执行计划职能，然后是组织职能、领导职能，最后是控制职能，但又不是绝对的。

管理职能存在着普遍性与差异性。原则上讲，各级各类管理者的管理职能具有共同性，都体现在执行计划、组织、领导、控制这四大职能上；但同时，不同层次、不同级别的管理者执行这四大职能时的侧重点与具体内容又是各不相同的。

◆ **相关链接**

管理职能的研究与发展

在管理活动和管理学研究发展的不同阶段，人们对于管理基本职能的确定和划分也具有不同的看法，最早系统化并明确分析管理职能的是法国工业家亨利·法约尔。20世纪初期，他提出，所有的管理者都履行五种管理职能：计划、组织、指挥、协调、控制，即人们通常所说的"五职能说"。到了20世纪50年代中期，加利福尼亚大学洛杉矶分校的两位教授哈罗德·孔茨和西里尔·奥唐奈采用计划、组织、人事、领导和控制五种职能作为管理学教科书的基本框架。时至今日，最普及的管理学教科书都按照管理职能来组织内容，不过这五个职能已经精简为四个基本职能：计划、组织、领导、控制。

1.1.4 管理方法

1. 管理方法的含义

管理方法,是指管理者为实现组织目标,组织和协调管理要素的工作方式、途径或手段。管理方法是管理机制的实现形式,管理机制的功能和作用是通过具体的管理方法实现的。

管理方法

◆ **管理案例**

不一样的管理

王子轩是某大学管理学院的学生,在校期间特别热衷于参加学校举办的各种文艺活动,由于表现突出,被辅导员选聘为本院文艺部部长。

因学院最近要举办健美操比赛,王子轩从一年级中抽取了 20 名学生组成了健美操队,为了能在比赛中取得好的成绩,她制订了详细的训练计划,如每天早上 6:30 操场集合训练,一直训练到 7:40。晚上 20:30 训练到 22:00……但是没过几天,出现了人员出勤率不高、迟到早退、纪律松散、效率低下等情况。于是,王子轩以学生会干部的名义号召大家要遵守纪律,按时参加训练,还不惜以表现好的同学可以在学期末加素质拓展学分为奖励。刚过一天,在高强度的训练下有的队员竟然提出要退出健美操队,这可急坏了王子轩。团队纪律松散的问题还没解决,眼下连人员也出了问题。

王子轩静下心来,冷静地分析了该团队中出现的问题,在一开始队员纪律就比较松懈,没有及时地督导,导致整个团队的团队意识淡薄。以学生干部的身份去"命令"更是使大家积极性下降,素质拓展加分的诱导并没有起到很大作用。于是,王子轩约大家出来聊聊天,让队员将训练中的不满情绪宣泄出来,又单独跟几个"不合作"的队员谈工作、谈生活、谈学习,并让他们说出训练中存在的问题。没想到,还真提出不少意见。王子轩根据提出的意见改进了自己的工作方法。第二天,又请队员在饭堂吃了一顿不大不小的午餐,真诚地告诉大家学校对比赛的重视以及对大家的期望,请大家共同来制定健美操训练的纪律。在愉快的气氛中,解决了训练中的问题,大家也成了好朋友。

管理启示:管理方法的不同,达到的效果也不一样。在实践中,管理者应针对具体情况,有意识地思考和采用最佳的方法。

2. 管理方法的分类

管理方法按其作用的原理,可分为行政方法、法律方法、经济方法和教育方法。

1)行政方法

行政方法是指依靠行政组织的权威,运用命令、规定、指示和条例等行政手段,按照行政系统的职权有层次地进行管理。行政方法的主要形式有:命令、指示、计划、指挥、监督、检查、协调等。

行政方法的主要特点有:权威性、强制性、单一性、稳定性和时效性。行政方法的局限性是:由于强制干预,容易引起被管理者的心理抵触,单纯依靠行政方法很难进行持久的有效管理。

2)法律方法

法律方法是借助国家法规和制度,严格约束管理对象以便实现组织目标的方法。法律方法的主要形式有：国家法律、法规，组织内部规章制度，司法和仲裁等。

法律方法的主要特点是：强制性、规范性、严肃性和局限性。局限性是针对特殊情况适用上有难度、缺乏灵活性而言的。

3) 经济方法

经济方法是根据客观经济规律，运用各种经济手段，调节各种不同经济利益之间的关系，以提高整体经济效益与社会效益的方法。宏观管理中的经济方法主要形式有：价格、税收、信贷等；微观管理中的经济方法有：工资、奖金、罚款、经济责任等。

经济方法的主要特点有：利益性、平等性和关联性。其局限性表现在：可能产生明显的负面作用，会使管理者过分地看重金钱，影响工作的主动性和创造性。

4) 教育方法

通过对一定精神观念的宣传，从真理性方面激发人们的理想，使之成为人们组织行为的动机，从而为实现组织目标而努力的方法，如：说服、讨论、谈心、奖励与批评等。

1.2 管理主体与客体

1.2.1 管理主体——管理者

1. 管理主体的概念

管理主体即管理者，是指履行管理职能，对实现组织目标负有贡献责任的人。传统的观点认为，管理者是运用职权、权力，对人进行统驭和指挥的人，它强调的是组织中正式的职位和职权，强调必须拥有下属，如企业的厂长、公司的经理、学校里的系主任等。而现代观点则认为，管理者首要的标志是必须对组织目标负有贡献的责任，而不是权力。只要共同承担职能责任，对组织的成果有贡献，而不在于是否有下属人员，如拥有知识并负有贡献责任的工程师也是管理者。另外，管理者除了指挥别人完成某项具体工作以外，也可能承担某项具体的工作。比如，一些公司的销售经理，除了监督以及激励其下属完成某一销售额以外，自身也可能承担一部分具体的销售业务。

管理主体

> ◆ 相关链接
>
> **管理者角色**
>
> 20世纪60年代末，加拿大学者 Henry Mintzberg 对总经理的工作进行了一项仔细的观察和研究。在大量观察的基础上，Henry Mintzberg 提出了一个管理者究竟在做什么的分类纲要（1973年）。他的结论是管理者扮演着10种不同的，但却高度相关的角色，这10种角色可以从总体上分为三大类型：人际关系角色，包括挂名首脑的角色、领导者角色、联络者角色；信息角色，包括信息接受者角色或者监听者角色、信息传播者角色、发言人角色；决策制定角色，包括企业家角色、故障排除者角色、资源分配者角色、谈判者角色。10种角色不能轻易分开，它们形成了一个整体。

例如，一家造纸厂有4名员工，张玲是这家造纸厂的厂长，这家工厂正面临着一项指控：厂里排泄出来的废水污染了邻近的河流，因此张玲必须到当地的政府部门去为本厂申辩。王军是该厂的技术工程部经理，他负责自己部门的工作和销售部门的计划相协调。李刚负责厂里的生产管理，他刚接到通知：昨天向本厂提供包装纸板箱的那家供应厂商遭了火灾，至少在1个月内无法供货，而本厂的包装车间想知道，现在他们该干什么。李刚说，他会解决这个问题的。最后一个是罗兰，她负责文字处理和办公室的工作，办公室里的职工之间为争一张办公桌刚发生了一场纠纷，因为该办公桌离打印机最远，环境比较安静。

在上面的案例中，张玲、王军、李刚、罗兰，这四个人都是管理者，但分别扮演了不同的管理角色。

2. 管理主体的类型

演好主管三角色

◆ 管理故事

丙吉问牛

西汉有一个丞相叫丙吉，有一天他到长安城外去视察民情，走到半路就有人拦轿喊冤，查问之下原来是有人打架斗殴致死，家属来告状。丙吉回答说："不要理会，绕道而行。"走了没多远，发现有一头牛躺在路上直喘气，丙吉下轿围着牛查看了很久，问了很多问题。人们就议论纷纷，觉得这个丞相不称职，死了人不管，对一头生病的牛却那么关心。皇帝听到传言之后就问丙吉为什么这么做，丙吉回答："这很简单，打架斗殴是地方官员该管的事情，他自会按法律处置，如果他渎职不办，再由我来查办他，我绕道而行没有错。丞相管天下大事，现在天气还不热，牛就躺在地上喘气，我怀疑今年天时不利，可能有瘟疫要流行。要是瘟疫流行，我没有及时察觉就是我丞相的失职。所以，我必须了解清楚这头牛生病是因为吃坏了东西还是因为天时不利的原因。"一番话说得皇帝非常赞赏。

管理启示：管理者应该清楚自己所处的层次和明白自己的职责，什么该管，什么不该管，有所为，有所不为。

1）按管理者的层次分类

管理者可以按其所处的管理层次，划分为高层管理者、中层管理者和基层管理者，如图1-1所示。

图1-1 管理者的层次

（1）高层管理者，是指对整个组织的管理负有全面责任的人，是重大问题的决策者。其主要职责是：制定组织的总目标、总战略，掌握组织的大政方针并评价整个组织的绩效。他们在外界的交往中，往往代表组织，以"官方"的身份出现。

（2）中层管理者，通常是指处于高层管理者和基层管理者之间的一个或若干个中间层次的管理者，是对决策的贯彻执行者。其主要职责是：贯彻执行高层管理者所制定的重大决策，监督和协调基层管理人员的工作。与高层管理者相比，中层管理者更注重日常的管理事务。

（3）基层管理者，又称一线管理者，是组织中处于最低层次的管理者，他们所管辖的仅仅是作业人员而不涉及其他管理者。其主要职责是：给下属作业人员分派具体的工作任务，直接指挥和监督现场作业活动，保证各项任务的有效完成。

◆ 管理案例

李东的工作

李东是一家生产小型机械装配厂的经理，他经常随身带着一份关于自己当天要处理事务的清单。清单上的一些工作是总部电话通知他需要处理的，另一些是他自己在一天多次的现场巡视中发现的或者他手下报告的不正常情况。

每天一到办公室，他做的第一件事就是审查工厂各班次的监督人员呈送上来的作业报告。看完前一天的报告后，李东通常要同他的几位主要下属人员开一个早会，决定对于报告中所反映的各种问题应采取些什么措施。李东在白天也参加一些会议和会见来厂的各方面的访问者。会见的对象包括供应商、潜在供应商的销售代表和工厂的客户，此外，还包括来自地方、省、国家政府机构的人员以及总部职能管理人员和李东的直接上司。李东发现自己明显无暇顾及长期计划工作，而这些活动又是他改进工厂的长期生产效率所必须做的。由于这么多的工作都由李东处理，他感觉很累，似乎总是在处理某种危机，而为什么他就不能以一种轻松的方式工作呢？

案例分析：其实李东完全可以换另一种工作方式。按照管理者在组织中所处的地位划分，李东应是一个高层管理者，组织的兴衰存亡取决于他对环境的分析判断，以及目标的制定和资源运用的决策。按照管理者责任划分，他应属于决策指挥者，基本职责是负责组织或组织内各层次的全面管理任务，拥有直接调动下级人员，安排各种资源的权力。同时，李东是这个工厂的领导者，他应该干领导的事，即完成计划和领导的职能，不能将时间与精力做不必要的消耗。李东应摆正自己的位置，做一个决策者、指挥者和协调者，将具体的工作交给其他中层和基层管理者去做。李东应该用大部分时间去处理最难办的事情，减少会议和不必要的报告文件。

2）按职权关系的性质分类

按照职权关系的性质，管理者可分为直线管理人员和参谋人员。

（1）直线管理人员，是指有权对下级进行直接指挥的管理者。他们与下级之间存在着领导隶属关系，是一种命令与服从的职权关系。直线管理人员的主要职能是决策和指挥。直线管理人员主要指组织等级链中的各级主管，即综合管理者。

（2）参谋人员，是指对上级提供咨询、建议，对下级进行专业指导的管理者。他们与上级的关系是一种参谋、顾问与主管领导的关系，与下级是一种非领导隶属的专业指导关系。他们的主要职能是咨询、建议和指导。参谋人员通常是指各级职能管理者。

3）按管理者工作的性质和领域分类

按管理者工作的性质和领域，管理者可分为综合管理者和专业管理者。

（1）综合管理者，是指负责整个组织或组织中某个事业部的全部活动的管理者。对于小型组织来说，可能只有一个综合管理者，那就是总经理，他要统管组织内的包括生产、研发、营销、人事、财务、后勤等在内的全部活动。对于大型组织来说，可能会按照产品类型分别设立几个产品分部，或按地区设立若干个地区分部。

（2）专业管理者，指仅仅负责管理组织中某一种职能的管理者。根据所管理的专业领域性质的不同，可以将管理者划分为生产部门管理者、研发部门管理者、营销部门管理者、人事部门管理者、财务部门管理者等。

3. 管理者的素质

管理者的素质是指与管理相关的管理者内在的基本属性与质量。管理者的素质主要表现为政治思想、业务、工作能力、身体和心理等方面。

（1）政治思想素质。管理者的政治思想素质主要包括思想观念、价值体系、政策水平、职业道德、工作作风等方面的要求，具体表现在正确的世界观、人生观和价值观；现代化的管理思想；强烈的事业心、高度的责任感、正直的品质及民主作风；实事求是、勇于创新的精神。

（2）业务素质。管理者应掌握的业务知识包括市场经济的基本运行规律和基本理论；组织管理的基本原理、方法、程序和各项专业管理的基本知识；思想工作、心理学、组织行为学、社会学等方面知识。管理者要懂得这些业务知识以便做好员工的思想工作，激发员工士气，协调好人与人之间的关系，充分调动人的积极性。

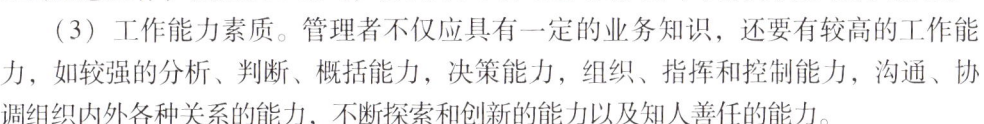

（3）工作能力素质。管理者不仅应具有一定的业务知识，还要有较高的工作能力，如较强的分析、判断、概括能力，决策能力，组织、指挥和控制能力，沟通、协调组织内外各种关系的能力，不断探索和创新的能力以及知人善任的能力。

（4）身体素质。管理者的指挥、协调、组织活动，需要足够的智慧，也需要消耗大量的精力。因此，管理者必须有强健的体魄和充沛的精力。

（5）心理素质。面对复杂多变的环境和各种不同类型的人物，管理者要想应付自如、游刃有余，除了前面这些素质要求外，还需要具备健康的心理素质，如有主见，非武断；有勇气，非鲁莽；有毅力，非固执；心胸豁达等。

七种最没效率的
劣质管理者

优秀管理者
10大必备品质

◆ 相关链接

优秀管理者必备的"十商"

（1）德商（MQ）：指一个人的道德人格品质。德商的内容包括体贴、尊重、容忍、宽容、诚实、负责、平和、忠心、礼貌、幽默等各种美德。

(2) 智商（IQ）：是一种表示人智力高低的数量指标，也可以表现为一个人对知识的掌握程度。智商反映人的观察力、记忆力、思维力、想象力、创造力以及分析问题和解决问题的能力。

(3) 情商（EQ）：指控制自己的情绪和处理人际关系的能力。

(4) 逆商（AQ）：指面对逆境承受压力的能力，或承受失败和挫折的能力。

(5) 胆商（DQ）：指一个人胆量、胆识、胆略的度量，体现了一种冒险精神。胆商高的人能够把握机会，凡是成功的商人、政客，都具有非凡的胆略和魄力。

(6) 财商（FQ）：指理财能力，特别是投资收益能力。财商是一个人最需要的能力，但往往会被人们忽略。

(7) 心商（MQ）：指一个人维持心理健康、缓解心理压力、保持良好心理状况和活力的能力。心商的高低，直接决定了人生过程的苦乐，主宰人生命运的成功。

(8) 志商（WQ）：指一个人的意志品质水平，包括坚韧性、目的性、果断性、自制力等方面。

(9) 灵商（SQ）：指一个人对事物本质的顿悟能力和直觉思维能力。

(10) 健商（HQ）：指一个人所具有的健康意识、健康知识和健康能力。

4. 管理者的技能

（1）技术技能，是指使用某一专业领域内的工作程序、技术和知识完成组织任务的能力。技术技能包括：专业知识、经验；技术、技巧；程序、方法、操作与工具运用的熟练程度等。例如，工程师、会计师、广告设计师、推销员等都掌握着相应领域的技术技能，所以被称为专业技术人员。

（2）人际技能，是指与处理人事关系有关的技能或者是与组织内外的人打交道的能力。人际技能要求管理者了解别人的信念、思考方式、感情、个性以及每个人对自己、对工作、对集体的态度，个人的需要和动机，还要掌握评价和激励员工的一些技术和方法，最大限度地调动员工的积极性和创造性。

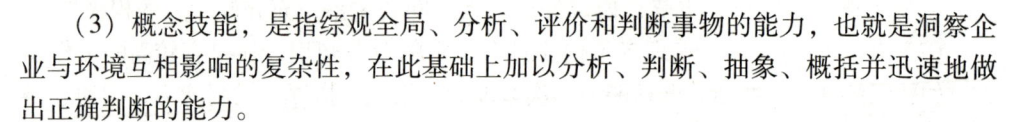

（3）概念技能，是指综观全局、分析、评价和判断事物的能力，也就是洞察企业与环境互相影响的复杂性，在此基础上加以分析、判断、抽象、概括并迅速地做出正确判断的能力。

◆ 相关链接

不同层次管理者对技能的要求

技术技能、人际技能和概念技能是各个层次管理者都需要具备的三种技能，只是不同层次的管理者对这三个技能的要求程度会有些区别。

一般来说，越是处于高层的管理者，越需要制定全局性的决策，以便抓住问题的实质，根据问题和其实质，果断地做出正确的决策。高层管理者所做的决策影响范围越广，影响期限就越长。首先，他们需要更多地掌握概念技能，进而把全局意识、系统思想和创新精神渗透到决策过程中。其次，他们并不经常性地从事具体的作业活动，所以并不需要全面掌握完成各种作业活动必须具备的技术技能，但需要对技术技能有一些基本的了解。

作为基层管理者，他们每天的大量工作是从事具体的作业活动管理，负责检查基层工作人员的工作，及时解决基层工作出现的各种具体问题，因此他们必须全面而系统地掌握与本单位工作内容相关的各种技术技能。当然基层管理者也可能面临一些例外的、复杂的问题，要协调好所管辖的部门人员，制订本部门的整体计划，因此需要掌握一些概念技能。

人际关系技能是组织各层管理者都应具备的技能，因为不管是哪一个层次的管理者，都需要与上下左右进行有效的沟通，相互合作共同完成组织目标。

不同层次的管理者都应具备这三种技能的比例关系，如图1-2所示。

图1-2 各种层次管理者所需要的管理技能比例

1.2.2 管理客体——管理对象

1. 管理客体的概念

管理客体，也称为管理对象，是指管理者为实现管理目标，通过管理行为作用于其上的客体。管理总是对一个群体或组织实施的，所以管理对象首先可以理解为不同功能、不同类型的社会组织。任何社会组织为发挥其功能，实现其目标，必须拥有一定的资源与要素。管理正是对这些资源或要素进行配置、调度、组织，使管理目标得以实现。这些资源或要素就是管理的最终对象，组织要实现功能和目标，就必须展开职能活动，形成一系列工作或活动环节。图1-3反映了管理对象之间的关系。

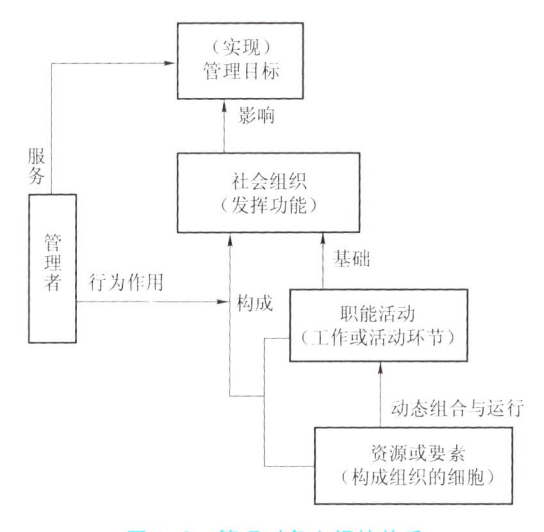

图1-3 管理对象之间的关系

2. 管理对象的内容

（1）社会组织。社会组织是为达到特定目的，完成特定任务而结合在一起的人组成的群体，既包括具有法人资格的群体，如政党、工商企业、学校，也包括法人组织内部的单位或部门，如生产车间、销售部门。

（2）资源或要素。管理的主要任务除了实现组织与环境相适应外，还必须实现人、财、物、信息、技术、时间、社会信用等一切资源的优化配置，用最少的资源投入实现最佳的经济效益和社会效益。具体内容如下。

① 对人的管理，主要涉及人员分配、工作评价、人力资源开发等。

② 对资金的管理，主要涉及财务管理、预算控制、成本控制、资金使用、效益分析等。

③ 对物的管理，主要涉及资源利用，物料的采购、存储与使用，设备的保养与更新，办公条件和办公设施等。

④ 对信息的管理，主要涉及组织外部、内部信息的快速收集、传递、反馈、处理与利用、发展趋势的准确预测等。

⑤ 对技术的管理，主要涉及新技术和新方法的研发、引进与使用，各种技术标准和工作，方法的制定与执行等。

⑥ 对时间的管理，主要是如何合理安排工作时间并提高工作效率，以在最短的时间内达到组织目标等。

⑦ 对信用的管理，如通过组织的实践活动、媒体宣传和从事公益事业等手段，树立本组织良好的社会声誉和社会地位，为组织目标的实现创造良好的环境。

（3）职能活动。管理是使组织的活动效率化、效益化的行为，因此，最经常、最大量的管理对象是社会组织实现基本职能的各种活动。管理的功效，主要体现在组织中的各种职能活动更有秩序、更有效率、更有效益地运行。

1.3 管理环境与管理机制

1.3.1 管理环境

1. 管理环境的含义及分类

管理环境是指影响一个组织生存和发展的所有内外部因素的总和。任何组织都是在一定环境中从事活动的；任何管理也都要在一定的环境中进行。管理环境的特点制约和影响着管理活动的内容和进程。

◆管理故事

温水煮青蛙

100年前，美国康奈尔大学的研究人员做过一个著名的实验，他们把一只青蛙冷不防地丢进煮沸的水锅里，千钧一发之际，这只青蛙拼尽全力地跃出了滚烫的水锅，安然逃生。然后，他们再把这只创造了奇迹的青蛙放进盛满同量冷水的锅里，慢慢以炭火加热，青蛙在温暖的水中惬意地泅游，待其意识到危险的逼近，欲再使奋力一跃的绝技时，却因懈怠散漫已久，失去了爆发力，最终未能逃离险境。

在生死抉择的关头，青蛙的凌空一跃，挽救了自己的生命；可温水中的青蛙却沉迷于舒适的环境，而忘却了面临的危险。一个鲜活的生命没有被逆境打倒，反而在安逸的生活中付出了生命的代价。

管理启示：一个组织，必须能够应对不断变化的环境，管理者更要有深远而犀利的洞察力，留心生活中的点点滴滴。只有这样，才能让组织保持高度的竞争力，切不可在浑浑噩噩中度日，更不可躲避在暂时的安逸中。如果管理者对组织环境变化没有高度警觉，组织最终会面临像这只青蛙一样的下场。

按照影响因素存在的范围不同，可以把管理环境划分为内部环境和外部环境。内部环境指社会组织履行基本职能所需的各种内部资源与条件，还包括人员的社会心理、组织文化等因素。外部环境指组织外部的各种自然和社会条件等因素。

组织的外部环境还可以进一步划分为一般环境和任务环境。一般环境也称宏观环境，是各类组织共同面临的整个社会的一些环境因素；任务环境也称微观环境，是指某个社会组织在完成特定职能过程中所面临的特殊环境因素。

管理环境的变化要求管理的内容、手段、方式、方法等也随之作以调整，以利用机会，趋利避害，更好地实施管理。

◆ 管理故事

三位老者聊天

话说某一天有三位老者在一起聊天，聊着聊着就聊到了皇帝身上。

第一位是个捡粪的老者，他说："如果我当了皇帝，我就下令把这条街东边的马粪全部归我，谁去捡就让公差来抓。"

第二位是个砍柴的老者，他瞪了第一个老者一眼说："你就知道捡粪，皇帝捡粪干啥？如果我当了皇帝，我就打一把金斧头，天天用金斧头去砍柴。"

第三位是个讨饭的老者，他听完后哈哈大笑，眼泪都笑出来了。他说："你们两个真有意思，都当了皇帝了，还用得着干活吗？要是我当了皇帝，我就天天坐在火炉边吃烤红薯。"

就这样，他们越说越起劲。但是，他们就是想坏了脑子，也不知道皇帝是如何生活的。

管理启示：行为与实施的环境紧密相连，同样，管理与实现目标时的环境呈依赖关系。环境不同，管理的目标和手段也不同。

2. 管理环境对组织的影响

（1）经济环境的影响。经济环境是影响组织行为最关键、最基本的因素，相对于其他方面而言，宏观经济环境的变化对组织所产生的影响更直接、更重要。对组织影响最大的是宏观经济周期波动和政府所采取的宏观经济政策，例如在国民经济高速增长时期，企业往往面临更多的发展机会，因而企业可以增加投资，扩大生产和经营规模，这时企业的竞争环境也不会太紧张。经济停滞或衰退时期则相反，国家实施信贷紧缩会导致企业流动资金紧张，周转困难，投资难以实施，而政府支出的增加则可能给企业创造良好的销售前景。通常，利率、通胀率、汇率、可支配收入及证券市场指数等因素的改变意味着经济环境的变化。

（2）政治环境的影响。政治环境是指总的政治形势，它涉及社会制度、政治结构、党派关系、政府政策倾向和人民的政治倾向等。政治的稳定无疑是组织发展必不可少的前提条件，只有在一个和平的环境中，企业才有投资的信心并制定长期发展目标和计划。例如，伊拉克、阿富汗等国，常年处于战乱之中，这些国家的企业绝大多数都处于崩溃状态。政治环境的变化有时对组织的决策行为产生直接作用，但更多地表现为间接影响。一方面，由国家权力阶层的政治分歧或矛盾所引发的罢工浪潮和政局动荡，无疑会给企业的经营活动造成直接冲击；另一方面，由于这种政治环境变化所导致的新制度、新法规和新的经济政策，将对全国范围企业的经营和决策产生广泛而深远的直接或间接影响。

（3）社会环境的影响。社会环境是指由价值观念、消费观念、生活方式、职业与教育程度、宗教信仰、风俗习惯、社会道德风尚等因素构成的环境。这种环境在不同的地区、不同的社会是不相同的。组织一经产生就按照社会环境的要求进入一定的位置，受到环境的约束限制。但组织所处的社会环境不是一成不变的，组织的经营必须适应社会环境的变迁，提供的产品和服务以及内部政策随社会环境的变化而改变。

◆相关链接

消费观念的改变

中国乳制品工业在近十几年的发展十分迅速，生产总量每年以10%的速度递增，规模不断扩大。原因在于两个方面：一方面是经济的发展，人们的可支配收入增多；另一方面则是消费者观念和口味的改变。由于几千年的饮食习惯，国内大多数城乡消费者还未形成喝牛奶的习惯，有的认为喝牛奶是西方人的爱好，有的觉得喝牛奶"奢侈"，这种认识的误区降低了牛奶消费的需求。至于牛奶的口味，消费者避之不谈。现在一切发生了变化，消费者不仅从心理上接受了牛奶，而且从口味上也接受了牛奶，在牛奶的口味上企业采取了一定措施，比如把牛奶制成草莓味、巧克力味、哈密瓜味、香蕉味等来适应消费者的口味。正是由于消费观念的改变给现代乳制品行业带来了广阔的市场前景。

（4）技术环境的影响。任何组织都与一定的技术存在稳定联系，技术是组织为社会服务或贡献的手段。技术环境不仅直接影响企业内部生产与经营，同时还与其他环境因素相互依赖，相互作用。

◆相关链接

新技术革命

当前，一场以电子技术和信息处理技术为中心的新技术革命正在迅猛发展，任何人都可以感觉到技术革命对人们工作、生活所带来的影响。现在人们有自动化的办公室，制造过程中的机器人、3D打印、集成电路、缩微照片、微处理器及合成燃料等，以及在此基础上产生的物联网、电子商务、微信平台、流媒体等。这些，为人们的工作生活带来很大的方便。由于电子计算机和信息处理技术的发展使组织可能逐步建立大规模、反应灵敏、反馈速度快的管理信息系统。在这种系统中，电子计算机能够迅速处理、分析各种文件、报表及数据，并向管理者提出处理问题的可行方案，大大提高了决策的准确性和及时性。

由此可见，新技术革命对组织管理产生了多么重要的影响。

（5）自然环境的影响。自然环境是指能够影响社会生产过程的自然因素，包括组织所在地区的位置、气候条件、资源状况等。对于企业来说，自然环境是影响其生产经营活动的至关重要的因素。自然环境的不同会对企业原料来源、经营或出售的商品种类、经营设施安排等产生影响。所谓"天时、地利、人和"中的"地利"，主要指的就是自然环境。

◆ **管理故事**

上偷天时　下偷地利

明朝时候，南安县丰州西边某村有个寡妇生了个遗腹子，取名叫苏文。寡妇对苏文事事迁就，处处溺爱。苏文从小娇生惯养，长大后不求上进，游手好闲，偷鸡摸狗。眼看苏文成了浪荡儿，母亲心里十分焦急。

一天，母亲恳切地对苏文说："听说丰州桃源村傅裕是一个大富人。你何不前去向他求教，学点发家致富的本领？"

苏文听从母亲的劝说，向东走了十多里路来到傅裕家，一进门就向主人说明来意。傅裕谦虚地说："我的发家之道归纳起来就是一个字，两句话。一个字是'偷'，两句话是……"苏文没等他说完就站起来，边往外跑边叫喊着："我完全明白了！原来如此呀！"

苏文回家后，自以为从傅家取到了"真经"，不劳而获的思想越来越严重，偷窃的胆量也比以前更大了。一日，苏文在大白天破门入屋，偷窃一富家的金银财宝时，被主人当场抓获，连人带赃扭送南安县衙。

知县老爷升堂后，苏文狡辩说："此皆桃源傅裕教唆，小民无知深受其害。"知县听后，立即派差役去带傅裕到公堂对质。不久，傅裕被带上公堂。

傅裕大声说："小民实在是冤枉呀！那天，苏文来到寒舍，问我发家之道，我归纳为，一个字'偷'，两句话'上偷天时，下偷地利'。谁知苏文只听到一个'偷'字，就赶快跑回家了。"

知县觉得事有蹊跷，又再追问："你把一个字和两句话细细地说来听听。"

傅裕胸有成竹地说："一个字'偷'就是'善于利用'的意思。我掌握一年二十四个节气的规律，适时播种、中耕和收成，使五谷丰收，增加经济收入。这叫作'上偷天时'。我在草埔饲鸡、水沟养鸭、池塘放鱼、草场放牧牛羊、山坡种果造林，合理地利用自然条件创造财富。这就叫作'下偷地利'。"

知县听罢傅裕的陈述，感到新奇独创，情不自禁地说："巧偷智取，何罪之有？治家有方，名不虚传。苏文不听，罪责自负。"

苏文听了，身软骨散，无奈地衰叹："聪明反被聪明误。早知如此，何必当初？"

管理启示：在做任何事情之前都需要考虑自己的"地利"因素，企业也不例外，因为企业所处的地理位置决定了其可能获得的交通运输条件、通信条件、人力资源条件、政策优惠条件等，从而影响组织的生产经营成本或运行成本、人员素质、信息获取、社会负担等。如位于沿海地区的企业，可以降低企业的各种运输费用，反之，位于偏远山区或交通不便的地区，会遇到运输的多种困难，增加运营费用、降低投资效益。位于协作方便、生产和生产性基础设施比较齐全的地区，就可节约大量的相关费用，从而获得较好的投资效益。

（资料来源：http://news.163.com/09/0505/08/58HOIJ5L0001124J.html）

1.3.2 管理机制

1. 管理机制的含义与特征

机制原本是指机器的构造及其工作原理。机器构造合不合理、工作原理清不清楚，直接影响机器的操作运转。组织就像一部需要运行的机器，必须有组织管理系统的结构及其运行机制。管理机制，是指管理系统的结构及其运行机理，其本质是管理系统的内在联系、功能及运行原理。管理机制是决定组织管理功效的核心问题。例如，管理者在管理中存在何种管理关系、采取何种管理行动、达到的管理效果如何，归根结底是由管理机制决定的。

◆ 管理故事

分　　粥

曾经有七个和尚住在一起，每天分一大桶粥。要命的是，粥每天都不够。

一开始，他们抓阄决定谁来分粥，每天轮一个。于是每周下来，他们只有一天是饱的，就是自己分粥的那一天。

后来他们开始推选出一个道德高尚的人出来分粥。强权就会产生腐败，大家开始挖空心思地去讨好他，贿赂他，搞得整个小团体乌烟瘴气。

然后大家开始组成三人的分粥委员会及四人的评选委员会来决定分粥，但互相攻击扯皮下来，等粥吃到嘴里全是凉的。

最后想出来一个方法：轮流分粥，但分粥的人要等其他人都挑完后拿剩下的最后一碗。为了不让自己吃到最少的，每人都尽量分得平均，就算不平，也只能认了。大家快快乐乐，和和气气，日子越过越好。

管理启示：要进行有效管理，就必须考虑采取适合的管理办法，其核心是管理机制的问题。

管理机制的特征有五个。① 内在性。管理机制是管理系统的内在结构与机理，其形成与作用是完全由自身决定的，是一种内在的运动过程。② 系统性。管理机制是一个完整的有机系统，具有保证其功能实现的结构与作用系统。③ 客观性。任何组织，只要其客观存在，其内部结构、功能既定，必然要产生与之相应的管理机制。这种机制的类型与功能是一种客观存在，是不以任何人的意志为转移的。④ 自动性。管理机制一经形成，就会按一定的规律、秩序，自发地、能动地诱导和决定企业的行为。⑤ 可调性。机制是由组织的基本结构决定的，只要改变组织的基本构成方式或结构，就会相应改变管理机制的类型和作用效果。

2. 管理机制的构成

管理机制是以客观规律为依据，以组织的结构为基础，由若干子机制有机组合而成的。在实际管理中，特别是在企业管理中，管理机制主要表现为三大机制。

1）运行机制

运行机制是组织中最基本的管理机制，是管理机制的主体。运行机制主要指组织基本职能的活动方式、系统功能和运行原理。

任何组织，大到一个国家，小到一个企业、单位、部门，都有其特定的运行机制。例如，国家有政权运行机制，有国民经济运行机制，有社会活动运行机制等；工业企业有生产经营运行机制；商业企业有商品经营与服务活动运行机制；学校有教学运行机制；文化团体有文化活动的运行机制；军队有军事训练、军事活动的运行机制等。

2）动力机制

所谓动力机制，是指管理系统动力的产生与运作的机理。例如，某推销员一家需要存钱买一套房子，于是产生了通过多推销商品到得到更多佣金的动机；由于积极推销，获得一大笔佣金买了一套比较满意的房子；这样一种需要的满足又强化了该推销员的其他需要，如汽车的购买或者职位的晋升等方面的需要，这些都是动力机制引起的。

动力机制主要由以下三个方面构成：一是利益驱动。这是社会组织动力机制中最基本的力量，是由经济规律决定的，人们会在物质利益的吸引下，采取有助于组织功能实现的行动，从而有效推动整个系统的运行。二是政令推动。这是由社会规律决定的，管理者凭借行政权威，强制性地要求被管理者采取有助于组织功能实现的行动，以此推动整个系统的运行。三是社会心理推动。这是由社会与心理规律决定的，管理者利用各种管理手段或措施，对被管理者进行有效的教育和激励，以调动其积极性，使其自觉自愿地努力实现组织目标。

◆ 思政元素

从疫情防控看坚持中国共产党领导的制度优势

一场突如其来的新冠疫情，使得世界的目光聚焦在了中国，聚焦在了"九省通衢"的武汉，如何通过这次疫情"大考"，成为摆在共产党人面前的一项紧迫任务。面对灾难，我们没有畏惧、绝不退缩、勇敢逆行、直面挑战，在短短的一个多月，我们举全国之力抗击新冠肺炎，终于迎来了转折性"变化"：不仅新增确诊病例大幅减少，湖北外的省市连续多日出现"零新增"，随着各地复工复产，社会秩序也在有序恢复中，疫情防控正在向积极向好的态势发展。与欧美国家疫情逐渐失控的态势相比，我们用牺牲了数千人、损失了数百亿的代价，为保障人民生命和身体健康，为阻止疫情全球蔓延，向世界交出了一份"高分答卷"。中国通过这次新冠肺炎疫情防控，向世界证明了：只有坚持党的领导，才能打赢新冠肺炎疫情防控的人民战争、总体战、阻击战。

（1）只有坚持党的领导，才能形成统一的意志、坚定的决心和迅即的行动。新冠肺炎疫情发生以来，以习近平同志为核心的党中央高度重视，迅速做出部署，全面加强对疫情防控的集中统一领导。在短短的时间内，新冠肺炎疫情防控工作取得如此显著成效，无不彰显中国共产党领导的制度优势。

（2）只有坚持党的领导，才能集中全国的医疗资源、救援队伍、救助经费。在疫情防控上不仅取得了实质性的成效，更是通过此"疫"凝聚了中华民族强大的凝聚力、向心力。实践证明，党中央统筹疫情防控的全国"一盘棋"，充分彰显"集中力量办大事"的制度优势。

（3）只有坚持党的领导，才能保证工作高效率、经济新活力、改革源动力。经此一"疫"，我们的卫生健康制度、疾病防控工作体系等一系列制度机制，都将通过问题牵引，实施靶向治疗，改革的方向目标将会更明确，深化改革的内生动力将会更强，充分体现了我党的先进性和纯洁性。

我们坚信，在党中央的坚强领导下，疫情防控阻击战一定能够取得最终胜利，中华民族伟大复兴的中国梦和"两个一百年"奋斗目标一定能够如期实现。

思考：从中国疫情防控的成功，谈谈为什么要坚持中国共产党领导不动摇？

3）约束机制

约束机制是指对管理系统行为进行限定与修正的机制，其功能是保证管理系统正确运行以实现组织目标。一个管理系统，如果失去约束，放任自流，就会失去控制，偏离目标，招致失败。有效的约束机制，对于保证系统的顺利运行，有效实现目标具有极为重要的作用。约束机制主要包括以下四个方面的约束因素。

一是权力约束。权力约束是双向的。一方面，利用权力对系统运行进行约束。如下达保证实现目标的命令，对偏差行为采取有力处罚，从而凭借权力，保证系统的顺利运行。另一方面，要对权力的拥有与运用进行约束，以保证正确地使用权力。失去约束的权力是危险的权力。

二是利益约束。利益约束是约束机制极为有效的组成部分，故常被称为"硬约束"。利益约束也是双向的。一方面，以物质利益为手段，对运行过程施加影响，奖励有助于目标实现的行为，惩罚偏离目标的行为；另一方面，对运行过程中的利益因素加以约束，其中突出地表现为对分配过程的约束。

三是责任约束。这主要指通过明确相关系统及人员的责任，来限定或修正系统的行为。例如，明确规定企业法人代表对国有资产保值、增值负有的责任，并加以量化和指标化。

海尔的 24 小时送货上门

海尔最初承诺 24 小时上门服务的时候，曾想尽办法来保障这一承诺的实现，例如督办，考核扣分，罚款，客户投诉，晚送 1 分钟怎么样，晚送 1 小时怎么样，等等。但是送货的人总会有很多晚送的理由。

后来改变了思路，由公司控制改为用户来控制，向用户承诺，超时就免费，这条承诺用户当然高兴了，还希望你晚送，晚送就不用掏钱了。结果，再也不用监督，回访打分评价高了，没有比这更好的办法了。这就是机制的力量。

四是社会心理约束。这主要是指运用教育、激励和社会舆论、道德与价值观等手段，对管理者及有关人员的行为进行约束。

复习与练习

一、重点概念

管理　管理职能　管理系统　管理者　管理对象　管理机制　管理方法　管理环境

二、复习思考

1. 什么是管理？根据自己的经验来谈谈管理的重要作用。

2. 为什么说管理既是一门科学，又是一种艺术？
3. 管理系统的构成要素有哪些？
4. 管理的职能包括哪些，它们之间有什么关系？
5. 组织管理过程中需要管理者具备哪些素质？
6. 为什么处于同一组织的不同层次的管理者其所需技能结构是不同的？
7. 怎样理解经济环境对管理的影响？
8. 如何理解管理机制的含义？
9. 管理机制包括哪些子机制，怎样理解这些子机制？
10. 怎样有效地运用管理方法？

三、案例分析

升任公司总裁后的思考

郭宁最近被一家生产机电产品的公司聘为总裁。在他准备去接任此职位的前一天晚上，他浮想联翩，回忆起他在该公司工作20多年的情况。

郭宁在大学时学的是工业管理，大学毕业后就到该公司工作，最初担任液压装配单位的助理监督员。当时他对液压装配所知甚少，在管理工作上也没有实际经验，几乎每天都是手忙脚乱。但他非常认真好学，一方面仔细查阅该单位所定的工作手册，努力学习有关的技术知识；另一方面监督长也对他主动指点，使他渐渐摆脱了困境，胜任了工作。经过半年多时间的努力，他已有能力独自承担液压装配的监督长工作。可是，当时公司没有提升他为监督长，而是直接提升他为装配部经理，负责包括液压装配在内的四个装配单位的领导工作。

在他当助理监督员时，他主要关心的是每日的作业管理，技术性很强。而当他担任装配部经理时，他发现自己不能只关心当天的装配工作状况，他得做出此后数周乃至数月的规划，还要完成许多报告和参加许多会议。他没有多少时间去从事他过去喜欢的技术职责。当上装配部经理不久，他就发现原有的装配工作手册已基本过时，因为公司已安装了许多新的设备，吸收了一些新的技术，于是他花了整整一年时间去修订工作手册，使之切合实际。在修订过程中，他发现要让装配工作与整个公司的生产作业协调起来需要进一步更深的研究。他主动到几个工厂去访问，学到了许多新的工作方法，他也把这些新的工作方法吸收运用到修订工作中去。由于该公司的生产工艺频繁发生变化，工作手册也不得不经常修订，郭宁对此都完成得很出色。他工作了几年后，不但自己学会了这些工作，而且还学会如何把这些工作交给助手去做，教他们如何做好。他腾出更多时间用于规划工作和帮助他的下属，使下属工作得更好，也有更多的时间去参加会议、批阅报告和完成自己向上级的工作汇报。

在担任装配部经理6年之后，正好该公司负责规划工作的副总裁辞职，郭宁便主动申请担任此职务，同另外5名竞争者竞争。由于表现出色，郭宁被正式提升为规划工作副总裁。他自信拥有担任此新职务的能力，但由于此高级职务工作的复杂性，他在刚接任时碰到了不少麻烦。但他还是渐渐适应了，并做出了成绩，后来被提升为负责生产工作的副总裁，而这一职位通常是由该公司资历最深的、辈分最高的副总裁担任。现在，郭宁又被提升为总裁。他知道一个人当上公司最高主管职位之时，他应该相信自己有处理可能出现的任何情况的才能，但他也明白自己尚未达到那种水平。因此，他不禁想到自己明天就要上任了，今后数月的情况会怎么样？不免为此而担忧！

（资料来源：贺彩玲，林文杰.管理学原理与方法［M］.北京：中国财政经济出版社，2008.）

请根据上面的案例，分析以下问题。

（1）郭宁当上总裁后，他的管理职责与过去相比有了哪些变化，他应如何去适应这些变化？

（2）郭宁要胜任公司总裁的工作，哪些管理技能是最重要的，他具备这些技能吗？

（3）假如你是郭宁，你认为当上公司总裁后自己应该补上哪些欠缺才能使公司取得更好的成绩？

四、技能训练

实训项目 1-1　企业调查与访问

【实训目标】

（1）使学生结合实际，加深对管理系统的感性认识与理解。

（2）初步培养学生的现代管理者素质。

【实训内容与要求】

按下列要求，完成对企业的调查与访问。

（1）分组。由学生自愿组成小组，每组6~8人，并自选出小组负责人。

（2）调查前的资料准备。每组选择所要调查的中小企业，并根据该企业特点制定调查访问提纲，包括调研的主要问题与具体安排，主要问题可包含以下五个方面。

① 该企业管理系统的构成状况。

② 企业中主要有哪些管理工作，分别属于哪种管理层次？这些管理工作的职责和权利是什么？做好这些管理工作都需要管理者哪些素质？如何培养？

③ 重点访问一位管理者，向他了解他的职位、工作职能、胜任该职务所必需的管理技能，有哪些管理创新之处以及可采用的管理方法等情况。

④ 该企业的一般环境与任务环境是什么？

⑤ 该企业中有哪些你感兴趣的管理机制？并作简要分析。

（3）利用课余时间完成企业调查与访问，并形成调查报告。

（4）调查访问结束后，组织一次课堂交流与讨论。各小组派一名代表对本次活动进行班级交流，将收集的资料做成PPT进行演示。

【实训成果】

（1）每人提交一份简要的调查报告，报告内容尽量包括调查访问提纲上所列的问题。

（2）将调查访问所得的重要信息如照片、文字材料、影音资料等制作成PPT。

【实训考核与评价】

(1) 以小组为单位，分别由组长根据各成员在调研与讨论中的表现进行评估打分。

(2) 由教师根据调查报告内容和 PPT 展示内容进行打分。

(3) 将上述诸项评估得分综合为本次实训成绩。

实训项目 1-2　组建模拟公司

【实训目标】

(1) 培养初步运用管理系统的思想建立现代组织的能力。

(2) 培养分析、归纳与讲演的能力。

【实训内容与要求】

(1) 公司组建。以扑克牌为道具，学生分别抽取其中的一张牌，根据花色将学生分为 4 组，组建"××模拟公司"。

(2) 选举公司管理层。以小组为单位，每个成员以"我要做一个什么样的管理者"为题，发表领导竞聘演讲，选举出该模拟公司管理层人员。管理层成员以 1~3 人为宜。

(3) 共同商定公司名称，进行人员分工。

(4) 根据所学知识与对实际企业调查访问所获得的信息资料，撰写"××模拟公司"基本情况介绍。

(5) 由各小组派一名代表对所组建的模拟公司进行基本情况介绍。

【实训成果】

(1) 每人提交一份管理层竞聘发言稿。

(2) 各小组提交一份模拟公司基本情况介绍书，介绍书内容应包括公司名称、经营范围、公司组织结构、人员分工情况等。

【实训考核与评价】

(1) 各小组根据小组成员竞聘演讲表现打分。若某位同学在台上演讲，小组其他成员均要打分，最后汇总算出平均分。

(2) 教师对各小组模拟公司组建情况进行评估打分，可根据模拟公司的基本情况介绍做出判断。

(3) 将上述诸项评估得分综合为本次实训成绩。

实训项目 1-3　管理机制的分析与运用

【实训目标】

(1) 增强学生对管理机制的感性认识。

(2) 培养学生分析管理机制的初步能力。

(3) 培养学生管理机制改革的初步能力。

(4) 加强对管理机制的实际分析和运用能力。

【实训内容及要求】
1. 阅读案例：三个和尚有水吃

三个和尚有水吃

有一句老话，叫"一个和尚挑水吃，两个和尚抬水吃，三个和尚没水吃"。后来还拍成动画片，叫《三个和尚》。九龙不治水，三个和尚没水吃，说明人多了反而不如人少。如今，这三个观点过时了。三个和尚的故事现在已经演绎为"一个和尚没水吃，三个和尚水多得吃不完。"

山上的和尚到底是怎么解决吃水问题的呢？

话说一座山上有三座寺庙，分别位于山顶、山腰和山脚，山上唯一的一口井在半山腰，为了解决吃水问题，三座寺庙的和尚采取了不同的方法。

1) 山顶和尚的做法

问题：由于庙在山顶，山陡路长，三个和尚挑上满满一桶水，路途颠簸，回到庙里可能只剩下半桶水了，如果要挑满一缸水，那会非常累。

方案1：接力法

每个和尚负责1/3的路程，每到1/3的路程，就由另一个和尚接力过去，这样减轻了每个和尚的负担，而且他们排定了值日表，可以轮流选择1/3的路程，这样在挑水的路上还可以欣赏美丽的风光。

方案2：双人搭配挑水制度

方案2其实是方案1的改进版，方案1在初期解决了挑水和尚较累的问题，但是过一段时间后就会发现在挑水过程中会比较寂寞，不人性化，于是就提出了双人搭配挑水方案，路上每隔一段就换一次，两个和尚可以在路上说说笑笑，既轻松，又可以在挑水的过程中互相学习，探讨深厚的佛理。

2) 山腰和尚的做法

问题：由于水井就在半山腰，所以挑水非常容易，但是正是因为太方便，三个和尚都学着偷懒，总想着自己少干点，因此缸里的水也一直满不了。

方案：制定合理的奖惩制度

大家负责三口缸的任务，三人每人一口缸，如果每天谁的缸水最多，晚饭就加道菜，缸里水最少的那个就只能吃白饭，没有菜，如果三口缸都是满的，大家就可以因为工作出色而能争取到吃小灶的权利。

有了这个制度后，三个和尚就拼命挑水，自然每个人的缸都是满的，如果因为哪个生病了或者有事，其他和尚也会主动帮助代挑那缸水。这样，三口缸永远都是满的，三个和尚也就经常享受到吃小灶的权利了。

3) 山脚和尚的做法

问题：山脚和尚由于离井也很远，而且路途陡峭，天天到山腰挑水也非常累。

方案1：挖渠引水

由于水往低处流，三个和尚就挖渠引水，大家没日没夜地干了七七四十九天，眼看水快到庙的时候，新的问题又出现了，发现有一块非常大的石头，挡住了水流，使水无法引入庙里，而且一路上由于渠道里水经过流逝，水流已经干涸了，三个和尚精疲力竭，懊恼异常，辛辛苦苦干了这么长时间，到最后才知道线路选择的不对，为什么不提前勘探线路呢，挖渠太累了。

方案2：引水入流

经过方案1的挫折后，和尚们经过了仔细的思考，想到山上有很多很粗的竹子，可以利用这些竹子把水引下来，和尚们说干就干，做了详细的线路勘探，仔细衡量了工作进度，制订一份详细的计划，并且不再像以前那样没日没夜地干活了。大家日出而作，日落而息，每日按照进度完成，因为山势变幻莫测，会遇到很多山石阻碍，和尚们就计划在几个被阻挡的地方建立水潭进行蓄水，将水引下山，砍来合适的竹子，掏空竹节，铺好竹路完成引水工程，从此水就可以源源不断引入庙里，再也不需要挑水了。

2. 讨论该案例

以小组为单位，根据所学知识，对上面的案例进行讨论分析。

（1）该故事中三个寺庙里的和尚分别引入了哪些管理机制和方法使和尚们有水吃？你还能提出哪些更好的方案？

（2）请举出实际工作生活中碰到的类似三个和尚的问题，从机制、管理、技术创新等方面入手寻找解决问题的办法。

【实训成果】

针对此案例进行小组讨论，编写发言提纲并完成各小组为和尚们制定的新的机制方案。

【实训考核与评价】

（1）小组长根据组员讨论表现打分。

（2）选派一名代表进行班级交流发言，教师根据发言内容对小组成绩打分。

（3）教师根据各小组提交的管理方案进行打分。

（4）将上述诸项评估得分综合为本次实训成绩。

第 2 单元

管理思想

学习目标

1. 知识目标
（1）了解中外古代管理思想的演进历程。
（2）掌握古典管理理论与人际关系理论的主要思想。
（3）掌握现代管理理论各流派的主要理论。
（4）了解现代管理理论发展的最新趋势。

2. 能力目标
（1）使学生具有应用现代管理理念分析和处理实际管理问题的能力。
（2）能够从管理思想的高度认识与分析我国经济领域的管理体制改革活动。

导入案例

山姆先生的"滑铁卢"

BL公司是一家中美合资企业，其业务在中国国内有广阔的潜在市场。但是究竟由谁担任公司的总经理呢？双方经过商讨，决定聘请美国的山姆先生担任总经理。山姆先生有20年管理该类型企业的经验，对振兴公司胸有成竹。谁知事与愿违，公司成立一年后，没有赚到一分钱，反而亏损了80多万元。山姆先生被公司辞退。

这位曾经在日本、德国、美国复制无数成功的经理何以在中国遭遇"滑铁卢"呢？多数人认为，山姆先生是一个好人，在技术管理方面是内行，为公司吸收消化先进技术做了很多工作。他对搞好公司抱有极大期望，"要将BL公司变成一个纯美国式的企业"。他采取法约尔的一般管理理论，完全按照美国模式设置了公司的组织结构，并建立了一整套规章制度。在管理体制上，山姆先生实行分层管理制度：总经理只管两个副经理，下面再一层管一层。但这套制度的执行结果造成了管理混乱，人心涣散，员工普遍缺乏主动性，工作效率大大降低。山姆先生强调"我是总经理，你们要听我的"。他甚至要求，工作进入正轨后，除副总经理外的其他员工不得进入总经理的办公室。但他不知道，中国的企业负责人在职工面前总是强调和大家一样，以求得职工的认同。最终，山姆先生在公司陷入非常被动、孤立无援的局面。

山姆先生走后，BL公司重新选派了一位年轻的中国人担任总经理，新经理根据实际情况和组织文化，运用权变管理理论，迅速制定了新的规章制度，调整了机构，调动了全体员工的积极性。在销售方面，采取了多种促销手段。半年后，BL公司宣告扭亏为盈。

山姆先生之所以失败，主要是因为他完全照搬了惯用的传统企业管理模式，机械性地理解和运用了法约尔管理理论的"等级制度原则"，忽视了环境因素的变化，没有合理运用"法约尔跳板"实现有效沟通；中方经理则合理地运用了权变管理理论，取得了管理上的成功。

可见，管理理论对管理实践活动具有很强的指导作用，不同的管理理论又会产生不同的管理效果。在管理科学的发展过程中，形成了系统的管理思想和管理理论，学习和掌握这些理论，对于管理能力的培养具有基础性的作用。

2.1 管理理论的产生与古典管理理论

人类社会的不断发展过程始终与管理实践活动密不可分。随着管理实践活动长期经验的积累，人们逐渐形成了一些对于管理实践的认识和见解，即管理思想；通过进一步地总结与提炼，人们逐渐地把握了其中的规律和本质，最终归纳出了属于管理活动的独立的一般性原理知识体系，即管理理论。这些管理理论对管理实践活动起着指导和促进作用，使管理活动变得更有效率。

2.1.1 管理理论的产生

在人类社会早期发展相当长的时期内，管理思想并未形成系统的理论体系，但这些早期管理思想的形成为管理理论的产生奠定了基础。一般来说，管理理论产生之前，管理思想经历了两个阶段：早期管理思想形成阶段和管理理论产生的萌芽阶段。

1. 早期管理思想形成阶段

早期管理思想主要是指工业革命以前的管理思想，包括古代社会、中世纪和文艺复兴三个阶段。最初的管理思想主要是针对国家、军队、部落、教会、家庭活动和小规模的初级的经济活动，法典是重要的管理工具，也是管理思想的集中体现。随着中世纪城市的兴起，行会的建立，贸易的发展和大学的兴办，管理思想也得到了发展，如格札里对领导者提出必须保有公正、智慧、耐心、谦虚四种品质；托马斯·阿奎那提出生产的双因素——劳动和徒弟；帕西奥利建议交易文件要编码存档，定期核查，以便及时了解和控制现金和存货的状况。到了文艺复兴时期，管理的内容、范围、方式、途径均发生了极大变化，以人为本的思想渗透到管理之中。

> ◆ **相关链接**
>
> **外国古代社会的管理思想**
>
> 苏美尔人——制定《汉谟拉比法典》，建立了最早的法律体系，对各种职业、各个层面上的人员责、权、利关系给予明确的规定，提出了民事控制、事故责任、生产控制与激励以及最低工资的规定。
>
> 古埃及人——建立起以法老为最高统治者的中央集权的专制政权，制定了土地制度、税收制度、档案制度。在建造金字塔的过程中，建立了"以十为限"的监督管理制度。

> 古希腊人——突出民主管理思想，建立了有一定民主成分的政府。同时一些思想家提出了一些重要的管理思想，如：柏拉图提出专业化与合理分工的原则；苏格拉底提出管理具有普遍性；色诺芬提出把财富是否得到增加作为检验管理水平高低的标准，认为加强人的管理是管理的中心任务。
>
> 古罗马人——建立并实行一种连续授权的组织制度。同时，一些奴隶主思想家在其著作中也体现出了较为丰富的管理思想，如贾图明确提出管家要经过挑选并规定了管家的职责。
>
> （资料来源：亓名杰．管理思想史［M］．北京：机械工业出版社，2008．）

2. 管理理论产生的萌芽阶段

随着社会的进步和生产力的不断发展，西方国家开始进行工业革命。工业革命促成了西方资本主义工厂制度的兴起。随着企业规模的不断扩大化，劳动产品的复杂程度与工作专业化程度日益提高，工厂以及公司的管理问题越来越突出，计划、组织、控制的职能相继产生。随之而来的便是管理思想的革命，出现了一批代表人物和管理思想，该阶段是管理理论产生的萌芽阶段。近代管理思想代表人物及其主要的观点，如表2-1所示。

◆ **相关链接**

表2-1 近代管理思想的代表人物及其主要观点

代表人物	国籍	年代	代表著作	主要观点
詹姆斯·斯图亚特（James Stewart）	英国	1712—1780	《政治经济学原理研究》	工人从事重复操作可以提高生产率；提出工作方法研究和鼓励性工资，以及管理人员与工人分工等问题
亚当·斯密（Adam Smith）	英国	1723—1790	《国富论》	系统地提出了劳动价值论及劳动分工理论；提出了控制职能；计算投资还本问题；提出了经济人的观点
查尔斯·巴贝奇（Charles Babbage）	英国	1792—1871	《论机器和制造业的经济》	着重论述专业分工与机器工具使用的关系；提出固定工资加利润分享的分配制度；提出"边际熟练"原则；主张实行有益的建议制度
罗伯特·欧文（Robert Owen）	英国	1771—1858	《论工业制度的影响》	提出要重视工厂管理工作中人的因素，工厂企业应致力于对人力资源的开发和投资
查尔斯·杜平（Charles Duping）	法国	1784—1873	《关于工人情况的谈话》	最早提出把管理作为一门独立的学科来进行教学；提出初步的工时研究和劳动分工后的工作量平衡等问题；提出工厂领导者处于高位的原因是他的智力
克劳塞维茨（Clausewitz）	德国	1780—1831	《战争论》	提出管理人员应进行细致的规划使不确定性最小化并做出决策、采取行动

续表

代表人物	国籍	年代	代表著作	主要观点
安德鲁·尤尔（Andrew Ure）	英国	1778—1857	《制造业的哲学》	把企业有机地划分为三类有机系统；提出要在工厂内部建立必要的规章制度的见解

（资料来源：亓名杰. 管理思想史［M］. 北京：机械工业出版社，2008.）

3. 中国古代管理思想

中国古代管理思想历经近两千年不断地丰富和发展，基本上形成一个相对完整的管理思想体系，其内容大致分为治国、治生和治身三部分。"治国"思想是关于行政、军事、生产、田制、货币、财赋、漕运等方面的管理思想，是治理整个国家、社会的基本思路和指导思想；"治生"思想是在生产发展和经济运行的基础上通过官、民的实践逐步积累起来的，它包括农副业、手工业、运输、建筑工程、市场经营等方面的管理思想；"治身"思想主要是研究谋略、用人、选才、激励、修身、公关、博弈、奖惩等方面的管理思想。

中国传统管理思想

我国古代管理思想具有"刚柔相济"的二重性特征。如"凡事预则立，不预则废"，表明我国向来强调谋划和规划，主张谋而后动；"赏以兴功，罚以禁奸，赏不可不平，罚不可不均"则体现出激励与约束并举，赏罚分明的管理思想；"威不两错，政不二门"强调了上下级之间权利与责任的不同，明确指出统一决策指挥不可或缺的作用；"民为贵，社稷次之，君为轻"则影响了中国历代统治阶级，"以人为本"成了主导中国古代管理思想的核心内容；"天人合一""知行合一"的"和谐观"管理思想强调以追求管理系统的协调为目标，把管理各要素和功能组成统一的有序结构，这是我国古代管理思想的灵魂。

这些管理思想应用到管理实践活动中，成就了许多经典案例。战国时期著名的"商鞅变法"，通过变法提高国家管理水平；"文景之治"让国家出现了政治安定、经济繁荣的局面；万里长城的修建，充分反映了当时规划设计和工程管理等的高超水平，体现了管理者组织协调方面的高度管理智慧。

◆ 相关链接

经典名著与我国古代管理思想

《尧典》——最早记录管理活动的典籍。

《周礼》——一部反映早期国家管理思想的典籍。第一次把中国官僚组织机构设计为360职，并规定了相应的级别和职数，层次、职责分明。

《孙子兵法》——世界上第一部系统论述管理战略与战术问题的杰出著作。它是中国古代著名军事家孙子的传世之作。"不战而屈人之兵""上兵伐谋""必以全争于天下""出其不意，攻其不备"等思想至今仍为管理者们所运用。

《道德经》——反映管理者权变谋略及其境界、素质及管理原则的经典，是先秦道家学说的创始人老子所著，其中所述"道法自然""无为而治"等许多思想对中外管理思想的发展产生了深刻影响。

《管子》——反映我国古代法治思想的典籍，是我国古代杰出的政治家、军事家和思想家管子所著，其中"以人为本"的思想、"与时变"的发展与创新精神、德能并举、"德"与"能"不可偏废的选贤标准等许多管理思想，无不透射出永恒的智慧之光。

《论语》——孔子的儒家学说传世经典，其中以仁为核心，以礼为准则，以和为目标的以德治国思想是其管理思想的精髓，成为中国传统思想的主流。

《孟子》——又一部影响深远的儒家思想经典巨著，由儒家学派的代表人物孟子所著，其性善论的人性观、施"仁政"的管理准则以及"修其身而天下平"等管理思想，对中国管理思想的完善与发展做出了重要贡献。

《三国演义》——可以帮助管理者培养创造性管理思维的一部名著。

《红楼梦》——可以帮助管理者培养以法治家的时效管理思想的一部名著。

《九章算术》——我国古代培训管理人员及供他们日常应用的手册，其中三分之二的题目可与财政或工程官员职能相对应，堪称两千年前世界管理数学之最。

(资料来源：http://www.douban.com/group/topic/1263249/)

2.1.2 古典管理理论

19世纪末20世纪初，资本主义获得空前发展，企业规模不断扩大，生产技术更加复杂，传统经验管理方式已经难以适应客观要求，迫切需要改进企业管理。

◆ **管理案例**

马萨诸塞铁路公司聘用经理事件

1841年10月5日，在美国马萨诸塞至纽约的西部铁路上，两列火车相撞，造成近20人伤亡，美国社会舆论哗然，公众对这一事件议论纷纷，对铁路公司老板低劣的管理进行了严厉抨击。为了平息这种群情激愤的局面，在马萨诸塞州议会的推动下，这个铁路公司不得不进行管理改革，资本家交出了管理权，只拿红利，另聘具有管理才能的人担任企业领导。这便成了美国历史上第一次通过正式聘用领薪金的经理人员管理企业的案例。

管理启示：马萨诸塞经理事件虽属偶然，但两权分离是生产发展的客观要求。管理权分离后，越来越需要管理职能专业化，要求有专职的管理人员，建立专门的管理机构，用科学的管理制度和方法进行管理。同时，也要求对过去积累的管理经验进行总结提高，使之系统化、科学化并上升为理论。一些管理人员与工程技术人员开始致力于总结经验，进行各种试验研究，并把当时的科技成果应用于企业管理，出现了一系列管理理论与方法，最终形成了科学管理理论。

(资料来源：http://finance.sina.com.cn)

古典管理理论主要由科学管理理论、一般管理理论、行政组织理论等共同构成。古典管理理论是管理理论最初阶段，该阶段管理理论的研究侧重于从管理职能、组织方式等方面研究企业效率问题。

◆ 相关链接

古典管理理论的代表人物

在古典管理理论的形成阶段，美国、法国、德国分别活跃着具有奠基人地位的管理大师，其中的代表人物有泰罗、法约尔以及马克斯·韦伯。

科学管理之父——泰罗

弗雷德里克·温斯洛·泰罗（Frederick Winslow Taylor, 1856—1915），美国著名发明家和管理工程师，被尊为"科学管理之父"。他从一名普通车间杂工干起，被提拔为工长、设计室主任和总工程师。1881年，泰罗开始进行工人劳动时间和工作方法的研究；1898—1901年，他受雇于贝恩利恩钢铁公司进行咨询工作，完成了著名的搬运生铁实验和铁铲实验。1901年退休，开始从事无偿的咨询和演讲活动，宣传其科学管理理论。1906年，当选为美国机械工程师协会主席，获得宾夕法尼亚大学名誉科学博士学位。1915年，在费城逝世，终年59岁。

管理过程理论之父——法约尔

亨利·法约尔（Henry Fayol, 1841—1925），法国著名管理专家。1860年从圣艾蒂安国立矿业学院毕业后进入康门塔里福尔香堡（Comentry-Fourchambault）采矿冶金公司，成为一名采矿工程师，并在此度过了整个职业生涯。1885年起任法国最大的矿冶公司总经理达30年。根据自己50多年的管理实践，于1916年发表了《工业管理和一般管理》一书，提出了适用于一切组织的五大职能和有效管理的14条原则，奠定了管理过程学派的理论基础。1925年卒于巴黎。

组织管理之父——马克斯·韦伯

马克斯·韦伯（Max Weber, 1864—1920），德国著名社会学家。1882年进入海德堡大学读法律，后就读于柏林大学和哥丁根大学。1896年任海德堡大学经济学教授。1919年任慕尼黑大学社会学教授。他的主要著作有《经济和社会》《社会和经济组织的理论》等。他对许多社会、经济、历史问题都提出了许多新的观点和独特的思想，在管理思想上的最大贡献是提出了"理想的行政组织体系理论"。他被后人称为"组织理论之父"。

（资料来源：http://baike.baidu.com/）

1. 科学管理理论

科学管理理论在20世纪初得到了广泛的传播和应用，对欧美资本主义国家的制造业产生了积极影响。一般认为，泰罗1911年出版的《科学管理原理》是科学管理理论正式形成的标志。

1）主要观点

科学管理的中心问题是提高劳动生产率。泰罗认为要抛弃根据经验和主观假设来管理的做法，用"科学"的观点去分析工作，制定出有科学依据的工人的"合理的日工作量"，让每个人都用正确的方法作业，并用此方法对工人进行指导训练来提高劳动生产率。其内容包括以下七个方面。

科学管理理论

一是劳动方法标准化。要使工人掌握标准化的操作方法，使用标准化的工具、机器和材料，并使作业环境标准化，用以代替传统的经验。标准化需要调查研究，拿出科学依据。为此，泰罗亲自做了大量的试验。例如，在米德维尔钢铁厂进行的金属切削试验，以及在贝瑟利恩钢铁公司进行的搬运生铁和铁铲实验。

> ◆ **相关链接**
>
> **泰罗在贝瑟利恩钢铁公司的铁铲实验**
>
> 泰罗通过对贝瑟利恩钢铁公司工人劳动过程的观察，特别是使用秒表和量具来精确计算工人铲煤的效率与铁铲尺寸的关系，发现每铲重量为21磅时效率最高，探索出实现铲煤最高效率的铁铲尺寸大小和铲煤动作的规范方式，并相应设计出大小12种规格的铁铲。每次劳动，除指派任务外，还要根据材料的比重指定所用铁铲的规格（确保每铲重量为21磅），以提高劳动效率。实验前，干不同的活拿同样的铲，铲不同的东西每铲重量不一样；实验后，铲不同的东西拿不同的铲，生产效率得到大幅提升。
>
> （资料来源：http://wiki.mbalib.com/）

二是挑选和培训"第一流的工人"。泰罗认为"第一流的工人"是指那些自己愿意努力干，工作对其又适合的工人。管理人员的责任在于按照生产的需要，对工人进行选择、分工和培训，使其达到最高效率，成为"第一流的工人"。

三是实行刺激性的工资报酬制度。为了最大限度地激励工人劳动积极性，泰罗提出通过工时研究和分析，制定出一个定额或标准，按照工人完成定额和实际表现而采用不同的工资率，即执行有差别的计件工资制度。

四是劳资双方进行"精神革命"。泰罗认为劳资双方要想从生产中获得各自的收益，就必须进行一场"精神革命"，变互相指责、怀疑、对抗为互相信任和合作，为共同提高劳动生产率而努力，这是实现"科学管理的第一步"。

五是把计划职能与执行职能分开。泰罗主张把计划和执行职能分开，成立专门管理部门负责调研、计划、培训，以及发出指示和命令；所有工人和部分工长只承担执行职能，即按照管理部门制定的操作方法和指示，使用规定的标准工具，从事实际的操作。

六是实行职能工长制。泰罗主张将管理工作细分，使所有管理者只承担一种管理职能。他设计出八个职能工长，代替原来的一个工长，其中四个在计划部门、四个在车间，每个职能工长负责某一方面的工作。

七是在组织机构的管理控制上实行例外管理。泰罗认为规模较大的企业组织管理必须应用例外原则，即企业高级管理人员把例行的一般日常事务授权给下级管理人员去处理，自己只保留对例外事项的决定和监督权。

20世纪初，有许多与泰罗同时代的学者也积极从事于管理实践与理论研究。例如，亨利·甘特发明了甘特图，为PERT（计划评审技术）奠定了基石，并提出"人的因素最重要"的思想；吉尔布雷斯夫妇在动作研究、疲劳研究、劳动者心理等方面做出了巨大贡献；哈林顿·埃默森在工时测定、提高效率方面进行了大量研究并提出效率原则。他们的研究成果丰富和发展了"科学管理理论"。

2）对管理实践的启示

泰罗的科学管理理论是管理思想发展史上的一个里程碑，它是使管理成为科学的一次质的飞跃。作为一个较为完整的管理思想体系，泰罗的科学管理对管理实践的启示主要有四个方面。第一，管理活动不是一门不可传授的艺术，而是一种可以传授的知识和科学，管理活动不是单纯依靠经验进行的，而是要遵循一定的科学规律，按照一定的科学方法进行；第二，企业开展管理活动的目标是追求效率的提高，因此，企业内部需要广泛地开展分工与合作；第三，企业应加强制度建设，制定专业的管理职能和组织体系；第四，通过对工人的培训可以达到提高生产效率的目的。

2. 一般管理理论

泰罗的科学管理理论开创了西方古典管理理论的先河。在其产生与传播之时，欧洲也出现了一批古典管理的代表人物及其理论，其中影响最大的是法约尔的一般管理理论。泰罗研究的重点内容是企业内部具体工作的效率，而法约尔的研究则是以企业整体作为研究对象。他认为，管理理论是指"有关管理的、得到普遍承认的理论，是经过检验并得到论证的一套有关原则、标准、方法、程序等内容的完整体系"。有关管理的理论和方法不仅适用于公司和企业，也适用于军政机关和社会团体，这正是其一般管理理论的基石。

1）主要观点

一般管理理论的核心内容包括经营六职能、管理五要素和14条管理原则，这也是法约尔对管理思想的主要贡献。

（1）经营六职能。法约尔以整个企业为研究对象，将企业所从事的经营活动进行归纳，总结出六大职能：技术活动（生产）、商业活动、财务活动、安全活动、会计活动和管理活动。管理活动从企业活动中独立出来，成为一种重要经营职能。

（2）管理五要素。法约尔认为管理活动包括计划、组织、指挥、协调、控制五大要素，这些要素广泛应用于企事业单位和行政组织，是一般性的管理职能。法约尔以管理五要素为核心内容，构成了具有权威性的管理职能及管理过程的一般框架。

（3）有效管理14条原则。法约尔根据自己的工作经验，归纳出了有效管理的14条原则：劳动分工原则；权力和责任一致原则；纪律原则；统一指挥原则；统一领导原则；个人利益服从整体利益原则；报酬的公平合理原则；集中化管理原则；等级制度原则；秩序性原则；公平性原则；人员的稳定原则；首创精神原则；人员的团结原则。

另外，法约尔还详细地研究了企业各级人员必须具备的素质问题，特别强调管理教育的必要性。他指出，企业高级管理人员最必需的能力是管理能力，单凭技术教育和业务实践是不够的，所以管理教育应当普及。

2）对管理实践的启示

法约尔的一般管理理论对管理实践活动的启示主要体现在以下三个方面。一是管理理论是可以指导实践的。二是管理必须善于预见未来，制定长期的管理计划。如今的企业面对剧烈变化的环境，计划职能尤为关键。许多企业缺乏战略管理的思维，很少考虑长期的发展，不制定长期规划，其结果多为短期行为，丧失长远发展的后劲，埋下了不稳定的隐患。三是管理能力可以通过教育来获得，这是企业得以良性发展的重要基准。

如今，越来越多企业管理人员重视 MBA 和 EMBA 教育，正是他们主动提升管理能力的结果；另一方面，许多中小企业在快速成长阶段出现管理能力不足和管理人才匮乏的并存局面，往往是由于企业领导推崇经验管理，轻视管理培训而导致的。

3. 行政组织理论

1）主要观点

马克斯·韦伯行政组织理论的核心是理想的行政组织形式。他对组织形式的研究是从人们所服从的权力或权威开始的，其主要理论观点包括以下三个方面。

（1）理想的行政组织体系。韦伯认为，理想的行政组织是通过职务或职位而不是通过个人或世袭地位来管理。理想行政组织结构分为最高领导层、行政官员及一般工作人员三层，企业无论采用何种组织结构，都具有这三层基本的原始框架。

（2）权力的分类。韦伯指出，任何一种组织都必须以某种形式的权力为基础，才能实现其目标。韦伯把权力划分为三种类型：一是理性的、法定的权力。这是指依法任命，并赋予行政命令的权力，对这种权力的服从是依法建立的一套等级制度，是对确认职务或职位的权力的服从。二是传统的权力。它以古老的、传统的、不可侵犯的和执行这种权力的人的地位的正统性为依据。三是超凡的权力。它是指这种权力是建立在对个人的崇拜和迷信的基础上的。

（3）理想的行政组织的管理制度。韦伯认为，每一个官员都应按一定准则被任命和行使职能，这些准则包括：任何机构组织都应有确定的目标；组织目标的实现，必须实行劳动分工；按等级制度形成的一个指挥链；组织人员之间是一种指挥和服从的关系，这种关系是由职位所赋予的权力来决定的；承担每一个职位的人都是经过挑选的，人员必须是称职的，同时也不能随便免职；管理人员只管理企业或其他组织，但不是这些企业或组织的所有者；管理人员有固定的薪金，有明文规定的升迁制度，有严格的考核制度；管理人员必须严格遵守组织中的法规和纪律。

2）对管理实践的启示

马克斯·韦伯的行政组织理论对管理实践活动的启示主要体现在以下三个方面。一是企业的组织体系应按照不同的职务划分为高、中、低三个管理层，每一层都对应了不同的管理职能；二是管理人员必须遵守组织规则，自己的行为要受规则的制约，但同时他们也有责任监督其他成员服从于这些规则；三是理想行政组织的几项特征，可以作为企业内部机构改革重整的基本准则。

◆ **管理故事**

如何补充国库

有一次，安东尼皇帝派使者到朱丹·哈·尼撒拉比那儿，问了这样一个问题："帝国的国库快要空了，你能给我一个补充国库的建议吗？"

朱丹听后，对使者一句话没有说，直接把他带到了他的菜园，然后默默地干起活来。他把大的甘蓝拔掉，种上小甘蓝，对甜菜和萝卜也是如此。使者看到朱丹无意回答他的问题，心中大为不悦，没好气地对他说："你总得给我一句话吧，我回去也好有个交代。""我已经给你了。"朱丹不紧不慢地说道。使者满脸的愕然，无奈之下，只好返回到安东尼那儿。"朱丹给我回信了吗？""没有。""他给你说什么了吗？""也没有。""那他做了什么？""他只是把我领到他的菜园里，然后他把那些大蔬菜拔掉，种上小的。""噢！他已经给我建议了！"安东尼兴奋地说。

第二天，安东尼立刻遣散了他所有的官员和税收大臣，换成少量的有能力、诚实的人。不久，国库就得到了补充。

管理启示：要想提高组织效率，就要下狠心"减肥"，裁去不必要的机构和人员，将那些没有能力却依旧待在重要岗位的人撤下，取而代之的是有干劲、有活力的新锐。

(资料来源：http://blog.sina.com.cn/s/blog_5e46a3200100copu.html)

2.1.3 人际关系理论

1. 产生背景

以泰罗、法约尔等人为杰出代表的古典管理理论，对管理的科学性、合理性进行了深入研究，但是却未对管理中人的因素给予足够的重视。这种重物轻人的思想在使劳动生产率大幅提高的同时，也使工人的劳动变得异常紧张、单调和劳累，引起了工人的不满，劳资关系日益紧张。这促使管理学家开始重视生产中人的情绪和积极性对劳动生产率的影响。20世纪30年代，人际关系理论开始逐渐形成，而人际关系研究最初始于著名的"霍桑试验"。

◆ **相关链接**

霍桑试验

1924年，美国国家科学院的全国科学研究委员会开始在西方电器公司的霍桑工厂开展试验研究，分析工作条件与生产效率之间的关系。1927年，美国哈佛大学心理学教授乔治·埃尔顿·梅奥作为顾问加入试验活动，直到1932年结束。后人将此期间开展的一系列试验活动称之为"霍桑试验"。

研究人员在前期进行了照明试验和继电器装配工人小组试验，对不同的工作小组提供不同的照明强度、工资报酬、休息时间、工作日长度等条件，但试验结果却发现，工作条件和福利待遇的改善与否并不能明显地影响劳动生产率。随后，研究人员进行了两年的访谈试验，由工人自由选择话题进行倾诉，从而获得了大量有关工人态度的第一手资料。研究人员发现，工人的劳动效率在很大程度上与工作中发展起来的人际关系有关。为了进一步验证这种结论，研究人员又进行了接线板接线工作室试验，观察计件工资下一个生产小组中的工人在集体工作时的表现，结果发现，尽管实行刺激性的计件工资，但工人并不追求最高产量，而是有意识地限制自己的产量，保持在中等水平，以保证其他同伴不会因产量低而失业。工人中有一种默契和一种无形的压力，有自己的行为规范和非正式领袖，这些左右着工人的行为。

(资料来源：http://wiki.mbalib.com/)

2. 主要观点

在总结霍桑试验研究成果的基础上，1933年，梅奥出版了其代表作《工业文明中的人类问题》，创立了人际关系理论。书中对人的看法以及对待人群关系方面提出了与古典管理理论不同的新观点，其主要观点如下。

(1) 工人是"社会人"，而不是单纯追求金钱收入的"经济人"。作为复杂社会系统的成员，人的行为并不单纯出自追求金钱的动机，还有社会和心理方面的需要，追求人与人之间的友情、归属感、安全感和受人尊敬等。

（2）企业中除了"正式组织"外，还存在着"非正式组织"。它是企业成员在共同工作过程中，由于具有共同的社会感情而形成的非正式团体。这种非正式组织有特定的规范和倾向，左右着成员的行为，它与正式组织是相互依存的，对劳动生产率的提高有很大影响。

（3）生产率的高低主要取决于士气和工作态度，而士气又取决于人际关系。工资报酬、工作条件等不是影响生产率的第一因素。为此，不仅要为工人提供舒适的工作环境，还要创造一种工人参与管理、自由发表意见、同事之间及上下级之间坦诚交流的和谐的人际关系。

（4）企业领导要善于正确处理人际关系，善于听取员工的意见，要在正式组织的经济需求和非正式组织的社会需求之间保持平衡，能够通过提高员工的满意度来提高士气，从而提高生产率。

3. 对管理实践的启示

梅奥的人际关系理论对管理实践活动的启示主要体现在以下方面。一是企业高层领导不能实行"一言堂"，否则会导致"万马齐喑"的局面；二是管理人员应该关心员工8小时工作之外的日常生活，通过改善员工的业余文化生活等管理工作调动员工积极性；三是企业领导要善于利用"非正式组织"，引导其在企业中发挥积极作用，防止拉帮结派。

◆ **相关链接**

梅奥个人简介

乔治·埃尔顿·梅奥（George Elton Mayo, 1880—1949），1880年出生于澳大利亚，著名心理学家和管理学家。第一次世界大战期间，他利用业余时间用心理疗法治疗受伤士兵，成为澳大利亚采用此种疗法的先驱者。1923—1926年期间作为宾夕法尼亚大学的研究人员为洛克菲勒基金会进行工业研究。1926年，梅奥进入哈佛大学工商管理学院从事工业研究，任该学院工业研究室副教授。1927年冬，梅奥应邀参加了霍桑试验，并于1933年发表了著名的《工业文明中的人类问题》。1945年退休，并获得"荣誉退休者"的头衔。1949年卒于英国。

（资料来源：http://baike.baidu.com/）

2.2 现代管理理论及其发展

2.2.1 现代管理理论的形成与发展历程

1. 时代背景

第二次世界大战后，世界政治经济形势发生了深刻变化，这是现代管理理论产生的时代背景。首先，生产社会化程度空前提高，企业迅速扩张规模的同时，又要面对激烈的市场竞争，管理决策难度和复杂程度明显增加，要求用新的管理理论解决企业的决策问题；其次，科学技术迅猛发展，科技成果广泛渗透到企业各个领域部门，要求用先进的技术手段提供管理支持；最后，企业员工素质大幅度提高，对企业活动影响日益明显，要求在管理中充分发挥人的积极性和创造性。正是上述新的管理要求最终促成了现代管理理论的产生和发展。

2. 发展历程

现代管理理论产生于20世纪50年代，其发展历程大致分为三个阶段。

1）现代管理理论的形成阶段（20世纪50年代至60年代）

这一阶段，除管理学家外，社会学家、经济学家、生物学家、数学家等都纷纷从不同角度用不同方法来研究管理理论，管理理论呈现出一种分散化的发展趋势。1961年12月，美国管理学家哈罗德·孔茨在《管理学杂志》上发表《管理理论的丛林》一文，将当时的西方管理学派总结为管理过程学派、经验主义学派、行为科学学派、社会系统学派、决策理论学派、管理科学（或数理）学派6个学派，并形象地称之为"管理理论丛林"，标志着现代管理理论的形成。

◆ **相关链接**

哈罗德·孔茨个人简介

哈罗德·孔茨（Harold Koontz，1908—1984），美国当代最著名的管理学家之一，管理过程学派最重要的代表人物。孔茨曾担任过企业和政府的高级管理人员、大学教授、公司董事长和董事、管理顾问，给世界各国高层次管理集团人员讲课，是美国和国际管理学会会员。1963年曾任美国管理学会主席。1974年获美国管理促进协会最高奖赏——"泰罗金钥匙"。他的许多重要管理学理论著作对世界很多地区管理理论的发展产生过重要影响。《管理学原理》已经被译成16种文字；《董事会和有效管理》于1968年被授予"管理学院学术书籍奖"。孔茨根据管理职能对管理知识分类并将其推广，现在这种分类成为世界各国管理教学使用的一种结构体系。

（资料来源：http://baike.baidu.com/）

2）现代管理理论的发展阶段（20世纪60年代至80年代）

从20世纪60年代到80年代，管理理论得到进一步发展，并呈现出新的集中化趋势。管理理论学派也出现新的变化，人类行为学派分化成为人际关系学派和群体行为学派，管理过程学派中分化出了权变理论学派，并出现了社会技术系统学派、经理角色学派等新学派，经过近几十年的时间，管理理论的丛林不但存在，而且更加茂密。1980年，孔茨又在《管理学会评论》上发表《再论管理理论的丛林》一文，将管理学派从6个增加到11个。

3）现代管理理论的新发展阶段（20世纪80年代至今）

进入20世纪80年代以后，信息化和经济全球化使得管理环境发生了重大变化，管理理念更加人性化、管理形态呈知识化、管理组织虚拟化、组织结构扁平化、管理手段和设施网络化、管理文化全球化。这些发展趋势促成了文化管理、战略管理、企业再造、知识管理、管理创新等一批新的管理理论的兴起，现代管理理论研究也进入到一个新的发展阶段。

2.2.2 现代管理流派

1. 管理过程学派

1）代表人物

管理过程学派又称管理职能学派，学派创始人是亨利·法约尔，该学派代表人物主要包括詹姆斯·穆尼、拉尔夫·戴维斯、哈罗德·孔茨和西里尔·奥唐奈等人。

2）主要观点

管理过程学派主要以管理过程及管理职能为研究对象，认为管理过程就是各项管理职能发挥作用的过程；以此为出发点，将管理工作划分为若干职能，对各职能的性质、特点和重要性，以及实现这些职能的原则和方法加以研究，并最终建立起系统的管理理论，用以指导管理实践。

3）管理启示

管理过程学派的理论对管理实践活动的启示主要体现以下四个方面。首先，管理是一个过程，可以从管理经验中总结出一些基本道理或规律，即管理原理，它们对认识和改进管理工作能起到一种说明和启示的作用。其次，企业可以按照该学派确定的管理职能和管理原则，训练管理人员。再次，该理论只适用于工会力量不大、生产线稳定的情况，很难应对现实中动态多变的生产环境。最后，该学派总结的管理职能并不包括所有的管理行为，也不是在任何组织目标下都通用的。因此，对于该学派的理论学习决不能生搬硬套，应该适时而定。

2. 行为科学学派

1）代表人物

行为科学学派始于梅奥的霍桑试验及其创建的人际关系理论，而后众多学者对该理论进行了发展完善，代表人物及理论有马斯洛及其"需求层次理论"，赫次伯格及其"双因素理论"，以及麦格雷戈及其"X理论—Y理论"。

2）主要观点

行为科学以人的行为及其产生的原因作为研究对象，从人的需要、欲望、动机、目的等心理因素的角度研究人的行为规律，特别是研究人与人之间的关系、个人与集体之间的关系，并借助于这种规律性的认识来预测和控制人的行为，以提高工作效率，达成组织的目标。

3）管理启示

行为科学学派的理论对管理实践活动的启示主要体现以下两个方面。首先，企业不仅要注重对事和物的管理，更应该重视对人及其行为的管理。其次，企业应该重视管理方法的转变，将原来的监督管理转变为人性化的管理。

◆ **相关链接**

孔茨对行为科学学派的评论

人际行为领域并不包括管理学的全部内容。很可能一个公司的经理懂得心理学，但在管理上却并不有效。事实上，有一个相当大的公司，对各级管理者进行广泛的心理学教育，结果发现这些训练并未解决有效管理的需要。

(资料来源：http://baike.baidu.com)

3. 社会系统学派

1）代表人物

社会系统学派的创始人和代表人物是美国管理学家切斯特·巴纳德，该学派是以巴纳德的现代组织理论体系的建立为标志的。

2）主要观点

社会系统学派的主要观点包括以下四个方面。其一，组织是一个是由个人组成的协作系统，是社会大系统中的一部分，受到社会环境各方面因素的影响。其二，组织作为一个协作系统包含三个基本要素，即协作的意愿、共同的目标和信息的交流。其三，管理者应在这个系统中处于相互联系的中心。其四，经理人员的主要职能是提供信息交流，促成必要的个人努力，以及提出和制定目标。

3）管理启示

社会系统学派的理论对管理实践活动的启示主要体现在以下两个方面。首先，企业可以利用系统理论和社会学知识改造传统组织的经理人员，因为传统组织偏重于非结构化的决策与沟通机制，目标也是隐含的。其次，企业应着力改造组织的动力结构，明确组织内部的信息沟通机制，这是现代组织的柱石；同时在转变的过程中，充分考虑利用非正式组织的力量。

4. 决策理论学派

1）代表人物

决策理论学派是第二次世界大战后的新兴管理学派，代表人物是美国经济学家和社会科学家赫伯特·西蒙。

2）主要观点

该学派理论主要观点包括以下四个方面。其一，决策贯穿管理的全过程，决策是管理的核心。其二，决策过程包括四个阶段：搜集情况阶段、拟定计划阶段、选定计划阶段和评价计划阶段，而每一个阶段本身就是一个复杂的决策过程。其三，在决策标准上，用"令人满意"的准则代替"最优化"准则。其四，组织决策可分为程序化决策和非程序决策，经常性活动的决策应程序化，非经常性活动应采取非程序化决策。

3）管理启示

决策理论学派的理论对管理实践活动的启示主要体现在：企业应将决策职能贯穿于组织活动全过程；注重管理行为执行前分析的必要性和重要性。

5. 系统理论学派

1）代表人物

系统理论学派与社会系统学派有别，它是在一般系统理论的基础上建立起来的。代表人物有理查德·约翰逊、弗里蒙特·卡斯特、詹姆斯·罗森茨韦克，他们三人合著的《系统理论与管理》为系统理论学派的代表作。

2）主要观点

该学派理论主要观点包括以下三个方面。其一，组织是由目标与价值、技术、社会心理、组织结构、管理五个不同的分系统构成的整体。其二，企业的成长和发展要受到以人为主体，以及物资、机器和其他资源和要素的影响，管理人员力求保持各部分之间的动态平衡。其三，企业是一个投入产出系统，投入的是物资、劳动力和各种信息，产出的是各种产品。

3）管理启示

系统理论学派的理论对管理实践活动的启示主要体现在：企业管理者从整体的观点出发，不仅要解决内部关系问题，还必须注意解决企业与外部环境的关系问题；企业管理者应该学会用系统的观点来考察和管理企业，这样有助于提高企业的整体效率。

6. 经验主义学派

1）代表人物

经验主义学派又称为经理主义学派，代表人物有彼得·德鲁克、欧内斯特·戴尔、艾尔弗雷德·斯隆、威廉·纽曼等。

2）主要观点

该学派主要观点包括以下两个方面。其一，管理不是纯粹理论的研究，应侧重于实际应用，且是以知识和责任为依据的。其二，管理者的任务是了解本机构的特殊目的和使命，使工作富有活力并使员工有所成就，并处理本机构对社会的影响和责任。

3）管理启示

经验主义理论学派的理论对管理实践活动的启示主要体现在：管理应侧重于实际应用，而不是纯粹理论的研究；管理者可以依靠自己的经验，制定目标和措施并传达给有关的人员，进行组织工作，进行鼓励和联系工作，对工作和成果进行评价，以使员工得到成长和发展。

7. 权变理论学派

1）代表人物

权变理论学派是20世纪70年代在西方形成的一种管理学派，代表人物有卢桑斯、菲德勒、豪斯等人。

2）主要观点

权变理论学派认为在企业管理中没有什么一成不变、普遍适用的"最好的"管理理论和方法，只有根据企业所处的内外部环境权宜应变地处理问题。权变观点的最终目标是提出最适合于具体情境的组织设计和管理活动。

3）管理启示

权变理论学派的理论对管理实践活动的主要启示体现在：管理者应该根据组织的具体条件及其面临的外部环境，采取相应的组织结构、领导方式和管理方法，灵活地处理各项具体管理业务。这样，就使管理者把精力转移到对现实情况的研究上来，并根据对于具体情况的具体分析，提出相应的管理对策，从而有可能使其管理活动更加符合实际情况，更加有效。

8. 管理科学学派

1）代表人物

管理科学学派也叫数理学派或运筹学派，代表人物有埃尔伍德·斯潘赛·伯法、希尔、爱德华·鲍曼、罗伯特·费特、塞缪尔·里奇蒙等人。

2）主要观点

管理科学学派认为，管理就是制定和运用数学模型与程序的系统，就是用数学符号和公式来表示计划、组织、控制、决策等合乎逻辑的程序，求出最优的解答，以达到企业的目标。解决问题的七个步骤是：观察和分析；确定问题；建立模型；得出解决方案；对模型和解决方案进行验证；建立对解决方案的控制；把解决方案付诸实施。以上七个步骤相互联系，相互影响。

3）管理启示

管理科学学派的理论对管理实践活动的启示主要体现在：企业面临的复杂的、大型的问题可以分解为较小的部分进行诊断、处理；企业可以通过建立一套决策程序和数学模型以增加决策的科学性，可以通过电子计算机等现代设备协助决策；各种可行的方案均是以经济效果作为评价的依据。

◆ **相关链接**

《再论管理理论的丛林》与11个管理学派

孔茨于1980年发表了《再论管理理论的丛林》，对20世纪60年代之后管理理论的发展进行了总结。文中指出：管理理论学派已不止六个，而是发展到了十一个。其包括：① 经验主义学派；② 人际关系学派；③ 行为科学学派；④ 社会系统学派；⑤ 社会技术系统学派；⑥ 系统理论学派；⑦ 管理科学（或数理）学派；⑧ 决策理论学派；⑨ 经理角色学派；⑩ 管理过程学派；⑪ 权变理论学派。

（资料来源：http://baike.baidu.com/）

2.2.3 管理理论的最新发展

20世纪末至21世纪初，面对信息化、全球化、经济一体化等新的形势，企业管理活动出现了深刻的变化与全新的格局，管理思想与管理理论也出现了新的发展趋势。

1. 战略管理理论

20世纪70年代以后，企业竞争加剧，风险日增。为了谋求长期生存发展，企业开始注重构建竞争优势。1976年，安索夫的《从战略规则到战略管理》一书出版，标志着现代战略管理理论体系的形成。斯坦纳等人又对该理论进行了发展，而迈克尔·波特所著的《竞争战略》更是把战略管理的理论推向了高峰。

该理论以企业组织与环境关系为主要研究对象，重点研究企业如何适应充满危机和动荡的环境的变化过程及规律，强调通过对产业演进的说明和各种基本产业环境的战略分析，得出不同的战略决策，并通过战略实施与评价验证战略的科学性和有效性。战略管理过程理论如图2-1所示。

中国杰出企业家管理思想访谈录

战略管理理论

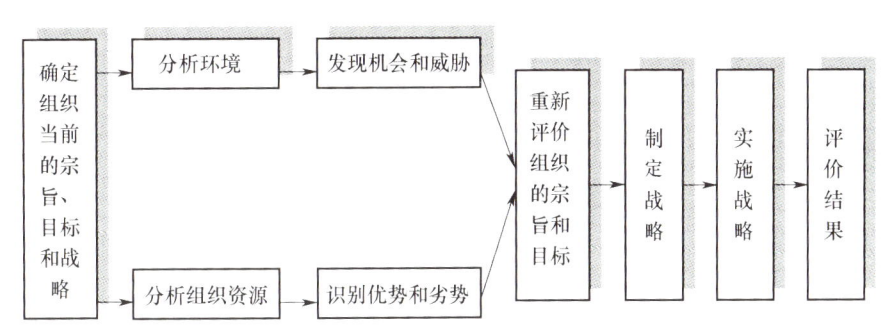

图2-1 战略管理过程理论

◆ 相关链接

迈克尔·波特与《竞争战略》

迈克尔·波特（Michael E. Porter）是美国哈佛大学商学院的教授，兼任许多大公司的咨询顾问。1980年，他的著作《竞争战略》，把战略管理的理论推向了顶峰，该书被美国《幸福》杂志标列的全美500家最大企业的经理、咨询顾问及证券分析家们奉为必读的"圣经"。

该书的重要贡献如下。①提出对产业结构和竞争对手进行分析的一般模型，即五种竞争力（新进入者的威胁、替代品威胁、买方砍价能力、供方砍价能力和现有竞争对手的竞争）分析模型。②提出企业构建竞争优势的三种基本战略，即寻求降低成本的成本领先战略；使产品区别竞争对手的差异化战略；集中优势占领少量市场的集中化战略。③价值链的分析。波特认为企业的生产是一个创造价值的过程，企业的价值链就是企业所从事的各种活动，包括设计、生产、销售、发运以及支持性活动的集合体。价值链能为顾客生产价值，同时能为企业创造利润。

(资料来源：http://baike.baidu.com/)

2. 比较管理理论

比较管理理论是20世纪80年代初对现代管理理论反思后，首先盛行于西方的一种管理理论。这是一种通过研究许多国家和企业在工业化发展过程中管理的历史经验和动态，采用科学的比较分析，以探索最佳管理模式的理论。该理论在研究方法上，以比较研究为基础，把所研究的对象放到更为广阔的背景下考察，提高了研究的立足点，扩大了考察范围。在研究重点上，由注重理论转向注重管理实践比较。该理论还提出了一系列比较管理研究模式，该理论还认为对管理过程与管理效果有特别影响的外部制约因素包括四个变量：教育变量、社会变量、政治法律变量、经济变量。而管理过程与管理效果决定了公司的效率，进而又决定了一个国家或社会的效率。

这一理论的著名代表人物有美国的理查德·帕斯卡尔、托马斯·彼得斯、巴里·里奇曼、威廉·大内，日本的大岛国雄，英国的密勒和罗杰·福尔克等。比较管理理论学派也是我国主要管理理论学派之一。由于我国在现代企业管理理论和实践上是后进的，需要结合我国的国情特点有比较地引进吸收西方先进管理经验，同时加上大批从海外归来的学者介绍西方管理思想，因此，目前我国大量的管理著述都具有比较管理理论的色彩。一些发达国家运用成功的管理方法搬到中国企业未必就能成功，要最终创造出适合中国国情的、既先进又独具特色的企业管理模式。采用比较管理理论的学习、对比、消化、创新的方法显然是最有效的。

韩都衣舍的成功之道

◆ 相关链接

理查德·帕斯卡尔与"7S"模型

理查德·帕斯卡尔是与彼得·德鲁克、汤姆·彼得斯等齐名的全球50位管理大师之一，他的主要贡献在于比较了美国和日本的管理方法，提出了"7S"框架——这是任何一个明智的管理都会涉及的七个变量。

1981年，理查德·帕斯卡尔和安东尼·阿索斯出版了一部畅销书籍——《日本企业管理艺术》。该书提出了麦肯锡"7S"模型，即"7S"结构。"7S"（战略Strategy、结构Structure、技能Skills、人员Staff、共享价值观Sharedvalues、制度Systems和作风Style）是一种备忘录，是对企业所关心问题的非常有用的记忆提示。"7S"概念提供了一种比较美国和日本管理经验的方法。该书运用"7S"模型比较了美国的ITT公司和日本松下公司，从各个侧面深刻的反省了美国管理模式。帕斯卡尔和阿索斯认为日本企业的成功之处在于他们重视软性的S——作风、共享价值观、技能和人员。相反，西方则将注意力集中在硬性的S——战略、结构和制度上。

（资料来源：http：//baike.baidu.com/）

3. 企业再造理论

美国企业从20世纪80年代起开始了大规模的企业重组革命，日本企业也于20世纪90年代开始进行所谓第二次管理革命，这十几年间，企业管理经历着前所未有的、类似脱胎换骨的变革。1993年，美国麻省理工学院教授迈克尔·哈默与詹姆斯·钱皮在经过多年调研后，提出了企业再造理论。该理论认为，为了能够适应新的世界竞争环境，企业必须摒弃已成惯例的运营模式和工作方法，以工作流程为中心，重新设计企业的经营、管理及运营方式，制定企业再造方案，并组织实施与持续改善。企业再造包括了企业战略再造、企业文化再造、市场营销再造、企业组织再造、企业生产流程再造和质量控制系统再造等多方面内容。

企业再造理论

◆ **相关链接**

企业再造理论的适用对象

按照迈克尔·哈默与詹姆斯·钱皮在1993年出版的《企业再造——工商管理革命宣言》一书中的说法，企业再造理论适用于以下三类企业。

（1）问题丛生的企业。这类企业问题丛生，除了进行再造之外，别无选择。

（2）目前业绩虽然很好，但却潜伏着危机的企业。这类企业，就当前的财务状况看，还算令人满意，但却有"风雨欲来"之势。

（3）正处于事业发展高峰的企业。这类企业虽然事业处于发展高峰，但是雄心勃勃的管理阶层并不安于现状，决心大幅度超越竞争对手。这类企业将再造企业看成是大幅度超越竞争对手的重要途径，他们追求卓越，不断提高竞争标准，构筑竞争壁垒。

（资料来源：http：//www.docin.com/p-32180801.html）

4. 企业文化理论

20世纪80年代初，在西方管理理论研究的非理性主义倾向中，企业文化理论是首先向现代管理理论学派提出挑战的。"企业文化"概念，首先由美国管理学者托马斯·彼得斯和小罗伯特·沃特曼合著的《成功之路》一书中提出的。他们认为，美国最佳公司成功的经验说明，公司的成功并不是仅仅靠严格的规章制度和利润指标，更不是靠电子计算机、信息管理系统或任何一种管理工具、方法、手段，甚至不是靠科学技术，关键是靠"公司文化"或"企业文化"。

企业文化主要包括以下两个方面的内容：

（1）从直接意义上来说，主要包括企业共同价值观、企业精神、企业民主、企业风俗习惯、企业道德规范等企业的纯精神、纯观念因素，也可称隐性文化。

（2）从间接意义上来说，可分为两种情况：一种是在企业制度、企业规章、企业形象、企业典礼仪式、企业组织领导方式及其他一切行为方式中所体现的精神因素，可称为行为精神因素，也可称半显性文化；另一种是在企业产品和服务、企业技术和设备、企业外貌和标志形象、企业教育与文化活动等一切有形物质因素中体现的精神因素，即物化精神因素，也称显性文化。

美国戴维斯的《企业文化的评估与管理》、德国海能的《企业文化理论和实践的展望》、美国科特和赫斯克特的《企业文化与经营业绩》、美国特雷斯·迪尔和阿伦·肯尼迪的《企业文化——现代企业的精神支柱》，是这一理论的主要代表作。目前，企业文化理论研究方兴未艾。企业文化理论的研究和建立文化管理的实践，当前也已经在我国成为时尚。

5. "学习型组织"理论

20世纪90年代以来，知识经济的到来，使信息与知识成为重要的战略资源，相应诞生了"学习型组织"理论。该理论的形成是以美国管理学家彼得·圣吉的著作《第五项修炼》为标志的。

该理论认为，传统的组织类型已经越来越不适应现代环境发展的要求，未来真正出色的企业，将是能够设法使组织成员全心投入，并有能力不断学习的组织。该类型组织成员必须具备五项技能，即锻炼系统思考能力、追求自我超越、改善心智模式、建立共同远景目标和开展团队学习。学习型组织是一种更人性化的组织模式，这种组织有崇高而正确的核心价值和使命，具有强大的生命力和实现共同目标的动力，不断创新，持续蜕变。

◆ **相关链接**

学习型组织的"7C"模式

彼得·圣吉认为，创建学习型组织应该做到以下7个"C"：

（1）Continuous——持续不断的学习。

（2）Collaborative——亲密合作的关系。

（3）Connected——彼此联系的网络。

（4）Collective——集体共享的观念。

（5）Creative——创新发展的精神。

（6）Captured and Codified——系统存取的方法。

（7）Capacity building——建立能力的目的。

（资料来源：http://baike.baidu.com/）

---

6. 质量管理理论

质量管理理论，是20世纪50年代出现，逐步发展，先在日本付诸实践，80年代初在西方国家得到普遍认可，从而在世界范围内掀起一场影响至今的全面质量管理运动的管理理论。其中最具代表性的是戴明和朱兰的质量管理理论。

戴明为公认的20世纪十大经营管理大师，世界著名的质量管理专家，被称为"品质之神"。作为质量管理的先驱者，其主要观点为"质量管理14要点"：① 树立坚定不移的改善产品和服务的恒久目标。② 必须绝对不容忍粗劣的原料、不良操作、有瑕疵的产品和松散的服务。③ 停止依靠检查来保证质量的方法，而是重视改良生产过程。④ 停止仅用价格作为报偿企业的方法。⑤ 坚持不懈地改善计划、生产和服务的每一个环节，进行全面质量控制。⑥ 推行岗位培训。⑦ 建立领导关系。⑧ 驱除畏惧心理。⑨ 消除员工之间的壁垒障碍。⑩ 废除针对员工的口号、训词和目标。⑪ 废除针对工人的数字定额和管理人员的数字化目标。⑫ 清除剥夺员工工作自豪感的障碍。⑬ 实行普及至每一个人的有效教育和自我完善计划。⑭ 让企业中每一个人都参与实现公司转型的大业中，即创造一个每天都推动以上13项的管理结构。

◆ **思政元素**

老干妈的谢幕：不改革，时代抛弃你连声招呼都不打！

导读：说起老干妈，在中国可谓无人不知，无人不晓；8块钱一瓶的辣酱，每天卖出130万瓶；一年用1.3万吨辣椒、1.7万吨大豆；销售额45亿，15年间产值更是增长了74倍。

但是，你有多久没有吃过"老干妈"了？

从业绩上看，近几年老干妈虽然依然卖得很火，但销量止步不前，甚至在2019年上半年业绩一度回落。京东、淘宝等电商数据显示，近几年来"老干妈"的销售更是经历了断崖式下跌，远远不如从前了。作为一代传奇，到底发生了什么？

早在2015年，《商界》杂志前往"老干妈"所在地贵州进行采访，听得最多的一句话是："老干妈现在不用贵州辣椒，用的全是河南辣椒，原因只有一个——河南辣椒便宜！"当地一名经销商也称：贵州辣椒在全国辣椒中都是最好的，价格在12~13元/斤，而河南辣椒只要7元/斤。

曾经的老干妈，奉行"不集资、不上市、不贷款"的原则，靠着产品的质量，硬是打出自己的一片天。但是老干妈之所以能够成为今天的老干妈，靠的不是营销和砸钱，而是过硬的品质。如果真如记者所采访的那样，老干妈为了节约成本而更换原材料，那么也难怪老干妈的销量会大不如前。很多人买辣酱，已经认准了"老干妈"的牌子，但如果品质不达标，"老干妈"的招牌又能坚持多久？

◆ **阅读材料**

海尔的企业再造

海尔是第一个走出国门的中国家电企业，应该说它很成功。可是，让人不可思议的是，早在十几年前，它就悄悄"造起了自己的反"。在1998年9月8日，海尔集团首席执行官张瑞敏就在一次中层干部会上提出"业务流程再造"的概念。而此时，中国家电业的价格战正酣。

张瑞敏说："流程再造对海尔来说，就是彻底打破原有的束缚着我们继续创新、继续发展的东西。这包括我们已经习惯了的管理模式，我们轻车熟路的流程，包括原来的成功。"

1. 海尔面对的挑战

1998年的海尔，已经实现了销售收入超100亿元。海尔开始考虑实施国际化战略，但是，海尔同国际大公司之间还存在很大的差距。这种差距集中表现在海尔的客户满意度、速度、企业员工对市场压力的感知程度不高。

2. 海尔的再造方案

在企业再造前，海尔是传统的事业部制结构，集团下设六个产品本部，每个本部下设若干个产品事业部，各事业部独立负责相关的采购、研发、人力资源、财务、销售等工作。1999年，海尔在全集团范围内对原来的业务流程进行了重新设计和再造，并以"市场链"为纽带对再造后的业务流程进行整合。

（1）同步业务流程结构："三个大圈、六个小圈、两块基石"。海尔的再造方案，将原来各事业部的财务、采购、销售业务分离出来，实行全集团统一采购、营销和结算。将集团原来的职能管理部门整合为创新订单支持流程3R（R&D——研发、HR——人力资源开发、CR——客户管理）和保证订单实施完成的基础支持流程3T（TCM——全面预算、TPM——全面设备管理、TQM——全面质量管理）。

（2）流程运转的主动力："市场链"。推动整体业务流程运转的主动力不再是过去的行政指令，而是把市场经济中的利益调节机制引入企业内部，将业务关系转变为平等的买卖关系、服务关系和契约关系，将外部市场订单转变为一系列的内部市场订单。

（3）流程运作的平台：海尔文化和OEC（即：日事日毕，日清日高）管理模式。

3. 海尔再造的成效

实行流程再造的海尔，交货时间缩短了32%，到货及时率从95%提高到98%，出口创汇增长103%，利税增长25.9%，应付账款周转天数缩短54.79%，直接效益为3.45亿元。

海尔再造的成功带给我们了一些有益的启示。第一，企业要将纵向一体化结构转变为平行的网络流程结构作为再造的核心。第二，顾客满意度最大化是企业再造的目标。第三，发挥每一个员工的积极性和主动性是企业再造的动力。第四，要依靠领导全力推进、企业文化渗透作为企业再造的保证。

复习与练习

一、重点概念

科学管理　非正式组织　战略管理　文化管理　企业再造　学习型组织

二、复习思考

1. 泰罗科学管理思想包括了哪些内容？
2. 法约尔认为管理的基本职能是什么？
3. 韦伯行政组织理论给现代管理带来了哪些启示？
4. 梅奥人际关系理论的主要观点是什么？
5. 什么是管理理论丛林？有哪些主要的管理学派？
6. 什么是学习型组织？在现代企业管理中如何建立学习型组织？
7. 学习型组织的五项修炼包括哪些内容？
8. 现代管理理论产生的历史背景是什么？它与古典管理理论内容有什么本质的区别？

三、案例分析

"节约"出来的管理问题

张岚是某集团公司刚刚招聘的办公室主任。新官上任三把火，为了给管理层留下一个雷厉风行的好印象，张岚上任之初就开始推广成本意识，倡议大家厉行节约，并出台了一系列有关节约的行为细则，如"但凡打印非正式文本一律使用废纸背面""鼠标使用2年才予以更换"等。

由于集团总部属于非营利单元，加之近年集团下属企业业绩增长停滞，自然，张岚的行动得到了集团领导的肯定和表彰，因为这和集团近年倡导"二次创业"的精神很一致。

节约细则实施了一段时间，但是办公室在做低值易耗品的每月统计时发现成本不降反升，并且额外增加了许多开支，如打印机的维修费、硒鼓碳粉的消耗等，这让张岚大为恼火，认为是有人故意唱反调。

另一办公室的同事告诉了张岚原委，其实这恰好是这些细则规定所致。比如打印使用废纸，这样经常导致激光打印机卡纸，并加速了硒鼓的损耗，一台打印机没用多久就要进行大修；使用替代碳粉，但是用不了多久打印字迹就模糊，维修人员说这是由于碳粉颗粒不均匀所致；鼠标的规定更是导致了员工不满，有些人不愿同办公室啰唆，干脆自己买来使用，但是大家私下却牢骚满腹。

过了一段时间，办公室不得不对细则进行了修正。

请结合本单元所学的知识，分析下列问题。

（1）张岚运用了何种管理理论指导自己的管理活动？
（2）张岚的管理为什么失败了呢？
（3）如果你是张岚，在意识到自己的错误后，你会采取哪些措施来改进呢？

四、技能训练

实训项目2-1 比较中外古代管理思想

【实训目标】

（1）使学生更好地理解中外古代管理思想精髓。
（2）能借鉴中外管理思想精华，指导自己的管理实践。

【实训内容与要求】

（1）每名学生收集2~3则体现中外古代管理思想的箴言名句。
（2）将所有学生收集到的管理名句分为中外两类，并将全班同学分为中方与西方两组，对各自的管理名句进行归纳整理。
（3）组织一次课堂讨论，各组选派代表向大家展示自己收集到的管理名句，并解释其意义。
（4）大家围绕中外古代管理思想的特点进行比较，展开自由讨论。
（5）每名学生将讨论的结果形成一份专题报告。

【实训成果】

每名学生完成一篇题为"中外古代管理思想比较"的专题报告。

【实训考核与评价】

由教师根据如表2-2所示的实训项目1考核成绩，来对学生作出考核与评价。

表 2-2　实训项目 1 考核成绩表

考评项目	考评内容		考评标准（分）	小计（分）
1. 收集管理名句	内容	相关性	15	30
	数量	丰富性	15	
2. 讨论发言	内容	合理性	10	40
		准确性	10	
	现场表现	语言流利	10	
		表现自如	10	
3. 书面报告	内容	条理性	10	30
		简明性	10	
		创新性	10	
合计（分）			100	

实训项目 2-2　利用现代管理理论解决公司难题

【实训目标】

（1）使学生充分理解古典管理理论和现代管理理论各学派观点的内容。
（2）能灵活选择和运用现代管理理论的思想解决实际管理问题。

【实训内容与要求】

1. 模拟情景

某公司在过去一年来利润持续下降，可相反的是，在同一时期，同行们的利润在不断上升。公司上下非常关注这一问题，为了找出产生利润下降的原因，公司董事局委派有关人员对公司各个方面进行了一次调研。以下是调研的结果。

（1）公司有着健全的组织结构，严格规定了各等级管理人员的管理职责，并对管理人员的升迁奖惩制定了明确的规章制度和考核机制。

（2）公司在过去的一年内，各部门都制订了详细的计划，明确了自己的职能和工作目标。

（3）劳工关系方面，公司支付给员工的工资一直至少和工会提出的工资一样高，并持续给员工提高工资，但并没有换回相应的生产率。车间工人一直没有能够生产足够的产量，以把利润维持在原有的水平之上。

（4）公司去年一年人员变动比较频繁，尤其是销售部门。截至去年年底，销售队伍中工作经验未满 1 年的员工比达 47%。

（5）公司内部员工普遍认为，本公司平时的工作环境很枯燥，缺乏生机，并且让员工缺乏归属感；并且员工很难在工作中实现自我能力的提升。

请针对上述的情况，模拟召开一次公司董事会，商讨解决对策，改进公司现有的管理活动。

2. 讨论问题

该项目以 7～8 人为一组，进行分组模拟训练。每组选出一名学生担任董事长，其他组员担任董事会成员。大家讨论的主要内容可围绕以下两个问题进行开展。

（1）现行指导公司管理活动的管理理论是否可行，如何完善？

（2）还应参考哪些管理理论改进自身的管理活动，可以采取哪些具体措施改进？

3. 总结及分析报告

讨论完毕，各组每名学生完成一份有关问题分析和解决对策的分析报告。

【实训成果】

每名学生完成一篇分析报告。

【实训考核与评价】

由教师根据如表2-3所示的实训项目2考核成绩表，对学生作出考核与评价。

表2-3 实训项目2考核成绩表

考评项目	考评内容		考评标准（分）	小计（分）
1. 讨论发言	内容	条理性	10	40
		准确性	10	
	现场表现	语言流利	10	
		表现自如	10	
2. 书面报告	内容	合理性	20	60
		完整性	20	
		创新性	20	
合计（分）				100

第 3 单元

计　　划

学习目标

1. 知识目标
（1）理解计划的含义、内容与类型。
（2）掌握管理环境的内容及分析的方法。
（3）明确预测与决策的含义，掌握预测与决策的程序与方法。
（4）掌握计划编制的程序和方法。

2. 能力目标
（1）能够初步进行企业内外部环境的分析。
（2）能够采用一定的方法进行简单的决策。
（3）能够根据具体情况，编制简单的计划书。

导入案例

喜茶如何用 2 年完成别人 5 年的蜕变？

很多人还在认为新茶饮在玩噱头，其实新茶饮已经用两年时间，完成了餐饮行业 5 年的蜕变，而且正在超车，喜茶就是典型代表。

中国新茶饮行业热度正在持续升温。这个千亿级规模的新蓝海，吸引了 IDG 资本、京东、今日资本、天图资本等投资机构和企业入局；以喜茶、煮叶、因味茶代表的头部品牌加速跑马圈地，二三线城市新涌入的跨界者随之增多，从 2017 年年底开始更集中开各种主题店，把空间作为品牌文化输出的"新亮点"。

而作为新茶饮运动的开创者，起源于 2012 年的喜茶，在"2018 中国餐饮创新力 100 年度颁奖盛典上"获得品牌和产品双创新维度大奖，引领着这个行业的走向。

一、颠覆传统奶茶业，倒逼供应链"定制研发"

传统奶茶最常用的模式，是供应方提供配方，加盟门店负责销售；现在，以喜茶为代表的新式茶饮品牌，实现了反向操作：洞察消费者需求，自主研发新产品。

比如喜茶的招牌产品"金凤"的诞生，就是一个"反向操作"的过程。这款产品的产生，首先基于他们对年轻消费者的判断：一方面口味比较清新，另一方面要有味觉记忆点。

因为市场上没有符合需求的茶叶原料，于是他们向上游供应链进行"反向"定制，改进烘焙工艺、拼配方式，"造"出一款符合自己需求的原材料。到目前，喜茶所有茶叶都已完成原产地定制。在这个过程中，供应链是为品牌企业所用的。

二、入局者越来越多，研发力成为决胜点

进入新茶饮领域的品牌和从业者越来越多，为什么喜茶却能持续引领这个行业？

一位著名投资人表示，喜茶是一个"天才式"的品牌，它的成长速度和品牌积累远超外界对它的认知，它的基本功扎实度远超想象。

在创立喜茶前，聂云宸花了180多天去研发产品。半年后他开出第一家店。开业之初，生意并不尽如人意，最差时一天只做了几十块。现实"逼"得聂云宸只好调试研发、改进产品。这是一个痛苦的过程，结合反馈，一杯一杯改良产品。他们结合用户反馈，一直在优化产品，这正是喜茶的厉害之处。

三、很多人认定他们重营销时，新茶饮已经开始拼运营

新茶饮的沸腾，也带来大量的跟风和山寨，甚至有房地产商跨界而来，推动整个行业走进下半场。当很多人都把新茶饮热归结为"产品+营销"的成功时，新茶饮已经从拼产品升级为拼运营。比如很多人认定"喜茶很善于做营销"，事实上喜茶并没有营销部，它的营销是运营管理带来的结果。

四、面对90后、95后、00后个性审美，用第三空间进行文化输出

如今的新茶饮，从核心竞争力（产品），到品牌护城河（场景空间），竞争之激烈可想而知。环境的情景化、个性化、品牌美学变成品牌圈粉的重要因素，做生活方式化的、融入社交属性、个性化的消费场景成为新战场，就在情理之中。

2016年，喜茶在深圳福田开出了第一家突出空间设计概念的LAB店，以"禅"为中心，营造一种"慢下来喝茶"的宁静空间，并提供手冲茶产品。

2018年1月18日，"喜茶白日梦计划"第二家店也在深圳开业了。设计师汲取了王羲之《兰亭集序》里"引以为流觞曲水，列坐其次"的设计灵感，将古人围溪而坐品茗畅谈的场景搬到喜茶空间里。

设计师将原本分散的18张桌子串联在一起，创造了新的社交距离，转化为现代人坐在一起拉近内心的情感链接。

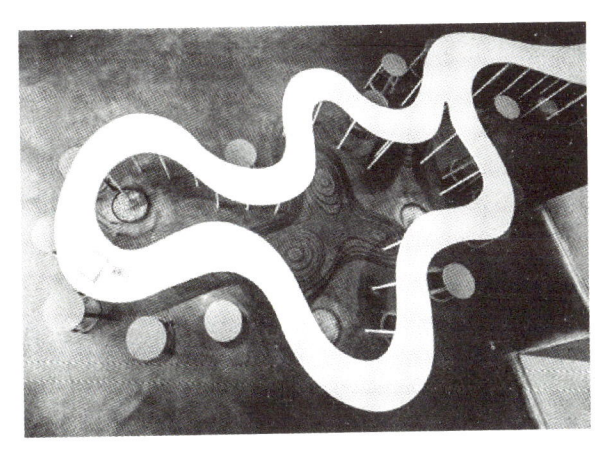

"流觞曲水"设计，拉近人与人的距离

他们正在通过空间来输出品牌文化，正在建立新的标杆。从产品竞争，到运营竞争，再到品牌竞争，乃至文化输出，餐饮业用5到10年完成的品牌迭代升级，新茶饮在两年之内已经赶超。

对于企业来说，经济发展日新月异，外部环境变化迅速，市场竞争激烈。如何能够适应内外部环境的变化并保持领先地位，最好的办法是准确地预测未来，抓住机遇，果断决策，同时做好切实可行的发展计划并认真实施，才能立于不败之地。

（资料来源：http://www.ceconlinebbs.com）

3.1 计划职能概述

3.1.1 计划职能的含义与内容

1. 计划职能的含义

计划就是谋划和筹划，是对未来一段时期内活动的内容、方向及方式、方法的预测与安排处理。或者说，计划是管理者为了达成既定的目标而制定行动方案的过程或活动。

计划职能有广义和狭义之分，广义的计划职能是指管理者制定计划、执行计划和计划控制等一系列活动的过程；狭义的计划职能是指管理者对未来应采取的行动所做的谋划和安排。

综合而言，计划职能就是根据社会需要和组织自身的能力，通过科学的预测和决策，确定在未来一定时期内，组织所要达到的目标，以及实现目标的途径。

◆ 管理故事

运筹帷幄，决胜千里

汉高祖刘邦打败了楚霸王项羽，当了皇帝，行赏的时候，把张良评为头功。元帅韩信听了很不高兴，认为天下是自己一刀一枪打下来的，为什么论功时自己不如张良？刘邦知道了，说了一句著名的话："运筹帷幄之中，决胜千里之外。"意思是说，因为有张良在大帐里出谋划策，你韩信才能在千里以外取胜。韩信想了想，这才服了。

管理启示：所谓的运筹，是指谋划和筹划，也就是管理上所讲的计划职能。可见，计划的作用多么重要。

（资料来源：李香慧. 蕴含人生哲理的100个成语故事［M］. 北京：京华出版社，2008.）

2. 计划的内容

在企业中，计划工作的内容可以概括为以下七个方面（5W2H）。

（1）what——"做什么"，即明确一个时期的具体任务和目标要求。如，企业生产计划明确所生产的品种、数量、进度等，以保证合理利用企业资源，按期完成生产计划并为考核提供依据。

（2）who——"谁来做"，即明确实施计划的部门或人员，包括每一阶段的责任者、协助者及利益相关者。

（3）when——"何时做"，即规定计划中各项工作的起始时间、进度和完成时间。在实际工作中，对计划制订严格的时间进度安排，以便进行有效的控制，并对组织资源进行合理安排。

（4）where——"何地做"，即规定计划的实施地点，了解计划实施的环境条件和限制条件。计划的制订要根据不同的环境、市场、途径等空间因素而因地制宜，地区间存在差异性，要经过调整制订计划。

◆ 管理案例

蒙牛的学习竞争模式

1998年年底，原伊利副总牛根生从伊利出走，创办蒙牛。对中国乳业来说，伊利就是一所黄埔军校。伊利把牛根生从一个刷奶瓶的小工培养成一个呼风唤雨的人物，伊利依托公司连基地、基地连农户的生产经营模式也被蒙牛当仁不让地拿来，并且做得更到位、更彻底。牛根生还别出心裁地在产品包装盒上印上为民族工业争气、向伊利学习的口号，蒙牛的第一块广告牌也非常乖巧地写着做内蒙古第二品牌。

但正因为这种学习中竞争的模式，伊利和蒙牛的发展速度都非常惊人。尤其是蒙牛，创造了中国企业史无前例的1947.31%的成长速度，由名不见经传飙升到现在的前五之列。

（资料来源：中国经济网，"善居下"必得延续，2005年10月27日）

（5）why——"为什么做"，即明确计划的原因和目的，使计划执行者了解、支持计划，以便发挥执行者的积极性、主动性，以期实现预期目标。

（6）how——"怎么做"，即明确实现计划的措施，以及相应的政策和规则，对组织资源进行合理的预算、分配和使用，等等。

（7）how much——"效益分析、成果评估"，即分析计划给企业带来的盈亏和机会得失。

◆ 管理案例

投资的机会损失

某人的所有可用资产是10万元，通过各种风险评估认为，若将这些资产用于投资，可以赚100万元，他便进行了投资。

投资以后，他发现还有另外一个投资，风险评估相当，可以赚1 000万元，但时间已经来不及了。这一次投资，他的盈利是90万元，但因为失去了那个赚1 000万元的机会，机会损失是900万元，最后的投资效益就是负810万元。

管理启示：盈亏是眼前看得到的，机会得失可能要通过整体和较长时间才能看得到，但是整体效益一定是盈亏加上机会得失。

3.1.2 计划的类型与作用

1. 计划的类型

计划的种类很多，可以按不同的标准进行分类。

（1）按计划的重要性划分，可分为战略计划、战术计划和作业计划。

① 战略计划，也叫战略规划，指由高层管理者制定，为组织设立总体目标和寻求组织战略方案的计划。

② 战术计划，指为了实现企业的总体目标，组织的具体部门或职能部门在未来各个较短时期内的行动方案。

◆ 相关链接

战略与战术的区别

从范围上讲，战略是国家或一方势力根据形势需要，在整体范围为经营和发展自己的势力或能力而制定的一种全局性的有指导意义的规划和策略。而战术是指在特定的局部地区，为维持和发展本地区的作用和能力、扫除已经或将要出现的威胁而采取的手段。

从时间上讲，战略是依据形势需求制定的长期方略，往往可以维持几年或几十年。战术则相对时间较短，一般在一年以内。

从形式上讲，战略是全局性的，是指导战术形成的总体构思。而战术是局部的，是围绕战略思想、地区环境而制定的有效的方法，是战略思想的特殊体现。

（资料来源：http://hi.baidu.com）

③ 作业计划，是由基层管理者制定的，规定总体目标如何实现的细节性的操作计划。对企业来说，就是指各项业务活动开展的作业计划。

作业计划

◆ 相关链接

华为的国际化战略

华为从 1996 年正式实施国际化行动至今的 20 多年里，一路崎岖，留下了很多经验和教训，而这正是当今中国企业走出去之前，需要首先学习和借鉴的。

没有华为的国际化，就没有今天的华为。华为国际化是怎么做到的？有什么路径呢？

用一位在华为 24 年的高管的一句话说，就是：华为其实没有国际化战略，只是要把种子先撒出去，把公司最优秀的一批人撒出去，这是第一步。第二步，在这个过程中，通过变革逐步形成面向全球竞争的管理体系。

（资料来源：乔诺之声（Geonol），原标题《万字长文还原华为国际化历程》，https://www.sohu.com/a/330422664_466840）

(2) 按计划的时期界限划分，可分为长期计划、中期计划和短期计划。

① 长期计划，指组织在较长时期（通常 5 年以上）的发展方向和方针，规定组织各个部门在较长时期内从事某种活动应达到的目标和要求。

② 短期计划，指组织各个部门在目前到未来的较短的时期（1 年以内），应该从事的活动及从事该种活动应达到的要求。

③ 中期计划则介于两者之间。

(3) 按计划内容的明确性划分，可分为指导性计划、具体性计划。

① 指导性计划，一般只规定一些指导性的目标、方向、方针和政策等，并由高层决策部门制定，适用于战略规划、中长期计划等。

② 具体性计划，一般由基层制定，适用于总计划下的专业计划或具体的项目计划，具有非常明确的目标和措施，具有很强的可操作性，如新产品开发计划和技术改造计划等。

（4）按计划由抽象到具体的层次划分，可分为宗旨、目标、战略、政策、策略程序、规则、规划以及预算等。

哈罗德·孔茨和海因·韦里克从抽象到具体，把计划划分为：宗旨、目标、战略、政策、策略、程序、规则、方案以及预算，如图3-1所示。

① 宗旨，是社会对该组织的基本要求，它回答了组织是干什么的和应当干什么的问题。例如，杜邦公司的宗旨是通过化学方法生产更好的产品；壳牌石油公司的宗旨是满足人类的能源需要。

② 目标，是组织活动所要达到的结果，它是在组织的宗旨指引下确立的，是宗旨的具体化和数量化，是计划的重要表现形式。

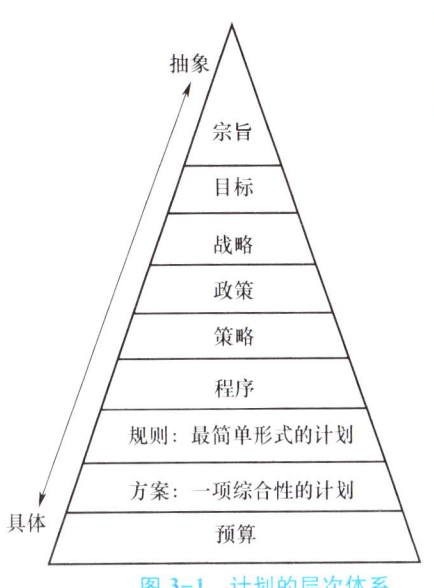

图3-1 计划的层次体系

③ 战略，是为实现组织目标所确定的发展方向、行动方针、行为原则、资源分配的总体谋划，是指导全局和长远发展的方针，对于组织的思想和行动起引导作用。

④ 政策，是组织在决策或解决问题时用来指导和沟通思想与行动方针的规定或行为规范，为管理者提供了一个广泛的指导方针，指明了行动的方向和界限。

⑤ 策略，是实现目标的具体谋略。策略是指管理者对未来行动的总体构想与实现目标的一整套具体谋略方案。例如，福特汽车公司早期的经营策略是向市场投入标准化的廉价汽车，为了降低成本，他们率先实行了大批量的汽车装配生产线。

⑥ 程序，是完成未来某项活动的方法和步骤，对组织的例行活动具有重要的指导作用，如新产品开发程序、职工的请假程序、新员工的招聘程序等。

⑦ 规则，是一种最简单的计划，它是在具体场合和具体情况下，允许或不允许采取某种特定行动的规定，如规章制度等。

⑧ 方案，是一个综合性的计划（计划的综合反映），包括目标、政策、程序、规则、任务分配、执行过程（要采取的步骤）、资源保障要求（要使用的资源）以及为完成既定行动方针所需的其他要素等。

⑨ 预算，是用数字表示预期结果或资源分配的计划，也可看成是"数字化的"计划，是组织各类各项可支配资源的使用计划，如财务预算，利润计划等。

2. 计划的作用

◆ 相关链接

诸葛亮的"隆中策"

诸葛亮的"隆中策"是我国最早、最大的成功计划工作案例之一。

"隆中策"的第一步是确定组织目标：兴汉室，图中原，统一天下。

"隆中策"的第二步是制定分步实施方案，即确定分步计划的阶段目标：第一，先取荆州为家，形成"三分天下"之势；第二，再取西川建立基业，壮大实力，以成鼎足之状；第三，"待天下有变，命一上将将荆州之兵以向宛、洛，将军身率益州之众以出秦川"，这样，"大业可成，汉室可兴矣"。

"隆中策"的第三步是确定实现目标的指导方针："北让曹操占天时，南让孙权占地利，将军可占人和。"内修政理，外结孙权，西和诸戎，南抚夷、越，等待良机。

"隆中策"又进一步对敌、我、友、天、地、人进行了极为细致透彻的分析，论证了为什么应当有这样的指导方针。

管理启示：计划工作能够细致地组织各项活动，有利于更经济地进行管理，保证各种资源取得最佳的利用效果。计划工作正确与否，关系到发展目标能否实现，从而决定了整个企业的管理活动的成败。

（资料来源：陈向东. 诸葛亮联吴抗曹方略新解. 今日世界，2004年第7期.）

1) 计划是实施管理活动的重要依据

计划是管理的首要职能，计划不仅确定了组织在未来一定时期内的行动目标和方式，又给组织、领导和控制等一系列管理工作提供了基础。计划职能与其他职能的联系如图3-2所示。

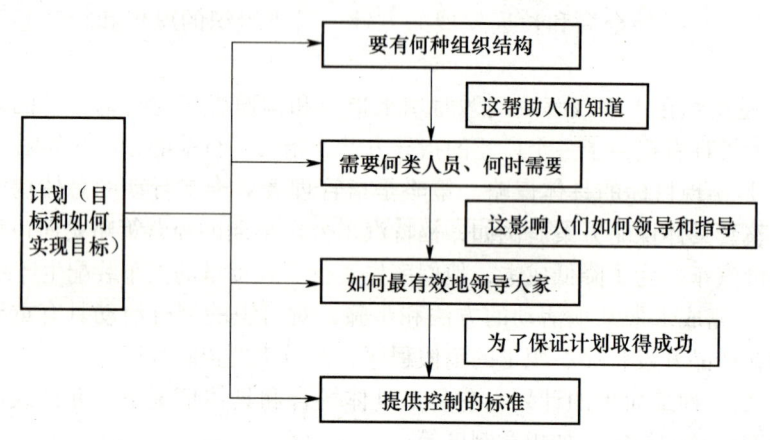

图3-2 计划职能与其他职能的联系

2) 计划是组织有效应对不确定性和风险的保障

当今，组织处在一个高度变化的时代，变化就意味着有风险，通过计划工作，不断地预测环境变化的趋势与影响，适时地把握未来的机会，确定适当的发展方向与目标，避开或降低风险，从而做到趋利避害。

3) 计划是合理配置资源的重要手段

通过有效的计划，统筹兼顾，综合平衡，充分而有效地利用资源，是减少浪费、提高效率和效益的有效方法。

4) 计划是控制的基础和依据

计划确定了控制的指标体系，提供了衡量工作业绩的标准，以利于考核和奖惩。

3.2 预　　测

预测是组织制定发展规划的依据。"凡事预则立，不预则废"，在市场经济条件下，企业的生存和发展与市场息息相关，市场的瞬息万变使得企业管理者在计划工作过程中，必须要进行科学的预测，以便掌握大量的第一手市场动态和发展的数据资料，为计划工作提供科学的依据。

◆ 管理案例

2030 年，联网智能机器人将成为人们生活的重要组成部分

新技术的先行使用者预测，联网智能将促使服务超越如今的移动宽带体验范畴，消费者对更智能连接的预期高于对所有其他联网智能机器类型，这些关于联网智能机器人的预测为 5G 运营商提供了新的智能网络服务机会。

例如，"社区守望机器人"介绍了机器智能在提供紧缺社区服务方面可以发挥的作用，"智能解说机器人"提出了一种新的理念，即所有互联设备都需要具备向用户介绍自己的能力，而"环境永续机器人"则专注于满足未来人们对本地化智能气候建议的日益增长的需求。

（资料来源：http：//www.ceconline.com/news/ma/8800107718/01/? _ga = 2.216940246.1930354184.1628559149-216905091.1627697627）

3.2.1　预测的含义和内容

1. 预测的含义

预测是根据组织现有的条件和掌握的历史资料以及客观事物的内在联系，对组织活动的未来发展趋势及其状况所进行的预计和推算。

央视"标王"

◆ 相关链接

预测的起源

据 1899 年在安阳小屯出土的甲骨文记载，远在 3 000 多年前的我国商代，就通过占卜展望未来，做出行动决策。公元前 5 世纪的春秋末年，越国范蠡便指出："水则资车，旱则资舟"，"论其有余不足，则知贵贱，贵上极则反贱，贱下极则反贵"。公元前 7 世纪至公元前 6 世纪的希腊哲学家塞利斯，通过对气象条件的研究，预测到油橄榄将大丰收，便控制榨油机，到时以出租榨油机而获利。这些虽只是仅凭个人的才智、知识和经验所进行的简单的预测与决策，但已具有现代企业预测的雏形了。

（资料来源：赵奕，韩建东. 市场调查与预测［M］. 北京：清华大学出版社，2007.）

2. 预测的内容

企业经营预测的内容十分广泛丰富，这里主要介绍以下四个方面。

1）市场需求与销售预测

市场需求预测是通过对过去和现在商品市场的销售状况和影响市场需求的各种因素进行科学的分析和判断，来预计市场对商品的需求以及未来市场发展趋势。市

市场需求预测

场销售预测是企业对各种产品销售前景的预测，包括对销售的产品品种、规格、价格、销售量、销售额、销售利润等方面变化的预测。它是企业制定和实施营销策略的依据之一。

> ◆ 管理案例
>
> **数字渠道成工业产业趋势　头部企业已联合京东工业品迈出数字化第一步**
>
> 　　作为一家拥有70年历史的国产工程机械品牌，厦工是国家重点生产装载机、挖掘机、叉车等产品的骨干企业，产品被广泛应用于中国南极科考站建设等国家重点工程。作为"老牌"工程机械品牌，厦工集团的渠道体系一直以传统的经销商、代理商模式为主。伴随中国工业市场的快速发展和市场竞争的加剧，这种"层层分销"的渠道模式越来越难以满足厦工的营销需求。
>
> 　　于是，厦工集团通过与京东工业品合作，进行渠道、营销体系的数字化升级。双方依托墨卡托工业品标准商品库，将厦门厦工的各类机械设备以及全套备品备件建立了数字化的标准专业品类及其对应规格参数——MKU（标准品类），从而确保了厦门厦工首个线上门店——厦工京东自营旗舰店正式上线投入运营。目前，厦门厦工旗下装载机、挖掘机、压路机、叉车等领域的8大品类、27款大型机械设备已全部上线厦工京东自营旗舰店。
>
> 　　管理启示："凡事预则立，不预则废。"厦工集团紧跟工业产业数字化转型趋势，充分显示了预测的作用和意义。
>
> 　　（资料来源：http：//www.ceconlinebbs.com/FORUM_ POST_ 900001_ 900006_ 1162239_ 0.HTM）

2）市场竞争预测

　　市场竞争预测，是指企业对竞争对手的生产水平、经营方针、发展趋势等进行预测和对潜在竞争对手及替代品进行的预测。竞争者是指与企业生产相同或类似产品的企业和个人。行业内现有企业的竞争是最主要竞争力量。潜在进入者一旦加入，即可能给行业经营注入新的活力，促进市场的竞争和发展；替代品相对现有产品而言，更具有价格、质量等竞争优势，也势必给现有厂家造成竞争压力。因此，企业需进行竞争预测，以便采取适当的对策。

3）科技发展预测

　　科技发展预测，是指通过对科学技术的发展状况进行定性和定量的科学分析，推测科学技术在未来发展的方向以及对产品发展的影响程度。它实际是科学技术发展对需求影响的预测，需要将技术与经济、技术发展趋势与市场发展动向结合起来。如当今的电子商务平台的产生，对商业模式产生了颠覆性的影响，其基础就是在信息技术迅猛发展的前提下，基于互联网、物联网以及物流产业技术发展而形成的。

4）企业资源预测

　　企业资源条件，是指企业所拥有的各种资源的数量和质量情况，包括资金实力、人员素质、科研力量等。

资金实力分析具体包括财务管理分析、财务比率分析、经济效益分析等;人员素质包括人员的数量、素质和使用状况;科研力量主要分析企业的技术现状,包括设备和各种工艺装备的水平、测试及计量仪器的水平、技术人员和技术工人的水平及其能级结构等。这些因素不仅影响一个组织目标的制定和实现,而且直接影响该企业计划的正确制定与有效执行。

"无人超市"

◆ 知识拓展

消费扶贫智能专柜进商圈社区　打通消费扶贫"最后一千米"

消费扶贫是打赢脱贫攻坚战、巩固脱贫成果的重要手段。2020年,重庆创新消费扶贫模式,在中西部地区率先试点消费扶贫智能专柜项目。2020年5月下旬,消费扶贫智能专柜在九龙坡区杨家坪步行街第一次亮相。截至2020年12月,重庆已签约采购超过10 000台消费扶贫智能专柜。目前,全市已有超过20个区县投放了消费扶贫智能专柜。

为优化产品供给、确保消费扶贫智能专柜"卖得好",下一步,重庆将不断加大扶贫产品培育和认定力度,鼓励龙头企业、农产品批发市场、电商企业、大型超市采取"农户+合作社+企业"等模式,提高农产品供给的规模化组织化水平和贫困地区农产品初加工率,增强农产品持续供给能力。

近年来,在社会各界共同努力下,我国消费扶贫工作取得了明显成效。以重庆为例,2020年,重庆累计销售扶贫产品超过55亿元。

"消费扶贫智能专柜"作为我国力推的消费扶贫创新举措,已在全国各大中小商圈、社区、机关单位、医院和高校等场所落地,将贫困地区的产品直接带到了市民身边,为社会各界参与消费扶贫提供了更便捷的渠道。

(资料来源:https://app.cqrb.cn/economic/2021-01-02/601035_pc.html)

3.2.2　预测的程序

经营预测是一项复杂且要求较高的工作,一般可按以下步骤进行。

1. 确定预测目标

确定预测目标就是确定企业所要解决的问题及要达到的目标。这是做好经营预测的前提,是制定预测分析计划、确定信息资料来源、选择预测方法及组织预测人员的依据。

2. 收集、整理和分析资料

预测目标确定后,应着手搜集有关经济的、技术的、市场的计划资料和实际资料。在收集大量资料的基础上,对资料进行加工、整理与分析,找出各因素之间的相互依存、相互制约的关系,作为预测的依据。

3. 选择预测方法

不同的预测方法能达到不同的目的,所以对于不同的对象和内容,应采用不同的预测方法,不能一成不变。对于那些资料齐全、可以建立数学模型的预测对象,应在定量预测方法中选择合适的方法;对于那些缺乏定量资料的预测对象,应当结合以往的经验以选择最佳的定性预测方法。

4. 实际预测过程

根据预测模型及掌握的未来信息，进行定性、定量的预测分析和判断，揭示事物的变化趋势，提出企业需要的符合实际的预测结果。

5. 检查验证

经过一段时间的实际操作，对上一阶段的预测结果需要进行验证和分析评价。即以实际数与预测数进行比较，检查预测的结果是否准确，并找出误差原因，以便及时对原选择的预测方法加以修正。这是个反复进行信息数据处理和选择判断的过程，也是多次进行反馈的过程，目的是保证预测的正确性。

6. 修正预测结果

对于原用定量方法进行的预测，常常由于某些因素的数据不充分或无法定量而影响预测的精度，这就需要用定性方法考虑这些因素，并修正定量预测的结果。对于原用定性方法预测的结果，往往也需用定量方法加以修正补充，使预测结果更接近实际。总之，这个过程是一个定性和定量相结合的过程。

7. 报告预测结论

将修正补充过的预测结论向企业的有关领导报告。

3.2.3 预测的方法

进行预测分析所采用的专门方法，种类繁多，随分析对象和预测期限的不同而各有所异。但其基本方法大体上可归纳为定量分析法和定性分析法两大类。

1. 定量分析法

定量分析法亦称"数量分析法"。它主要是应用现代数学方法（包括运筹学、概率论和微积分等）和各种现代化的计算工具对与预测对象有关的各种经济信息进行科学的加工处理，并建立预测分析的数学模型，充分揭示各有关变量之间的规律性及其联系，最终根据计算结果得出结论。定量分析法按照具体做法不同，可分为以下两种类型。

1）趋势预测分析法

趋势预测分析法是根据预测对象过去的、按时间顺序排列的一系列数据，运用一定的数学方法进行加工、计算，借以预测其未来发展趋势的分析方法，亦称"时间序列分析法"或"外推分析法"，包括算术平均法、移动加权平均法、指数平滑法、回归分析法、二次曲线法等。

2）因果预测分析法

因果预测分析法也称回归分析法，就是分析企业经营变化的原因，找出原因与结果联系的方法，并据此预测企业未来的发展趋势。

2. 定性分析法

定性分析法亦称"非数量分析法"，主要是依靠预测人员的丰富实践经验以及主观的判断和分析能力来推断事物的性质和发展趋势的分析方法。专家预测法是定性预测的主要方法，它是基于专家的知识、经验和分析判断能力，在历史和现实有关资料综合分析基础上，对未来市场变动趋势做出预见和判断的方法，具体包括有专家会议法、头脑风暴法和德尔菲法等。

3.3 决　　策

3.3.1 决策的含义和类型

1. 决策的含义

决策是人们为实现一定的目标，在掌握充分的信息和对有关情况进行深刻分析的基础上，用科学的方法拟定并评估各种方案，从中选出合理方案的活动过程。决策是一个提出问题、分析问题、解决问题的过程，决策的内涵包括五个方面。

（1）决策是以特定目标的实现作为前提条件。
（2）决策要有两个以上可行的备选方案，这是科学决策的依据。
（3）决策的重点在于对多个方案进行科学的分析、判断与选择。
（4）决策的结果在于选择"满意"方案，而非"最优"方案。
（5）决策是面向未来的，要做出正确的决策，就要进行科学的预测。

◆ **知识拓展**

决策的原则

决策遵循的是满意原则，而不是最优原则。对决策者来说，要想使决策达到最优，必须：① 容易获得与决策有关的全部信息；② 真实了解全部信息的价值所在，并据此制订所有可能的方案；③ 准确预期到每个方案在未来的执行结果。

但在现实中，上述这些条件往往得不到满足。原因具体来说包括：① 组织内外存在的一切，对组织的现在和未来都会直接或间接地产生某种程度的影响，但决策者很难收集到反映这一切情况的信息；② 对于收集到的有限信息，决策者的利用能力也是有限的，从而决策者只能制订数量有限的方案；③ 任何方案都要在未来实施，而人们对未来的认识是不全面的，对未来的影响也是有限的，从而决策时所预测的未来状况可能与实际的未来状况有出入。

2. 决策与计划之间的关系

首先，决策是计划的前提，计划是决策的逻辑延续。决策为计划的任务安排提供了依据，计划则为决策所选择的目标活动的实施提供了组织保证。

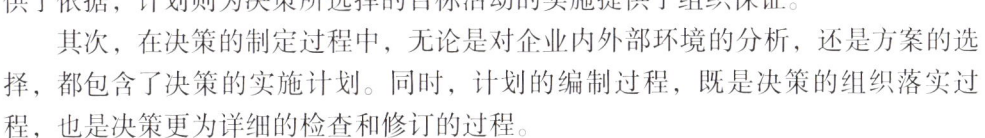

其次，在决策的制定过程中，无论是对企业内外部环境的分析，还是方案的选择，都包含了决策的实施计划。同时，计划的编制过程，既是决策的组织落实过程，也是决策更为详细的检查和修订的过程。

3. 决策的类型

（1）根据决策的重要程度，决策可分为战略决策、战术决策和业务决策。

① 战略决策，即事关企业或组织未来发展方向和远景的全局性、长远性和大政方针方面的决策，如企业的经营目标、方针、产品的更新等决策，主要由企业最高管理层负责进行。

② 战术决策，即执行战略决策过程中的本部门或本单位具体行动方案的过程，如企业生产计划和销售计划的确定、新产品设计方案的选择、新产品的定价等，一

般由企业或组织的中间管理层负责进行。

③ 业务决策，即日常业务活动中为提高工作效率和生产效率，合理组织业务活动进程等而进行的决策，如生产任务的日常安排、工作定额的制定等，一般由初级管理层负责进行。

> ◆管理案例
>
> ### 华为的战略决策与战术决策
>
> 华为的产品和解决方案已经应用于全球100多个国家，服务全球电信运营商50强中的45家及全球1/3的人口。在不断成长的过程中，华为进行了一系列管理变革，逐步与国际接轨。华为提出了国际化战略："农村包围城市"、在电信业的冬天崛起、屡败屡战的坚持、快速响应客户需求。为了在国际市场上获得更多的机会，华为采取"搭船出海"的策略，积极参与国际主流标准的制定，在全球化竞争中逐渐变被动为主动。华为目前已加入了91个国际标准化组织，并在这些标准组织中担任100多个职位。通过了欧洲发达国家运营商的严格认证，已达到其主要供货商的要求，拓展了欧洲市场。
>
> 华为为实现其国际化战略，做出了"巨资投入研发，确保增强企业核心竞争力"的战术决策。华为走在了我国企业的前列，其多年在研发人员和资金的巨额投入以及对知识产权的高度重视，使企业获得了丰硕的成果，即使在金融危机时，仍保持对核心竞争力的投入。
>
> （资料来源：http://www.doc88.com/p-7793986838423.html）

（2）根据决策的重复程度，决策可分为程序性决策和非程序性决策。

① 程序性决策，即在日常管理工作中以相同或基本相同的形式重复出现的决策，如退货的处理、请假的批准等。由于这类问题经常重复出现，因而可以把决策过程标准化、程序化，可通过惯例、标准工作程序和业务常规予以解决。

② 非程序性决策，即具有极大的偶然性和随机性，很少重复发生，无先例可循的具有大量不确定因素的决策，如新产品的开发、多样化经营等。在这种情况下，决策者难以照章行事，需要有创造性思维。

> ◆管理案例
>
> ### 美泰玩具公司的非程序性决策
>
> 1955年，美泰玩具公司创办人之一、"芭比娃娃"的创意者露丝·汉德勒接到ABC公司的一个电话，问她是否愿意赞助"米老鼠俱乐部"的表演，并问她美泰玩具公司是否愿意花50万美元在电视台播放一年的电视广告。
>
> 这并不是个小数目，它相当于美泰公司当时的资本净值，并且当时电视广告的效应还不为人所知，也没有得到充分的利用。那时的玩具业也几乎根本不做广告宣传，只会在圣诞节之前在一些大城市做一些促销活动。
>
> 然而，在接到电话之后的一个小时内，汉德勒和她的丈夫埃利奥特给了ABC公司一个肯定的答案。从此，他们开始在电视媒体上打广告销售玩具产品。汉德勒在自传中写道，在做电视广告之前，80%的玩具是在圣诞节的前六周内售出的，而电视广告的播出刺激了孩子们整年对玩具的需求。

管理启示：管理者经常会遇到突然出现的机遇与挑战，关键时刻，如果能正确决策，抢抓机遇，会得到意想不到的效果。

（资料来源：王云. 20个影响现代商业经典决策案例. 中国营销传播网.）

（3）根据决策的状态，可分为确定型决策、风险型决策和不确定型决策。

① 确定型决策，指每种备选方案只有一种确定的结果，即决策事件未来的自然状态明显，比较各方案的结果就能选出最优方案。

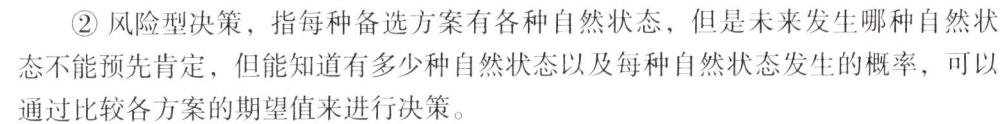

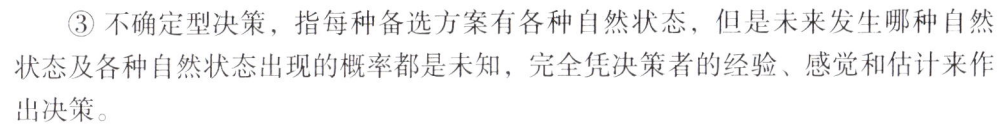

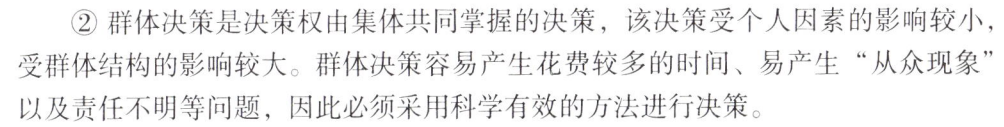

② 风险型决策，指每种备选方案有各种自然状态，但是未来发生哪种自然状态不能预先肯定，但能知道有多少种自然状态以及每种自然状态发生的概率，可以通过比较各方案的期望值来进行决策。

③ 不确定型决策，指每种备选方案有各种自然状态，但是未来发生哪种自然状态及各种自然状态出现的概率都是未知，完全凭决策者的经验、感觉和估计来作出决策。

（4）按照决策权限的制度安排，可分为为个人决策与群体决策。

① 个人决策是决策权限集中于个人的决策，受个人知识、经验、心理、能力、价值观等个人因素的影响较大，决策过程带有强烈的个性色彩。

② 群体决策是决策权由集体共同掌握的决策，该决策受个人因素的影响较小，受群体结构的影响较大。群体决策容易产生花费较多的时间、易产生"从众现象"以及责任不明等问题，因此必须采用科学有效的方法进行决策。

◆ 管理案例

通用电气的群体决策

美国通用电气公司是一家集团公司，1981年杰克·韦尔奇接任总裁后，认为"工人们对自己的工作比老板清楚得多，经理们最好不要横加干涉"。为此，它实行了"全员决策"制度，使那些平时没有机会互相交流的职工、中层管理人员都能出席决策讨论会。"全员决策"的开展，打击了公司中官僚主义的弊端，减少了烦琐程序。实行了"全员决策"，使公司在经济不景气的情况下取得巨大进展，他本人也被誉为全美最优秀的企业家之一。

管理启示：杰克·韦尔奇的"全员决策"有利于避免企业中的权利过分集中这一弊端，让每一个员工都体会到自己也是企业的主人，从而真正为企业的发展着想，绝对是一个优秀企业家的妙招。

（资料来源：崔卫国，刘学虎. 管理学故事会[M]. 北京：中华工商联合出版社，2005.）

3.3.2 决策的程序

决策程序一般分为界定决策问题、确定决策目标、拟订可行方案、选择决策方案、贯彻实施方案、反馈及追踪检查六个步骤。

1. 界定决策问题

决策都从发现和提出问题开始，通过科学分析，找出问题及形成的原因，从而界定决策问题。

2. 确定决策目标

目标是决策的出发点和归宿，确定目标时要坚持实事求是、明确具体、区分重要程度和主次顺序，建立衡量决策的近期、中期、远期效果的三级衡量标准。

3. 拟订可行方案

拟订方案阶段的主要任务是对信息系统提供的数据、情报进行充分、系统地分析，并在这个基础上制定出两个以上备选方案。

4. 选择决策方案

首先，对拟订方案进行充分的论证，并作出综合评价；其次，在评价的基础上，权衡各个方案的利弊得失，提出取舍意见；最后，在分析比较的基础上，从备选方案中选择最满意的方案。在方案选择的过程中，要综合考虑备选方案的合理性、经济性和效果的全面性，防止从单个标准进行简单取舍。

◆ **管理故事**

猫、老鼠和鸡

刘基的《郁离子》中有一个寓言：有个赵国人忧愁老鼠为害，就到中山国去要猫，中山国的人给了他一只。这只猫既善于捉老鼠，又善于吃鸡。一个多月时间，老鼠被捉完了，而他家的鸡也被吃完了。他的儿子为这事发愁，对父亲说："为什么不把猫赶走呢？"父亲回答："这个道理不是你所能懂的。我们家的祸害在于老鼠，不在于没有鸡。有了老鼠，它就偷吃我们的食物，咬坏我们的衣裳，穿透我们的墙壁，毁坏我们的庄稼，我们就要挨冻受饿了。这不比没有鸡害处更大吗？没有鸡，只不过不吃鸡就算了，离挨饿受冻还远着呢，为什么要赶走那只猫呢？"

5. 贯彻实施方案

方案选定后，就要付诸实施，要把决策的目标、衡量标准以及整个方案向组织成员宣布，明确各部门的职责、分工和任务，作出时间和进度安排。

6. 反馈及追踪检查

在方案实施过程中建立信息反馈渠道，及时、准确地进行跟踪控制，如出现误差，及时对决策进行修订调整，保证决策目标的实现。

3.3.3 决策的方法

决策方法一般分为定性决策方法和定量决策方法。

1. 定性决策方法

定性决策方法是指在决策过程中充分发挥人们的主观能动性，运用社会学、心理学、组织行为学、经济学等有关专业知识、能力和经验，探索所决策事物的规律性，从而作出科学、合理的决策。常用的定性决策方法主要有经验判断法、头脑风暴法、德尔菲法等。

（1）经验判断法。它是指企业领导层凭借自己的知识、经验和才智，对决策目标和被选方案作出评价、判断和优选的一种决策方法。

（2）头脑风暴法。它被称为思维共振法、专家意见法，即通过相关专家之间的信息交流，引起思维共振，产生组合效应，从而导致创造性思维。其具体做法是，针对所要解决的问题，召集相关专家聚集在一起，在不受任何约束条件下畅所欲言、各抒己见，组织者通过整理、分析，系统化之后得到决策结果。

（3）德尔菲法。它又称专家意见法，是由美国兰德公司在 1950 年创造的一种方法。它是充分发挥专家们的知识、经验和判断力，并按规定的工作程序来进行的决策方法。这一方法的特点是，聘请一批专家以相互独立的匿名形式就决策内容各自发表意见，用书面形式独立地回答决策者提出的问题，并反复多次修改各自的意见，最后由决策者综合确定决策的结论。

2. 定量决策方法

定量决策方法是建立在数学公式（模型）计算基础上的一种决策方法，它运用统计学、运筹学、计算机等科学技术，把决策的变量与目标，用数学关系表示出来，求方案的损益值，选择出满意的方案。定量决策方法可分为确定型、风险型和不确定型三种。

1）确定型决策方法

确定型决策具备的条件是：决策要达到一个明确的目标，有可供选择的两个以上的可行方案，只出现一种自然状态，其概率为 1，在这种自然状态下的损益值可以计算。由于一个方案只有一个结果，因此，易于凭借结果判断方案的优劣进而决策。这里主要介绍量本利分析法。

本量利分析法，又称盈亏平衡法或保本分析法，即分析考察企业的业务量（销售收入）、成本和利润之间的依存关系。该方法是把总成本分为固定成本和可变成本，然后与总收入进行比较，以确定盈亏平衡时的产量或某一盈利水平的产量。盈亏平衡点是企业总收入等于总成本的状态，这个状态的产量称作保本点。

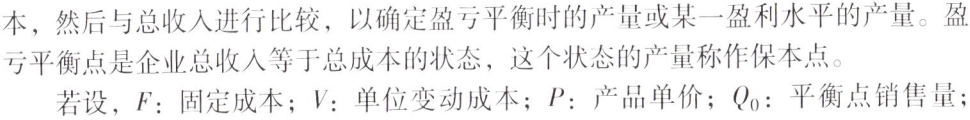

若设，F：固定成本；V：单位变动成本；P：产品单价；Q_0：平衡点销售量；Q：产品销售量。

则企业达到盈亏平衡时有：销售收入＝固定成本＋变动成本，即

$$PQ_0 = F + VQ_0$$

由上式可得到：$Q_0 = F/(P-V)$

在企业的经营过程中，$Q>Q_0$：企业能盈利；$Q=Q_0$：企业经营保本；$Q<Q_0$：企业不能盈利。

在盈亏平衡分析中，可变成本与总收入为产量的函数，当可变成本、总收入与产量为线性关系时，总收入、总成本和产量的关系如图 3-3 所示。

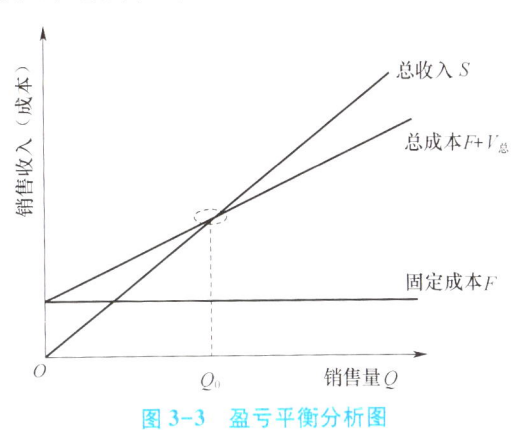

图 3-3 盈亏平衡分析图

例1：某企业生产某产品的固定成本为 60 000 元，单位变动成本为每件 1.8 元，如果产品价格设定为每件 3 元。该方案的产量为 100 000 件，问该方案是否可取？

解：利用例子中的数据，在坐标图上画出固定成本曲线、总成本曲线和销售收入曲线，得出量本利分析图，如图 3-4 所示。

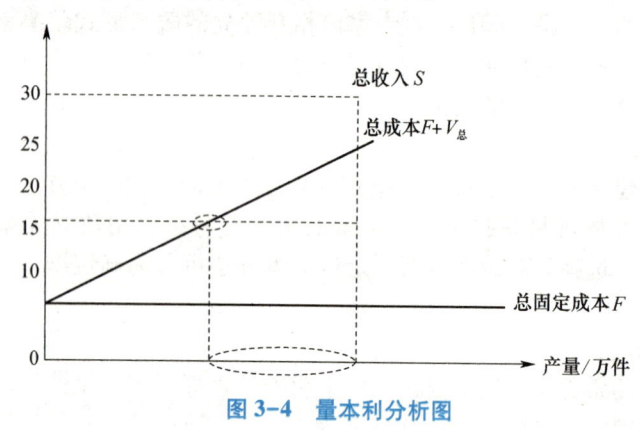

图 3-4 量本利分析图

求盈亏平衡点的销售量 Q_0：

$$Q_0 = F/(P - V) = 60\ 000/(3 - 1.8) = 50\ 000(件)$$

由于该方案的产量（10 万件）大于保本产量（5 万件），所以该方案可取。

2）风险型决策方法

风险型决策具备的条件是：决策要达到一个明确的目标，有可供选择的两个以上的可行方案，但每种方案的执行都有可能出现不同后果，且每种后果的出现的概率是已知的。这里主要介绍期望值法和决策树分析法。

（1）期望值法。期望值法用于管理者面临的备选方案存在着两种以上的可能结果，且管理者可以估计每一种结果发生的客观概率，即根据各方案的期望值大小来选择行动方案。

期望值 = ∑（方案在相应状态下的预期收益）×（方案 i 状态发生的概率）

例2：某厂在下一年拟生产某种产品，需要确定产品批量。根据预测估计，这种产品市场状况的概率是：畅销为 0.3，一般为 0.5，滞销为 0.2。产品生产采取大、中、小三种批量的生产方案，如何决策使本厂取得最大的经济效益，其有关数据如表 3-1 所示。

表 3-1 数据统计表

方案 \ 状态（概率）	畅销 0.3	一般 0.5	滞销 0.2	期望值
大批量 I	40	28	20	30
中批量 II	36	36	24	33.6
小批量 III	28	28	28	28

风险型决策

选择方案的过程如下：

大批量生产期望值=40×0.3+28×0.5+20×0.2=30

中批量生产期望值=36×0.3+36×0.5+24×0.2=33.6

小批量生产期望值=28×0.3+28×0.5+28×0.2=28

三种生产方案的期望值最大的是中批量生产，因此，最终企业的经营决策应当选择中批量生产。

（2）决策树分析法。决策树分析法是将构成决策方案的有关因素，以树状图形的方式表现出来，并以此分析和选择决策方案的一种系统分析法。它以损益值为依据，该方法特别适合于分析较为复杂的问题。

决策树由决策结点、方案枝、状态结点和概率枝以及损益值等要素构成，如图3-5所示。决策树分析法的程序主要包括以下步骤。

首先，绘制决策树图形，按决策树的构成要素依次由左向右顺序展开。

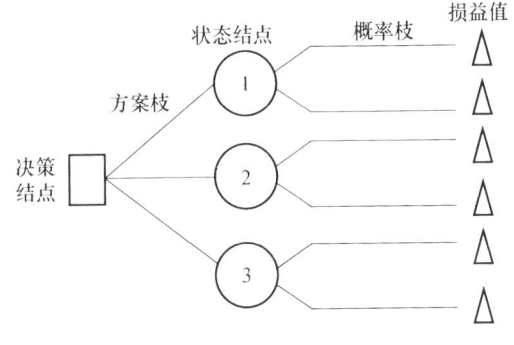

图3-5　决策树形图

其次，计算每个结点的期望值，计算公式为：

状态结点的期望值=Σ（方案在相应状态下的预期收益）×（方案i状态发生的概率）

最后，剪枝，即进行方案的选优。

方案净效果=该方案状态结点的期望值-该方案投资额

例3：某企业为了扩大某产品的生产，拟建设新厂。据市场预测，产品销路好的概率为0.7，销路差的概率为0.3。有两种方案可供企业选择。

方案1：新建大厂，需投资300万元。据初步估计，销路好时，每年可获利100万元；销路差时，每年亏损20万元。服务期为10年。

方案2：新建小厂，需投资140万元。销路好时，每年可获利40万元，销路差时，每年仍可获利30万元。服务期为10年。

问：该选择哪种方案？

该企业的两种方案可以用决策树形图，如图3-6所示来表示。

方案1（结点①）的期望收益为：[0.7×100+0.3×(-20)]×10-300=340（万元）。

方案2（结点②）的期望收益为：(0.7×40+0.3×30)×10-140=230（万元）。

```
                     销路好  0.7    100万
              ①
                     销路差  0.3    -20万
       □
                     销路好  0.7    40万
              ②
                     销路差  0.3    30万
```

图 3-6　决策树形图

计算结果表明，方案 1 的期望收益（340 元）>方案 2 的期望收益（230 元），所以应选择方案 1。

3）不确定型决策方法

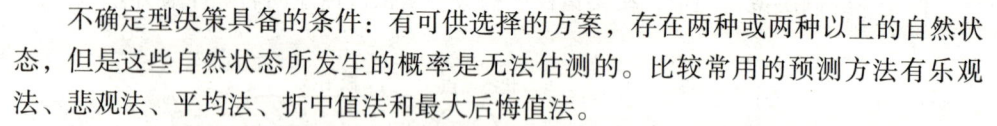

不确定型决策具备的条件：有可供选择的方案，存在两种或两种以上的自然状态，但是这些自然状态所发生的概率是无法估测的。比较常用的预测方法有乐观法、悲观法、平均法、折中值法和最大后悔值法。

（1）乐观法。乐观法也称大中取大法。这种决策方法建立在决策者对未来形势估计非常乐观的基础上，先计算出各种方案在各种自然状态下可能有的收益值，然后再从这些收益值中选择收益值最大的所对应的方案为决策方案。

（2）悲观法。悲观法也称小中取大法。这种决策方法建立在决策者对未来形势估计非常悲观的基础上，先计算出各种方案在各种自然状态下可能有的收益值，再找出各种自然状态下的最小收益值，然后选择这些最小收益值中最大的所对应的方案为决策方案。

（3）平均法。平均法也称等概率法，这种决策方法是将未来不明的自然状态出现的可能完全等同地加以看待，因此，设各种自然状态出现的概率都相同，从而将其转化为风险型决策。

（4）折中值法。在悲观和乐观中折取中值，既不过于冒险，也不过于保守，决策者根据决策经验确定折中系数值 a（a 在 0～1 之间，$a=0$ 则为悲观决策，$a=1$ 则为乐观决策），找出各个方案在各种自然状态下可能取得的最大收益值乘以 a，再加上最小收益值乘以 $(1-a)$，即为该方案折中后的收益值，取折中后收益值最大的方案。

（5）最大后悔值法。最大后悔值法也称大中取小法，决策者先计算出各方案在各种自然状态下的最大收益与实际采用方案的收益值之间的差额，即后悔值，然后从各方案的最大后悔值中找出最小值，将其对应的方案作为最优方案。

这种方法的基本思路是：先确定各种可行方案，及各方案面临的各种自然状态；将各种方案在各种自然状态下的损益值列于决策矩阵表中；计算每一种方案在不同自然状态下的后悔值；再找出各个方案的最大后悔值；选择最大后悔值中最小者所对应的方案作为最优方案。

例 4：某企业计划开发新产品，有三种设计方案可供选择。不同的设计方案制造成本、产品性能各不相同,在不同的市场状态下的损益值也不同。有关资料如表3-2所示。

表3-2 损益值统计数据表

损益值＼市场状态＼方案	畅销	一般	滞销
方案A	150	100	50
方案B	180	80	25
方案C	250	50	10

试用乐观法、悲观法、平均法、后悔值法分别选出最佳方案。

解:(1)乐观法。首先,求出每种方案的最大损益值:

方案A　Max{150, 100, 50} = 150;
方案B　Max{180, 80, 25} = 180;
方案C　Max{250, 50, 10} = 250。

其次,求出三种方案中最大损益值的最大值:

Max{150, 180, 250} = 250。

因此,C方案就是最佳方案。

(2)悲观法。首先,求出每种方案的最小损益值:

方案A　Min{150, 100, 50} = 50;
方案B　Min{180, 80, 25} = 25;
方案C　Min{250, 50, 10} = 10。

其次,求出三种方案中最小损益值的最大值:Max{50, 25, 10} = 50。

因此,A方案就是最佳方案。

(3)平均法。三种方案所面临的各种自然状态发生的概率相同,可得:

方案A平均收益为:(150+100+50)÷3 = 100;
方案B平均收益为:(180+80+25)÷3 = 95;
方案C平均收益为:(250+50+10)÷3 = 103。

方案C的平均收益最大,因此,选择方案C为最优方案。

(4)折中值法。首先,求出三种方案的折中收益值:

方案A的折中收益值:150×0.4+50×(1−0.4) = 100;
方案B的折中收益值:180×0.4+25×(1−0.4) = 87;
方案C的折中收益值:250×0.4+10×(1−0.4) = 106。

其次,求出三种方案中最小损益值的最大值:Max{100, 87, 106} = 106。

方案C的平均收益最大,因此,选择方案C为最优方案。

(5)最大后悔值法。首先,求出每种方案在不同状态下的后悔值,其计算过程如表3-3所示。

表 3-3　最大后悔值统计表

最大后悔值＼市场状态＼方案	畅销	一般	滞销	最大后悔值
方案 A	250−150＝100	100−100＝0	50−50＝0	100
方案 B	250−180＝70	100−80＝20	50−25＝25	70
方案 C	250−250＝0	100−50＝50	50−10＝40	50

其次，求出每种方案的最大后悔值：

方案 A　Max{100，0，0}＝100；

方案 B　Max{70，20，25}＝70；

方案 C　Max{0，50，40}＝50。

最后，在三种方案最大后悔值中求出最小值：

Min{100，70，50}＝50。

因此，C 方案就是最佳方案。

3.4　计划的编制与调整

　　计划的编制包括以下环节和内容。首先，应进行环境分析，确定组织所面临的条件和形势；其次，确定组织目标，根据形势提出明确的目标要求；再次，要根据环境分析的结果和目标要求，进行预测和决策，提出行动方案；最后，根据决策方案，编写切实可行的计划书文本。计划文本编制完成之后，在具体的实施过程中，还要根据计划的目标要求和实际执行情况，不断地进行修正和调整，以保证计划的适应性和目标的实现。

3.4.1　环境分析

企业环境分析

　　企业环境是企业生存与发展的前提，是企业制定发展目标和计划的主要依据，因此，企业应在分析自身经营能力的基础上，掌握外部环境的变化，制订出正确的计划。

　　在进行计划工作时，一定要分析环境变化，充分利用机会规避风险，制定出各种有效的措施。

1. 管理环境的内容

　　管理环境是指存在于企业内、外部，对企业经营活动产生影响的一组力量和条件。企业的环境可分为内部环境和外部环境两大部分。外部环境是企业存在的前提，既为企业的活动提供条件，同时也对企业的经营活动起着制约作用，外部环境分析主要是宏观环境和行业环境的分析，这些力量和条件的不断变化给企业发展带来机会和威胁。内部环境主要包括营运范畴、管理体制和企业文化等方面，内部环境是企业经营的基础，是制订计划的出发点、依据和条件，计划的制订要分析企业的内部环境或条件，认清企业内部的优势和劣势。企业管理环境如图 3-7 所示。

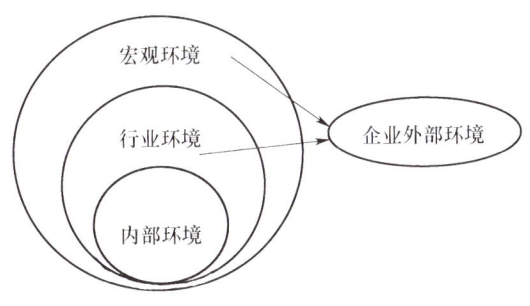

图 3-7　企业管理环境

1）宏观环境

宏观环境是指政治法律、经济、技术以及社会文化等较大范围地影响企业的外部因素，是企业所处的大环境，主要包括政治法律环境、经济环境、社会文化环境和技术环境。

（1）政治法律环境。政治法律环境是指一个国家的社会制度、政治的稳定性，政府的方针和政策，以及国家制定的法律、法规等。政府主要是通过制定一些法律和法规来间接地影响企业的活动，比如国家颁布的经济合同法、企业破产法、商标法、质量法、专利法和中外合资企业法等法律以及国家对工业污染程度的规定、卫生要求、产品安全要求、对某些产品定价的规定等。

（2）经济环境。经济环境是指直接影响企业生存和发展的国家经济发展状况及趋势、经济体制与其运行状况、国家的经济政策及措施等因素。一般来说，在宏观经济大发展的情况下，市场扩大，需求增加，企业发展机会就多。反之，在宏观经济低速发展，或停滞，或倒退的情况下，市场需求增长很小甚至不增加，这样企业发展机会也就少。

新中国 70 年经济社会发展伟大飞跃

◆ 相关链接

"经济新常态"下中国产业结构升级的新挑战

"中国制造"的商品畅销全球，中国的代工厂只赚取 1%～3% 的加工费；银行业轻松实现 20% 以上的收益率，但大多数工业企业净资产利润率仅为 5%；中国的出口型企业纷纷扩大海外规模，但却常常因技术壁垒而产生巨额损失……当前中国产业结构不合理，科技创新能力不强，核心技术缺乏，重新进行全球背景下的产业分工，需要为中国的产业结构升级找到出路，也给中国的企业发展带来新的挑战。

目前，我国仍然处于工业化时期，加工制造业依然是国内经济增长的重要推动力，因此产业结构调整的重点就必须突破加工制造业的关键环节，并继续发挥产业发展对经济增长的带动效应。针对我国加工制造业目前的情况，产业结构调整的重点就需要通过制度创新与政策安排，强化对加工制造业的研发、设计、精密加工、供应链管理、品牌、营销、全球运营等薄弱环节的支持，加快培育加工制造业的技术创新能力、系统集成能力与品牌营销能力，推动加工制造业由产业链低端的低技术的生产、加工、组装环节，向高端的技术密集型的研发设计、品牌营销等升级，提升产业的分工层次，实现"中国制造"向"中国创造""中国设计"与"中国制造"的转变。

（资料来源：http：//news.xinhuanet.com/fortune/2016-01/05/c_128597450.htm）

（3）社会文化环境。社会文化环境是指企业所处地区的民族特征、文化传统、价值观、宗教信仰、教育水平、社会结构、风俗习惯等因素。社会文化因素对企业经营的影响是间接的、潜在的和持久的。

◆ 管理案例

海尔的"6S"大脚印从中国搬到美国

"6S"是整理、整顿、清扫、清洁、素养、安全六项工作的头一个字母。"6S"是海尔本部实行多年的"日事日毕，日清日高"管理办法的主要内容。每天工作表现不佳的员工要站在"6S"大脚印上反省自己的不足，海尔称这种做法叫"负激励"。

这样一套在海尔本部行之有效的办法在美国却遇到了法律和文化上的困难，美国的员工根本不愿意站在什么大脚印上充当"反面教员"。"6S"班前会这种富有特色的海尔管理方法在漂洋过海后开始了它的本土化过程。"负激励"变成了"正激励"，争强好胜的美国员工们，很乐意站在大脚印上介绍自己的工作经验。当站在大脚印上的演讲者越来越多后，车间里的烟卷和收音机也逐渐消失了踪影。

位于美国南卡罗来纳州的美国海尔工业园的总经理艾伦举了这样一个例子来说明如何解决类似"6S"的冲突："在海尔的企业管理中，中国的企业喜欢用哭脸和笑脸来代表工作表现，这在美国是不适宜的。我们于是在美国的工厂里使用黑熊和粉猪来代表不同的工作情况，美国工人很多都乐意接受这种方式。"

海尔文化的主要内容就这样经过了移植、改造、再移植、再改造的过程，在不同文化的熔炉中，海尔文化的内涵得到了极大的丰富。在经历了一段时间的磨合之后，海尔文化得到了当地人的认可。海尔的海外员工现在都很乐意遵循海尔文化提供的行为准则。

（资料来源：http：//www.people.com.cn/GB/jinji/33/172/20020523/734820.html）

技术环境

（4）技术环境。技术环境是指企业所处环境中的总体技术发展水平，它既包括导致社会巨大发展的、革命性的产业技术进步，也包括与企业生产直接相关的新技术、新工艺、新材料的发明情况、应用程度和发展趋势。企业在制订计划的过程中，要密切注意与本企业的产品有关的科学技术发展水平，发展趋势及发展速度，世界上成功的企业无一不对新技术的研发与采用予以极大的重视。

◆ 相关链接

电子商务对企业经营环境的影响

互联网技术的发展使得电子商务成为一个重要的商业平台。在B2C即企业对消费者电子商务中，企业无须再提供豪华的办公场所，双方是在一个虚拟的环境中交流、交易，于传统的模式相比，企业经营环境发生了巨大的变化。

1. 企业经营环境的虚拟化

首先，有形的店铺被无形的"网页"所取代；其次，所有商品不再能用手去接触，而是由图片或文字来介绍；再次，基于数据库的智能应答系统和站内搜索引擎代替了人工服务。

2. 企业经营内容的平面化

所有供应者所提供的各类商品可以在一个界面中显示出来；同时，关于某种商品的所有信息也可以在一个界面中显示出来。这使消费者可以得到全面、准确、可信的关于某一商品或服务的信息。

3. 企业经营方式的个性化

企业不再盲目的猜测市场的需求进行批量生产而导致成本浪费。企业完全可以通过与消费者的直接接触，根据消费者的要求提供服务，做到真正意义上的个性化服务。

(资料来源：http://www.chinacrane.net/xueyuan/200911/17/26256.html)

2）行业环境

按照哈佛大学商学院迈克尔·波特教授的观点，一个行业存在着五种基本竞争力量，即现有企业之间的竞争、替代品的威胁、潜在进入者的威胁、购买者讨价还价的能力和供应商讨价还价的能力，如图3-8所示。

五力竞争模型

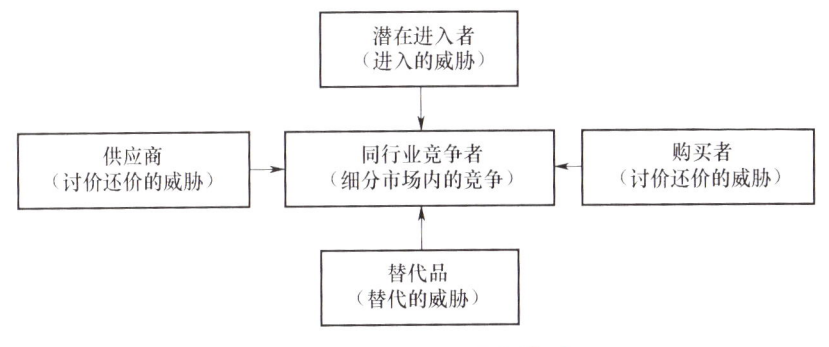

图 3-8 五力竞争模型

（1）现有竞争者。行业内现有企业的竞争是五种力量中的最主要竞争力量。现有企业之间的竞争常常表现在价格、广告、产品介绍、售后服务等方面。为了赢得市场地位和购买者的青睐，其通常不惜代价，无计不施，在有些行业中，竞争的核心是价格。

（2）潜在进入者。行业外有可能并准备进入该行业的企业称为潜在进入者。潜在进入者一旦加入，既可能给行业经营注入新的活力，促进市场的竞争和发展，也势必给现有厂家造成竞争压力。

（3）替代产品或服务的威胁。替代品是指那些与某企业产品具有相同功能，对该企业原有产品具有替代效应的产品。由替代品构成对被替代品的需求威胁就称作为替代品威胁。替代品是否产生替代效果，关键是看替代品能否提供比现有产品更大的价值/价格比。例如传统的中式快餐现在被肯德基、麦当劳等洋快餐替代了很大一部分，顾客在选择快餐上更多地采用中式快餐的替代品，这也是对国内餐饮企业的考验。

（4）购买者。对行业中的企业来讲，购买者也是一个不可忽视的竞争力量。购买者所采取的手段主要有：要求压低价格，要求较高的产品质量或更多的服务，甚至迫使行业中的企业互相竞争等。所有这些手段都会降低企业的获利能力。比如当沃尔玛强大之后，像宝洁这样的巨头也不得不在它的面前"低头"，以满足沃尔玛的价格、包装甚至送货时间等要求。否则的话，沃尔玛只需将宝洁的产品放在一个很不显眼的位置，就会对其销售产生致命打击。

（5）供应商。企业生产经营所需的生产要素通常需要从外部获取，提供这些生产要素的企业就是供应商。供应商影响一个行业竞争者的主要方式是提高所提供生产要素的价格，降低所提供的生产要素的质量。

3）企业内部环境分析

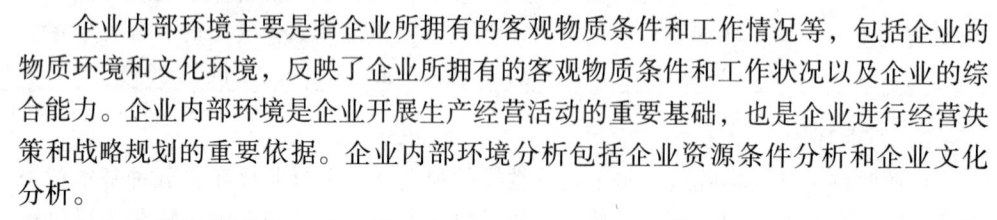

企业内部环境主要是指企业所拥有的客观物质条件和工作情况等，包括企业的物质环境和文化环境，反映了企业所拥有的客观物质条件和工作状况以及企业的综合能力。企业内部环境是企业开展生产经营活动的重要基础，也是企业进行经营决策和战略规划的重要依据。企业内部环境分析包括企业资源条件分析和企业文化分析。

（1）企业资源条件。企业资源条件是指企业所拥有的各种资源的数量和质量情况，包括资金实力、人员素质、科研力量等。资金实力分析具体包括财务管理分析、财务比率分析、经济效益分析等；人员素质包括人员的数量、素质和使用状况；科研力量主要分析企业的技术现状，包括设备和各种工艺装备的水平、测试及计量仪器的水平、技术人员和技术工人的水平及其能级结构等。这些因素不仅影响一个组织目标的制定和实现，而且直接影响该企业计划的正确制定与有效执行。

企业能力是企业对各种资源进行有效的整合以发挥最大潜在价值的技能。企业能力主要由研发能力、生产管理能力、营销能力、财务能力和组织管理能力等组成。企业的研发能力主要从研发计划、研发组织、研发过程和研发效果四个方面进行衡量；企业的生产管理能力主要涉及五个方面，即生产过程、生产能力、库存管理、人力管理和质量管理；企业的营销能力可以分解为以下三种能力：产品竞争能力、销售活动能力和市场决策能力；企业的财务能力主要涉及筹集资金的能力、使用和管理所筹资金的能力；企业的组织管理能力主要可以从职能管理体系的任务分工、岗位责任、集权和分权的情况、组织结构（直线职能、事业部等）等方面进行衡量。

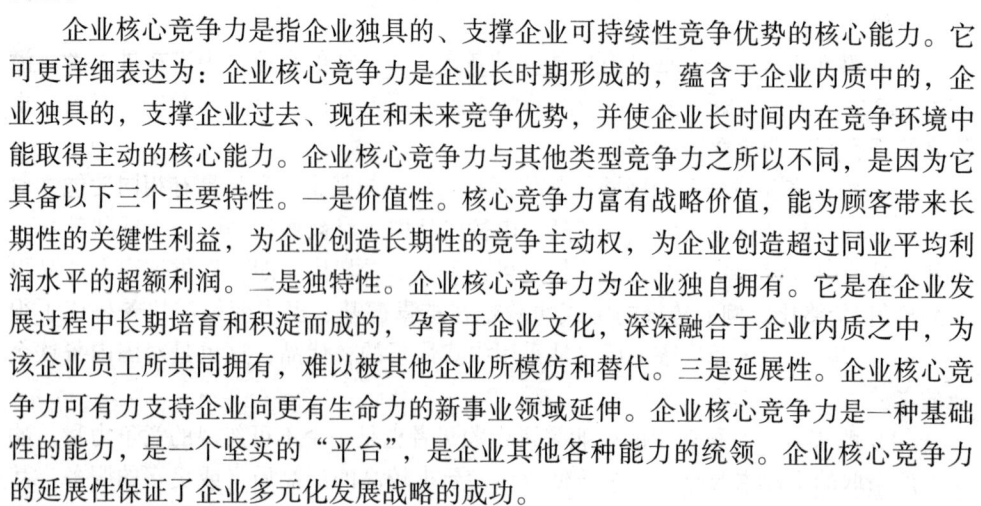

企业核心竞争力是指企业独具的、支撑企业可持续性竞争优势的核心能力。它可更详细表达为：企业核心竞争力是企业长时期形成的，蕴含于企业内质中的，企业独具的，支撑企业过去、现在和未来竞争优势，并使企业长时间内在竞争环境中能取得主动的核心能力。企业核心竞争力与其他类型竞争力之所以不同，是因为它具备以下三个主要特性。一是价值性。核心竞争力富有战略价值，能为顾客带来长期性的关键性利益，为企业创造长期性的竞争主动权，为企业创造超过同业平均利润水平的超额利润。二是独特性。企业核心竞争力为企业独自拥有。它是在企业发展过程中长期培育和积淀而成的，孕育于企业文化，深深融合于企业内质之中，为该企业员工所共同拥有，难以被其他企业所模仿和替代。三是延展性。企业核心竞争力可有力支持企业向更有生命力的新事业领域延伸。企业核心竞争力是一种基础性的能力，是一个坚实的"平台"，是企业其他各种能力的统领。企业核心竞争力的延展性保证了企业多元化发展战略的成功。

◆ **相关链接**

企业核心竞争力究竟是什么？

对于企业的核心竞争力，人们的说法可能各不相同；而且，在不同行业、不同企业里，核心竞争力的内容也会不尽相同；并且，就是一个企业，在其不同的发展阶段，核心竞争力也可能是在不断变化的。那么，能不能分析个性，抽出共性呢？

有专家的总结非常好：核心竞争力就是表现为你这个企业所独有的竞争优势。第一，偷不走的，别人不可能轻易模仿；第二，买不来的，就像两只鞋一样是拆不开的；第三，带不走的，这个能力是属于企业的，不是个人的。比如，中海油的标杆管理；华为的技术为王；中集的物美价廉；格兰仕的比较优势；中铝业的垄断竞争；联想的刷新理念等都被大家认为是这些企业独有的竞争优势。

（资料来源：http://news.xinhuanet.com/fortune/2002-02/25/content_288861.htm）

（2）企业文化。企业文化是指企业在长期的生存和发展中所形成的，为组织多数成员所共同遵守的基本信念、价值标准和行为规范的总和。它是组织中成员的一种共同认知，能够强烈的影响组织成员的态度和行为。企业的价值观构成组织内部强烈的凝聚力和整合力，成为统领组织成员共同遵守的行动指南，制约和支配着组织的宗旨、信念和行为规范以及追求目标。企业文化通过柔性的文化引导，可以使企业的共同目标转化为成员的自觉行动，更有利于计划工作的展开与执行。

◆ **管理案例**

华为的企业文化

华为的企业文化是什么？按任正非的解释：华为的企业文化是包容性的洋葱头，不断的吸纳别人优秀的文化，把自己的文化做大做强；华为的企业文化是可可西里的电影和残疾人表演千手观音，归纳为八个字"追求完美，无私奉献"，这就是华为主张的企业文化。

有人总结华为的企业文化具有狼文化，有四大特征：第一，敏锐的嗅觉，时刻关注外部机会，比别人快半步闻到肉味；第二，强烈的进攻意识，一旦看到机会，就本能地冲上去，不讨论、不开会、不汇报；第三，不是一只狼扑上去，是一群狼，讲团队精神；第四，团队在扑上去的时候不是一窝蜂，而是有分工与合作，有主攻、有副攻，甚至还有作出牺牲的。2005年华为也确实制定了一个"狼狈计划"，一线的营销人员就是狼，负责攻城略地；总部人员就是狈，为狼的进攻提供强有力的资源。

华为公司是以奋斗者为本的公司，确定的是以奋斗为主题的文化。华为公司所有制度、政策都是以奋斗来定位的，不能奋斗者就不是华为人，就要被淘汰的。华为建立的各项制度的基本假设是员工是努力奋斗的，而公司决不让"雷锋"吃亏。

2. 管理环境分析的方法——SWOT分析法

《孙子兵法·谋攻篇》中，孙子曰："知己知彼，百战不殆；不知彼而知己，一胜一负；不知彼不知己，每战必殆。"因此，企业要正确地制定经营战略和经营计划，既要知彼又要知己，其中"知己"便是要分析企业的内部环境或条件，认清企业内部的优势和劣势，"知彼"要分析企业的外部环境，认清企业的机会和面临的威胁。对管理环境的分析大多采用SWOT分析法。

SWOT 分析法

1）SWOT 分析法的含义

它是通过对企业内部环境和外部环境的综合分析，找出企业的优势、劣势、机会和威胁，从而将企业的计划与企业内部资源、外部机会有效结合。

其中，S（strength）代表优势，是指比较分析该产业在外部市场环境、内部经营方面相对于其他竞争对手的优势；W（weakness）代表劣势，是指比较分析该产业在外部市场环境、内部经营方面相对于其他竞争对手的劣势；O（opportunity）代表机会，是分析在目前的市场竞争态势下企业存在的发展机会；T（threat）代表威胁，是分析在目前的市场竞争态势下企业存在的威胁和挑战。S、W 是内部因素，O、T 是外部因素，如图 3-9 所示。

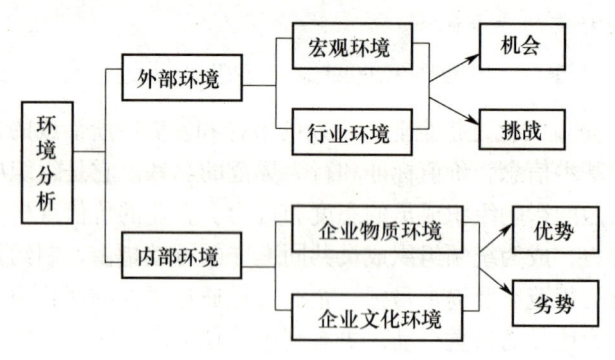

图 3-9　企业环境的 SWOT 分析

2）SWOT 分析法的步骤

首先，根据企业的发展目标，列出对企业发展有重大影响的外部及内部环境因素，判断其是机会还是威胁，是优势还是劣势。

然后，构造 SWOT 矩阵，如表 3-4 所列。

表 3-4　SWOT 分析矩阵

战略选择＼内部因素＼外部因素	优势	劣势
机会	优势—机会（S—O）战略 （发展型战略）	劣势—机会（W—O）战略 （转型战略）
威胁	优势—威胁（S—T）战略 （多元化战略）	劣势—威胁（W—T）战略 （防御战略）

最后，在完成环境因素分析和 SWOT 矩阵的构造后，制订出相应的行动计划。

3.4.2　制定目标

目标是企业计划方案的核心，企业计划的制订都是围绕企业的目标实现进行的。

◆ 管理故事

查德威克的失败给我们的启示

1952年7月4日清晨，美国加利福尼亚州海岸笼罩在浓雾中。在海岸以西55.6千米的卡塔林纳岛上，一位54岁的妇女跃入太平洋的海水中，开始向加利福尼亚州海岸游去。要是成功的话，她就是第一个游过这个海峡的女性。

她叫弗罗伦丝·查德威克。在此之前，她是第一个游过英吉利海峡的女性。在向加利福尼亚州海岸游的过程中，海水冻得她全身发麻；雾很大，她连护送她的船都几乎看不到。时间一个小时一个小时地过去，千千万万人在电视上看着。有几次，鲨鱼靠近了她，幸而被人开枪吓跑了。她仍然在游着。

15小时之后，她又累又冷，知道自己不能再游了，于是就叫人拉她上船。这时她的母亲和教练在另一条船上。他们都告诉她离海岸已经很近了，叫她不要放弃。但她朝海岸望去，除了浓雾什么也看不到。在继续坚持了几十分钟后，距她出发已过去了15小时55分钟，人们把她拉上了船。在船上过了几个小时后，她渐渐觉得暖和多了，却开始感到失败的打击。

她不假思索地对记者说："说实在的，我不是为自己找借口。如果当时我能看见陆地，也许我能坚持下来。"

人们拉她上船的地点，离加利福尼亚州海岸只有不足一千米！查德威克一生中就只有这一次没有坚持到底。两个月之后，在一个晴朗的日子她成功地游过这个海峡。

管理启示：目标就像一座灯塔，指引着人们的前进方向。有无清晰的目标，对于能否成功起到了至关重要的作用。

1. 目标的含义

目标是一个组织根据其任务和目的确定在未来一定时期内所要达到的成果或结果。企业目标是在分析企业外部环境和内部条件的基础上确定的企业各项经济活动的发展方向和奋斗结果，是企业经营宗旨的具体化。

2. 目标体系

组织的总体目标确定之后，围绕着总目标就要依次确定下级各个分目标、子目标，而且，各等级、各层次的目标之间构成了目标与手段的关系。各等级、各层次的目标之间彼此相互关联、相互影响，形成了一个整体的目标网络体系，如图3-10所示。

马和驴子的目标

3. 目标制定的原则

1）明确性原则

目标的内容应易于度量、意思明确，避免使用意思含糊的字句。

2）可行性原则

可行性原则就是指目标的确定一定要适合、可行。如果目标很容易达到，就会缺乏挑战性，失去激励员工的作用；但如果目标难以实现，就会令员工放弃争取。因此，目标要既具有可操作性又具有挑战性。

目标管理 SMART原则

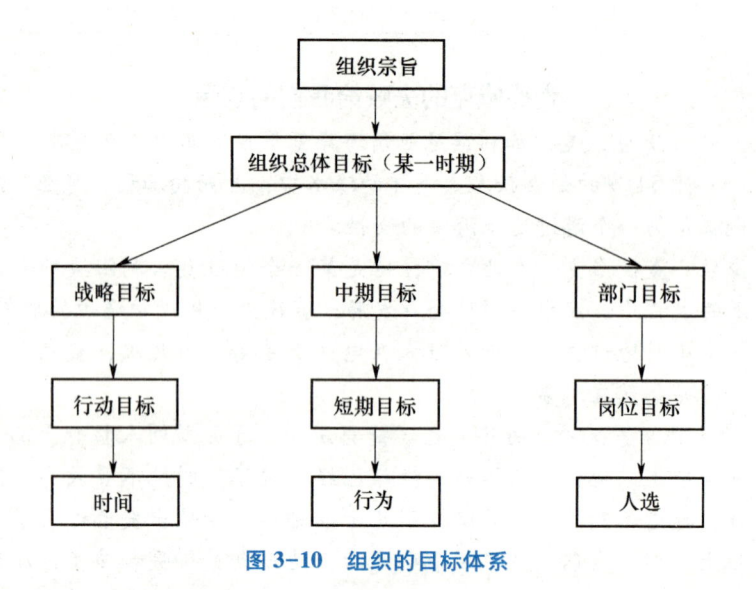

```
                    ┌──────────┐
                    │ 组织宗旨 │
                    └────┬─────┘
                         │
              ┌──────────▼──────────┐
              │ 组织总体目标（某一时期）│
              └──────────┬──────────┘
         ┌───────────────┼───────────────┐
         ▼               ▼               ▼
    ┌────────┐      ┌────────┐      ┌────────┐
    │ 战略目标│      │ 中期目标│      │ 部门目标│
    └───┬────┘      └───┬────┘      └───┬────┘
        ▼               ▼               ▼
    ┌────────┐      ┌────────┐      ┌────────┐
    │ 行动目标│      │ 短期目标│      │ 岗位目标│
    └───┬────┘      └───┬────┘      └───┬────┘
        ▼               ▼               ▼
    ┌────────┐      ┌────────┐      ┌────────┐
    │  时间  │      │  行为  │      │  人选  │
    └────────┘      └────────┘      └────────┘
```

图 3-10 组织的目标体系

◆ **相关链接**

篮球架原理

如果把篮球架做两层楼那样高，进球难得多。反过来，要是篮球架只有一个普通人那么高，进球容易了，但还有人去玩吗？正是因为篮球架有一个跳一跳就够得着的高度，才使得篮球成为一个世界性的体育项目。

管理启示：一个"跳一跳，够得着"的目标最有吸引力，对于这样的目标，人们才会以高度的热情去追求。因此，要想调动人的积极性，就应该设置有着这种"高度"的目标。这就是美国管理学家埃得温·A·洛克提出的洛克定律，又称作"篮球架原理"。

（资料来源：沈思．决定一生的99个法则［M］．西安：陕西师范大学出版社，2005．）

3）可考核性

目标一定要能够考核和便于考核才具有意义。最便于考核的目标是定量目标，定性目标可以通过具体说明时间规定、成果要求等加强其可考核性。

4. 目标的制定程序

首先，从组织的宗旨出发，分析企业的内外部环境，作为制定目标的基本依据。

其次，制定企业发展的总目标，围绕着总目标就要依次确定下级各个分目标、子目标。

另外，制定目标的方式可以分为"由上而下""由下而上"及"上下结合"等。

3.4.3 预测与决策

预测是利用先进的科学技术和方法，以对企业环境分析为前提，对将来企业的发展所进行的推测和估计。通过预测，可以使管理者事先估计计划实施的后果，提高管理者的预见性。

决策是人们为实现一定的目标，在掌握充分的信息和对有关情况进行深刻分析的基础上，用科学的方法拟定并评估各种方案，从中选出合理方案的活动过程。决策是计划的前提，为计划的任务安排提供了依据。

3.4.4 编写计划书

1. 计划书的框架模式

计划按照用途与思路的不同，可以划分为两种框架模式：基本框架模式与问题框架模式。

1) 计划书的基本框架模式

一般的计划均采用这种模式，主要用于社会组织及其下属部门的短期工作计划，主要内容包括以下几个方面：内外部环境分析；方案的制定与选择；资源的综合平衡，保证资源的有效配置；计划的实施与反馈。计划书的基本框架模式，如图 3-11 所示。

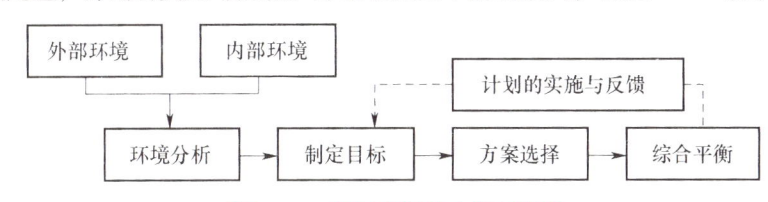

图 3-11 计划书的基本框架模式

2) 计划书的问题框架模式

这种模式主要用于解决特定的问题或因开展某项工作而拟定专案计划所采用的模式，主要内容为：问题的分析与界定；主观、客观条件分析；制定行动目标和解决问题的方法；制定解决问题的方案与措施。计划书的问题框架模式，如图 3-12 所示。

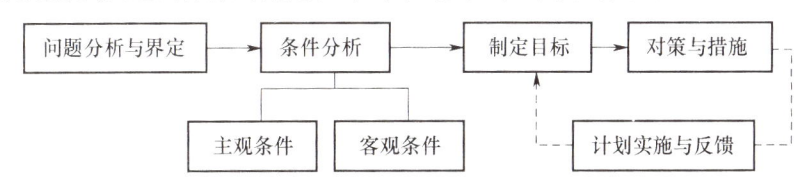

图 3-12 计划书的问题框架模式

2. 商业计划书的编写

商业计划书，是公司、企业或项目单位为了达到招商、融资和其他发展目标，在经过前期对项目科学地调研、分析，搜集与整理有关资料的基础上，根据一定的格式和内容的具体要求而编辑整理的一个全面展示公司和项目状况、未来发展潜力与执行策略的书面材料。

商业计划书的格式与内容一般包括以下八个方面。

（1）封面和目录。商业计划书的封面看起来要既专业又可提供联系信息，如果对投资人递交，最好能够美观漂亮，并附上保密说明，而准确的目录、索引能够让阅读者迅速找到他们想看的内容。

（2）行政性总结。这是一个非常重要的纲领性前言，主要是概括介绍企业的来源、性质、目标和策略，产品和服务的特点，市场潜力和竞争优势，管理队伍的业绩和其他资源，企业预期的财政状况及融资需求等信息。

商业策划书

如何撰写电商项目计划书？

(3) 企业描述。这是对企业的历史、起源及组织形式作出介绍，并重点说明企业未来的主要目标（包括长期和短期），企业所供产品和服务的知识产权及可行性，这些产品和服务所针对的市场以及当前的销售额，企业当前的资金投入和准备进军的市场领域及管理团队与资源。

(4) 市场分析。描述企业定位行业的市场状况，指出市场的规模、预期增长速度和其他重要信息，包括市场趋势，目标顾客特征，市场研究与统计，市场对产品和服务的接受模式和程度。对投资者而言，这部分内容应当让投资者确信这个市场是巨大且不断增长的。

(5) 竞争分析。明确指出与企业竞争的同类产品和服务，分析竞争态势和确认竞争对手信息，包括竞争对手的身份、来源和所占市场份额，他们的优点和缺点，最近的市场变化趋势等。同时，认真比较企业与竞争对手在产品和服务在价格、质量、功能等方面有何不同，解释企业为什么能够赢得竞争。

(6) 产品和服务。列举企业当前所提供的产品和服务类型，以及将来的产品和服务计划，陈述产品和服务的独到之处，包括成本、质量、功能、可靠性和价格等，指出产品所处生命周期或开发进展。如果本企业的产品和服务有独特竞争优势，应该指出保护性措施和策略。

(7) 财务计划。这包括企业的实际财务状况，预期的资金来源和使用，资产负债表，预期收入（利润和亏损状况）以及现金流量预测等。这部分内容是商业计划书的关键部分，制定过程中最好能寻求会计师和其他专业人士的帮助，财务预测的设想总是先于实际的数字，所以，预测要现实合理并且可行。

(8) 附录。这部分应附上关键人员的履历、职位，组织机构图表，预期市场信息，财务报表以及商业计划中陈述的其他数据资源等。

3. 策划书的编写

策划书是计划书的一种形式，是一种说明组织的长期目标、阶段目标、具体策略以及战术的文书。策划书的主要目的是要说明组织未来发展方向，如何到达目的地，以及目标达成后的景象。策划书是组织不可或缺的管理工具，在策划过程中，组织会强迫遵循完成策划书的每一个步骤，不仅是一种纪律，也是养成逻辑思考程序的好方法。

(1) 策划书的构成要素。任何一种策划书的构成都必须有"5W2H1E"，共8个基本要素：What（什么）——策划的目的、内容；Who（谁）——策划相关的人员；Where（何处）——策划实施的场地；When（何时）——策划的时间；Why（为什么）——策划的缘由、前景；How（如何）——策划的方法和运作实施；How much（多少）——策划预算；Effect（效果）——预测策划结果、效果。

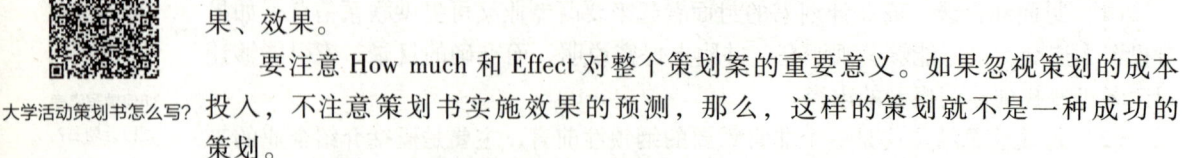

要注意 How much 和 Effect 对整个策划案的重要意义。如果忽视策划的成本投入，不注意策划书实施效果的预测，那么，这样的策划就不是一种成功的策划。

(2) 策划书的格式要求，如表3-5所示。

表 3-5 策划书的格式要求

部分	内 容	说 明
封面	策划书名称	策划书的名称必须写得具体清楚
	策划者姓名	策划者的姓名、工作单位、职务均应写明
	策划完成时间	依照策划书完成的年月日据实填写
正文	策划的目标	策划的目标要具体明确
	策划的内容	包括策划缘由、背景资料、问题点、创意关键等方面内容
	策划的场地	在策划案实施过程中，需要提供哪些场地、何种场地，需提供何种方式的协助等
	预算和进度	对活动实施时产生的各种支出进行预算
	预测效果	根据掌握的情报，预测策划案实施后的效果
附件	参考文献	有助于完成本策划案的各种参考文献资料
	其他注意事项	需要补充说明的事项

复习与练习

一、重点概念

计划　预测　决策　管理环境　SWOT 分析法　目标　滚动计划法　应变计划法

二、复习思考

1. 怎样理解计划职能的含义？
2. 按计划的重要性来划分的话，计划可以分为哪几种类型？
3. 什么是预测？预测的内容包括哪些方面的内容？
5. 如何理解"管理就是决策"？怎样做好风险型决策？
6. 企业环境包括哪些要素？怎样运用五力竞争模型进行企业环境分析？
7. 如何理解 SWOT 分析法？
8. 如何理解目标的含义？
9. 计划书有几种模式，各自针对的问题是什么？

三、案例分析

宏远实业发展有限公司

进入 12 月以后，宏远实业发展有限公司（以下简称宏远公司）的总经理顾军一直在想着两件事。一是年终已到，应抽个时间开个会议，好好总结一下一年来的工作。今年外部环境发生了很大的变化，尽管公司想方设法拓展市场，但困难重重，好在公司经营比较灵活，苦苦挣扎，这一年总算摇摇晃晃地走过来了，现在是该好好总结一下，看看问题到底在哪儿。二是该好好谋划一下明年怎么办？更远的该想想今后的 5 年怎么干，乃至于今后的 10 年怎么干？上个月顾总从事务堆里抽出身来，到淮海大学去听了两次关于现代企业管理的讲座，教授的精彩演讲对他触动很大。公司成立至今，转眼已有 10 多个年头了。10 多年来，公司取得过很大的成就，靠运气、靠机遇，当然也靠大家的努力。细细想来，公司的管理全靠经验，特别是靠顾总自己的经验，遇事都由顾总拍板，从来没有公司通盘的目标与计划，因而常常是干到哪儿是哪儿。可现在公司已发展到有几千万资产，三百来号人，再这样下去可不行了。顾总每想到这些，晚上都睡不着觉，到底该怎样制定公司的目标与计划呢？这正是最近顾总一直在苦苦思考的问题。

  宏远公司是一家民营企业，是改革开放的春风为宏远公司的建立和发展创造了条件。因此顾总常对职工讲，公司之所以有今天，一靠他们三兄弟拼命苦干，但更主要的是靠改革开放带来的机遇。15年前，顾氏三兄弟只身来到了省里的工业重镇A市，当时他们口袋里只有父母给的全家的积蓄800元人民币，但顾氏三兄弟决心用这800元创一番事业，摆脱祖祖辈辈日出而作、日落而归的脸朝黄土背朝天的农民生活。到了A市，顾氏三兄弟借了一处棚户房落脚，每天分头出去找营生，在一年时间里他们收过破烂，贩过水果，打过短工，但他们感到这都不是他们要干的。老大顾军经过观察和向人请教，发现A市的建筑业发展很快，城市要建设，老百姓要造房子，所以建筑公司任务不少，但当时由于种种原因，建筑材料却常常短缺，因而建筑公司也失去了很多工程。顾军得知，建筑材料中水泥、黄沙都很缺。他想到，在老家镇边上，他表舅开了家小水泥厂，生产出的水泥在当地还销不完，因而不得不减少生产。他与老二、老三一商量决定做水泥生意。他们在A市找需要水泥的建筑队，讲好价，然后到老家租船借车把水泥运出来，去掉成本每袋水泥能净得几块钱。利虽然不厚，但积少成多，一年下来他们挣了几万元。当时的中国，"万元户"可是个令人羡慕的名称。当然这一年中，顾氏三兄弟也吃尽了苦头，顾军一年里住了两次医院，一次是劳累过度晕在路边被人送进医院，一次是肝炎住院，医生的诊断是营养严重不良引起抵抗力差而得肝炎。虽然如此，看到一年下来的收获，顾氏三兄弟感到第一步走对了，决心继续走下去。他们又干了两年贩运水泥的活，这几年的积累，他们已有一定的经济实力了，同时又认识了很多人，有了一张不错的关系网。顾军在贩运水泥中，看到改革开放后，A市角角落落都在大兴土木，建筑队的活忙得干不过来，他想，家乡也有木工、泥瓦匠，何不把他们组织起来，建个工程队，到城里来闯天下呢？三兄弟一商量说干就干，没几个月一个工程队开进了城，当然水泥照样贩，这也算是两条腿走路了。

  一晃15年过去了，当初贩运水泥起家的顾氏三兄弟，今天已是拥有几千万资产的宏远公司的老板了。公司现有一家贸易分公司、建筑装饰公司和一家房地产公司，有员工近300人。老大顾军当公司总经理，老二、老三做副总经理，并分兼下属公司的经理。顾军老婆的叔叔任财务主管，他们表舅的大儿子任公司销售主管。总之，公司的主要职位都是家族里面的人担任，顾军具有绝对权威。

  公司总经理顾军是顾氏兄弟中的老大，当初到A市时只有24岁，他在老家读完了小学，接着断断续续地花了6年时间才读完了初中，原因是家里穷，又遇上了水灾，两度休学，但他读书的决心很大，一旦条件许可，他就去上学，而且边读书边干农活。15年前，是他带着两个弟弟离开农村进城闯天下的。他为人真诚，好交朋友，又能吃苦耐劳，因此深得两位弟弟的敬重，只要他讲如何做，他们都会去拼命干。正是在他的带领下，宏远公司从无到有，从小到大。现在在A市，顾氏三兄弟的宏远公司已是大名鼎鼎了，特别是去年，顾军代表宏远公司一下子拿出50万元捐给省里的贫困县建希望小学后，民营企业家顾军的名声更是非同凡响了。但顾军心里明白，公司这几年日子也不太好过，特别是今年。建筑公司任务还可以，但由于成本上升创利已不能与前几年同日而语了，只能是维持，略有盈余。况且建筑市场竞争日益加剧，公司的前景难以预料。贸易公司能勉强维持已是上上大吉了，今年做了两笔大生意，挣了点钱，其余的生意均没成功，况且仓库里还积压了不少货无法出手，贸易公司日子不好过。房地产公司更是一年不如一年，当初刚开办房地产公司时，由于时机抓准了，两个楼盘，着实赚了一大笔，这为公司的发展立了大功。可是好景不长，房地产市场疲软，生意越来越难做。好在顾总当机立断，微利或持平把积压的房屋作为动迁房基本脱手了，要不后果真不堪设想，就是这样，现在还留着的几十套房子把公司压得喘不过气来。

面对这些困难，顾总一直在想如何摆脱现在这种状况，如何发展。发展的机会也不是没有。上个月在淮海大学听讲座时，顾军认识了 A 市的一家国有大公司的老总，交谈中顾总得知，这家公司正在寻找在非洲销售他们公司当家产品——小型柴油机的代理商，据说这种产品在非洲很有市场。这家公司的老总很想与宏远公司合作，利用民营企业的优势，去抢占非洲市场。顾军深感这是个机会，但该如何把握呢？10 月 1 日顾总与市建委的一位处长在一起吃饭，这位老乡告诉他，市里规划从明年开始江海路拓宽工程，江海路在 A 市就像上海的南京路，两边均是商店。借着这一机会，好多大商店都想扩建商厦，但苦于资金不够。这位老乡问顾军，有没有兴趣进军江海路。如想的话，他可牵线搭桥。宏远公司的贸易公司早想进驻江海路了，但苦于没机会，现在机会来了，机会很诱人，但投入也不会少，该怎么办？随着改革开放的深入，住房分配制度将有一个根本的变化，随着福利分房的结束，顾军想到房地产市场一定会逐步转暖。宏远公司的房地产公司已有一段时间没正常运作了，现在是不是该动了？

总之，摆在宏远公司老板顾军面前的困难很多，但机会也不少，新的一年到底该干些什么？怎么干？今后的 5 年、10 年又该如何干？这些问题一直盘旋在顾军的脑海中。

(资料来源：http://course.zjnu.cn/glx/zxxx/center/alk/2-1al.htm)

请根据上面的案例，分析以下问题。

(1) 你如何评价宏远公司？如何评价顾军？
(2) 宏远公司是否应制定短、中、长期计划，为什么？
(3) 如果你是顾军，你该如何编制公司发展计划？

四、技能训练

实训项目 3-1　企业环境分析

【实训目标】

(1) 熟悉企业环境分析的内容。
(2) 培养企业外部和内部环境的分析能力。

【实训内容与要求】

(1) 实地调查一家企业，或搜集一家企业的相关资料。
(2) 运用 SWOT 分析法分析企业的内外部环境。

(3) 根据 SWOT 分析的结果，制定企业的发展计划。

【实训成果】

构建 SWOT 分析矩阵图。

【实训考核与评价】

教师根据学生构建的 SWOT 分析矩阵图进行考核和评价。

实训项目 3-2　确定所要开设饭店的类型

【实训目标】

(1) 正确掌握头脑风暴法。

(2) 深刻体会决策的过程。

【实训背景】

假设你和朋友试图决定在城市中心地段开设一家饭店，困扰你们的问题是这个城市已经有很多饭店，这些饭店能提供各种价位的不同种类的餐饮服务。你们拥有开设任何一种类型饭店的足够资源。你们面对的挑战是要决定什么样的类型的饭店将最成功。

【实训的内容与要求】

运用头脑风暴法确定：

(1) 请花 5~10 分钟，形成你们认为最可能获得成功的类型，每位成员要尽可能富有创新性和创造力，对任何提议不能加以批评。

(2) 指定一成员把各种方案写下来。

(3) 用 10~15 分钟讨论优缺点，形成一致意见。

(4) 做出决策后，对头脑风暴法的优缺点进行讨论，确定是否有阻碍发生。

【实训考核与评价】

教师根据学生的头脑风暴过程的表现及最终的决策方案进行考核和评价。

实训项目 3-3　编制活动策划书

【实训目标】

(1) 培养管理问题的分析与界定能力。

(2) 培养学生策划能力。

(3) 掌握编制策划书的程序与方法。

【实训内容与要求】

(1) 分组。由学生自愿组成小组，每组 6~8 人，并推选出小组负责人。

(2) 确定策划的内容与主题。小组中的每个人在调研的基础上，运用创造性思维，提出策划活动的内容与主题，可与所学专业相关，也可以是学生熟悉的其他内容。

(3) 确定方案。小组运用"头脑风暴法"深入研究，对所提方案进行论证，并形成小组最终策划方案。

(4) 每个小组编制一份活动策划书。

（5）各小组派一名代表在全班进行交流。

【实训成果】

编制的策划书。

【实训考核与评价】

教师根据学生在全班进行交流表现结合编制的活动策划书内容进行打分。

第 4 单元

组　　织

学习目标

1. 知识目标

（1）掌握组织的含义、作用以及组织工作的基本内容。
（2）理解组织结构设计的内容和组织结构的类型。
（3）掌握制度规范的含义、类型及其制定的内容和程序。
（4）了解职权的含义、作用。理解集权、分权、授权及其直线职权和参谋职权的相关原理与要求。
（5）明确人员配置的含义，掌握人员招聘、培训与考评的原理与要求。
（6）掌握组织变革的原理与要求。
（7）掌握组织文化的原理与要求。

2. 能力目标

（1）能够进行具体组织结构设计、分析和评价。
（2）能够根据具体情况制定简单的制度规范，并能对某一具体的组织规范进行诊断。
（3）能够正确处理集权、分权和授权的关系，有效解决实际工作中直线职权与参谋职权之间出现的问题。
（4）能够按照组织的一般程序、方法与要求，有效地组织招聘、培训和绩效考评工作。
（5）能够分析具体组织的优缺点，并能为组织变革提出合理化建议。
（6）能够根据不同的组织性质和特点建设合适的组织文化。

导入案例

张三的小饭馆

张三要在某临街地段开一家小饭馆，假定张三除自己外，另雇用了甲、乙、丙、丁四个人。虽然是一家小小的饭馆，日常的工作也不少，如采购、烹饪、接待客人等，靠一个人是干不过来的，有几个帮手，不仅能使饭馆生意运转起来，而且能带来许多便利。例如，以前张三有事，必须关门才能去办事，现在则不必关门了。再如，现在甲、乙去做厨师，丙去接待客人，丁去采购，张三机动，调剂忙闲不均的情况，一切都可顺利地运转，再也不会出现顾此失彼、照顾不过来的情况了，有了这样的基础条件，饭馆就可以比以前运作得更好，获利更多。

这种变化，同时也给店主张三带来了新的问题，即如何调度和使用甲、乙、丙、丁这四个下属。组织管理的问题摆到了张三面前。

最开始，张三是通过直接命令的方式管理的，即分别向每一个下属分派任务，每一件事都要由张三来指挥和调度。这样过了一段时间后，张三发现，他在店里的时候，一切都还可以，但当他有事出去的时候，工作就会发生混乱。

于是他考虑，能不能找出一套框架或规则来，做到即使他不在场，工作也能顺利进行呢？

那么，小饭店问题到底出在哪里？如果你是张三，该如何设计自己的组织呢？

管理启示：实际上，张三正在考虑的问题就是管理上所讲的组织管理问题，主要包括组织结构的设计、岗位和职能的设置、制度与规则的制定、运行过程中的考核与管理等。

（资料来源：http://blog.sina.com.cn/s/blog_601eb7a60102xt12.html）

组织是管理的基本职能之一，在计划制订之后，如何进一步整合各种资源和要素，为实现管理目标提供基础条件，这就是组织职能所要完成的工作。

4.1 组织职能概述

4.1.1 组织

1. 组织的定义

在管理学中，组织的含义可以从静态与动态两个方面来理解。从静态方面看，指组织结构，即反映人、职位、任务以及它们之间的特定关系的网络。从动态方面看，指管理的组织职能，即通过组织的建立、运行和变革去配置组织资源，完成组织任务和实现组织目标。它包括三个方面的含义。

1）组织有一个共同的目标

目标是组织存在的基础，也是维持组织凝聚力的纽带。每一个组织都有自己的目标，如企业要使赢利最大化，学校要培养社会所需的人才，医院要为病人提供优质的医疗服务。目标决定了所有组织作为社会组成部分存在的必要性和合理性。

2）组织是实现目标的工具

组织目标是否能够实现，就是要看组织内各要素之间的协调和配合的程度，其中很重要的一个方面就是要看组织结构是否合理有效。

3）组织包括不同层次的分工协作

组织内部必须有分工，而在分工之后，就要赋予各个部门及每个人相应的权力，以便实现目标。组织要实现自己的目标，还必须进行部门和人员之间的协作，把组织的上下左右联系起来，形成一个有机的整体。

2. 组织的作用

组织职能的发挥是实现管理功能的保证。一般来说，组织有以下三个方面的作用。

（1）通过组织实现分工协作，可以提高劳动生产率。通过分工，有利于提高每一个员工专业化程度和熟练化程度。同时，通过协作，可以使得众多部门和人员之间的联系更加有序和顺畅，有利于最终提高劳动生产率。

（2）通过组织整合力量，可以提高组织成员的士气。通过组织可以形成整体力量的汇聚和放大效应，表现出"1+1>2"的效果。否则，就容易出现"一盘散沙"的情况，甚至造成力量相互抵消的"窝里斗"局面。

◆ 管理案例

组织的魅力与作用

北京字节跳动科技有限公司，成立于2012年3月，是最早将人工智能应用于移动互联网场景的科技企业之一，公司以建设"全球创作与交流平台"为愿景。字节跳动人工智能实验室这一组织成立于2016年，旨在针对人工智能相关领域的长期性和开放性问题进行探索，帮助公司实现对未来发展的构想。其独立研发的"今日头条"客户端，通过海量信息采集、深度数据挖掘和用户行为分析，为用户智能推荐个性化信息，从而开创了一种全新的新闻阅读模式。2020年6月，字节跳动入选《2020福布斯中国最具创新力企业榜》。2020年7月22日，字节跳动获评艾媒金榜发布的《2020中国新经济独角兽文化娱乐领域TOP15榜单》第一名。

（资料来源：https：//www.bytedance.com/）

（3）通过组织，可以提高有效指挥的功能和效率。从更大的范围来说，只有组织起来，才能使不同系统实现统一指挥，从而避免各自为政、彼此削弱。

◆ 管理案例

神舟十一号飞船返回舱着陆的组织过程

神舟飞船的研制是一个庞大而复杂的系统工程，需要许多部门成千上万人的共同努力。在神舟飞船研制过程中，除了航天集团自身之外，参加飞船研制的协作单位众多，各类问题层出不穷，如果组织工作不能协调有序开展，全系统可能会瘫痪。

4.1.2 组织的类型

1. 按组织目标分类

（1）互益组织：如工会、俱乐部等。

（2）工商组织：如工厂、商店、银行等。

（3）服务组织：如医院、学校、社会机构等。

（4）公益组织：如政府机构、研究机构、消防队等。

2. 按组织满足需求分类

（1）正式组织，是有明文规定的、由一定社会组织认可的、职务分配明确的群体。这类组织有明确的目标、任务、结构、职能，以及由此决定的成员间的责权关系，对个人具有强制性。我们一般谈到的组织就是指正式组织。

（2）非正式组织，最早由美国管理学家梅奥通过"霍桑试验"提出，是伴随正式组织的运转而自然形成的以感情、喜好等情绪为基础的、松散的、没有正式规定的群体。它是以工作性质、社会地位、认识、观点相近，性格、爱好以及感情相投，而产生一些被大家接受并遵守的行为规则，使松散、随机的群体成为固定的非正式组织，它存在于一切组织中。

3. 按成员利益受惠程度分类

（1）营利性组织主要是指经营性的、以谋利为主的组织。社会活动中这是正常的，它获利后照章纳税，也为社会做出了贡献，如各类公司、工厂、银行等。

◆ **相关链接**
中国企业网由中国企业联合会、中国企业家协会、《中国企业报》共同创办，为中国广大企业、企业家和商界、经济界人士，提供实时、严谨、专业的财经、产业新闻和信息服务。

（2）非营利性组织以社会公众利益为前提，其目的是向社会提供公共服务，如教育、行政机关、医疗服务、军队组织等。

4. 按组织的性质分类

（1）经济组织。经济组织是人类社会最基本、最普遍的社会组织，履行着社会的经济职能，如生产性组织、商业组织、银行组织、交通运输组织和服务性组织等。

（2）政治组织。包括政党组织和国家政权组织。国家政权组织是国家管理社会的重要机器，如在不同国家都存在不同政治观点、不同信念的政党组织形式。

（3）文化组织。是以满足人们各种文化需求为目标，以文化活动为其基本内容的社会团体，如学校、艺术团体、科学研究单位、博物馆等。

（4）群众组织。群众自发形成的，具有某种共同爱好、共同愿望的组织，如工会、妇女联合会、科学技术协会等。

（5）宗教组织。是以某种宗教信仰为宗旨而形成的组织，代表宗教界的合法利益，开展正常的宗教活动，如基督教协会、佛教协会等。

4.1.3 组织职能

组织职能，又叫组织工作，是指为了实现组织的共同目标而确定组织内各要素及其相互关系的活动或过程。即通过设立机构、建章立制、职权配置、人员配置、运行与变革、文化建设等来完成组织任务和实现组织目标的活动或过程。组织职能的具体内容包括以下六个方面。

1. 组织结构设计

组织结构设计是组织工作中最重要、最核心的一个环节，其内容是建立一种有效的组织结构框架，对组织成员在实现组织目标中的分工协作关系作出正式的、规范的安排，即形成正式的组织。

组织工作的七项原则

2. 制度规范制定

制度规范是指对组织管理活动及其组织成员行为进行规范、制约与协调而制定的各种规定、规程、方法与标准等制度的总称。制定制度规范就是用制度形式规定管理活动的内容、程序和方法，界定人员行为规范和准则的过程，从而使管理活动有章可循，规范高效。

3. 职权配置

职权是构成组织结构的核心要素，是组织联系的主线，对于组织的合理构建与有效运行具有关键性作用。在组织内部，基本的信息沟通也是通过职权来实现的。通过职权关系上传下达，使下级按指令行事，上级得到及时反馈的信息，作出合理的决策，进行有效的控制。

4. 人员配置与管理

人员配置是根据组织目标和任务正确选择、合理使用、科学考评和培训人员，以合适的人员去完成组织结构中规定的各项任务，从而保证整个组织目标和各项任务完成的职能活动。其目的是让合适的人去做合适的事，其内容是将人力资源配置到各个部门、地区、下属组织的职业岗位之中，使之与其他经济资源相结合，形成现实的经济活动。

5. 组织变革

组织变革指通过对组织结构进行调整和修正，使其适应不断变化的外部环境和内部条件的过程。组织变革和组织发展虽有所区别，但二者又密切联系。组织发展要通过组织变革来实现，变革是手段。变革的目的是使组织得到发展，以适应组织内外条件的要求，有效地行使组织职能。

6. 组织文化建设

组织文化是指在一定的社会政治、经济、文化背景条件下，组织在生产与工作实践中所创造或逐步形成的价值观念、行为准则、作风和团体氛围的总和。通过组织文化建设，可以充分发挥组织的导向、凝聚、激励、约束和辐射功能，进一步促进组织职能的有效发挥。

◆ **思政元素**

从疫情防控看坚持中国共产党领导的制度优势

网页：http://www.gov.cn/xinwen/2018-03/17/content_5275116.htm

思考：请结合十九大国家部委机构改革的案例，思考组织结构的优化如何有助于实现中华民族伟大复兴的中国梦？

4.2 组织结构设计

组织结构是指对于工作任务如何进行分工、分组和协调合作。组织结构是全体成员为实现组织目标，在管理工作中进行分工协作，在职务范围、责任、权利方面所形成的结构体系，是整个管理系统的"框架"。组织结构一般分为横向结构设计和纵向结构设计两个方面，前者主要解决部门划分和职责的委派问题，后者主要解决管理幅度和管理层次的合理确定问题。

最常见的组织结构表现为组织人员、职位和群体关系的一种图表，它形象地反映了组织内各机构、岗位上下左右相互之间的关系（图4-1）。

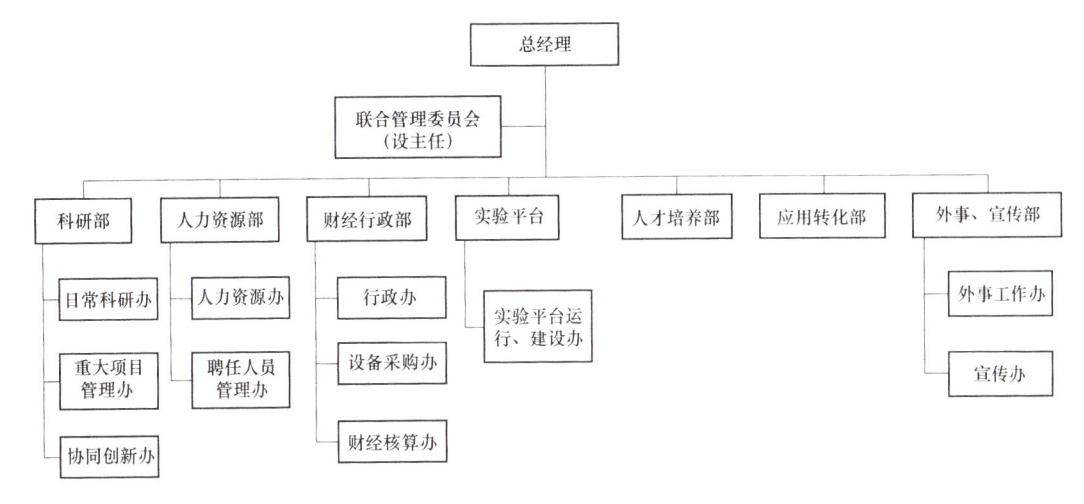

图 4-1 最常见的组织结构

4.2.1 组织横向结构设计

1. 部门划分

1）部门划分的含义

部门划分是把工作和人员组织成若干管理单元并组建成相应的机构和单位。不同的管理或者业务部门，是整个管理系统有机地运转起来的细胞和工具。部门划分的目的在于确定组织中各项任务的分配与责任的归属，以求分工合理，职责分明，有效地实现组织的目标。

2）部门划分的方法

（1）按人数划分。即完全按照人数的多少划分部门，这是最原始、最简单的划分方法。军队中的师、团、营、连、排、班就是这种划分方法。这种划分部门的特点是，划归在同一部门的人员在同一个主管人员的指挥下执行同类的工作任务。该方法仅仅考虑人力的数量因素，所以，在高度专业化的现代社会中有逐渐被淘汰的趋势。

（2）按时间划分。这是指将人员按时间进行分组，即倒班作业。在一些需要不间断工作的组织中，或者由于经济和技术的需要，常按照时间来划分部门，采取轮班作业的方法。例如，企业按早、中、晚班编制生产计划。

（3）按职能划分。这是最普遍采用的部门划分方法。它遵循专业化的原则，以工作或任务的性质为基础划分部门，并按这些工作或任务在组织中的重要程度，分为主要职能部门和次要职能部门。主要职能部门处于组织的首要一级，在主要职能部门之内再划分次要部门。

（4）按产品划分。即按组织向社会提供的产品来划分部门。它是随着科学技术的发展，为了适应新产品的生产而产生的。其优点是：有利于发挥专用设备的效益；有利于发挥个人的技能和专业知识；有利于部门内的协调；有利于产品的增长和发展。其缺点是：要求更多的人具有全面管理的能力；产品部门独立性强，整体性差，增加了主管部门协调、控制的困难。

（5）按地区划分。即按地理位置来划分部门，其目的是调动地方、区域的积极性，谋求取得地方化经营的某种经济效果。只有当各地区的政治、经济、文化等因素影响到管理时，按地区划分部门才能充分发挥其优势。其优点是：有利于改善地区的协调，取得地区经营的经济效益；有利于培养管理人才。其缺点是：需要更多具有全面管理能力的人才；增加了主管部门控制的困难；地区部门之间往往不易协调等。

（6）按服务对象划分。即按组织服务的对象类型来划分部门。例如在商店中，按服务对象划分为老年用品部、妇女用品部和儿童用品部等。

（7）其他。在一些组织中，也常出现按市场营销渠道、英文字母的顺序等来划分部门的方法。

以上部门划分的方法只是就某一方面的因素而言的，实际上，在现实的管理活动中，还常常会采用混合的方法划分部门，即在同一组织层次或同一组织内部采用两种或者两种以上的方法划分部门，采用这种混合方法的目的，就是为了更有效地实现组织的目标。

2. 组织职责的委派

部门划分之后就涉及各项具体业务工作的分配、部门职责的委派等问题。部门任务分配和职责委派的一个最基本的依据是业务工作的类似性，这就需要对业务工作的一些项目进行分类，把从事类似业务工作的人集中到一个部门，从而实现职务专业化。同时，分派责任时也应该考虑彼此联系的密切程度。有时根据工作需要，也可以将多种性质的业务工作集中到一个部门中来，但这些业务工作必须是有着密切联系的，以便能最有效地进行工作。在向各部门委派职责时，应注意防止发生下列问题。

（1）重复。把生产、经营及管理方面的同类问题，同时分派给不同机构，使它们都有解决问题的权利和责任，这就会发生职责上的重复，也等于机构设置上的重复。一旦发生问题，几家来回"扯皮"，谁都有"责"，谁都不"负责"，问题反而难以解决。如果有的特殊问题，的确需几个部门协调才能解决，那么，将该职责同时授予这几个部门的时候，必须明确划清各自的权限和责任范围，并确定牵头部门。

（2）遗漏。当某项基本的例行工作，任何机构都没有将其列为自己的工作职责范围之内时，这就发生了职责的遗漏，出现有事无人管的现象，必然影响组织目标的实现和工作的正常进行。如果属于例外工作，当重复发生时也应将其及时委派给有关部门作为理性的职责。

（3）不当。这是指将某项职责委派给了不适于完成这一职责的部门。每个机构都有其基本的职能及其有助于完成这一职能的有利条件。因此，对某一具体工作，总有某一个部门能利用其有利的条件，最好地加以完成。所以，应将工作交给最能有效解决这一问题的工作部门。

◆ 管理故事

牙科医生

有一位牙科医生,第一次给病人拔牙时,非常紧张,他刚把牙齿拔下来,不料手一抖,没有夹住,牙齿掉进了病人的喉咙。

"非常抱歉,"医生说,"你的病已不在我的职责范围之内,你应该去找喉科医生。"

当病人找到喉科医生时,他的牙齿掉得更深了。喉科医生给病人做了检查。

"非常抱歉,"医生说,"你的病已不在我的职责范围之内了,你应该去找胃病专家。"

胃病专家用X光为病人检查后说:"非常抱歉,牙齿已掉到你的肠子里了,你应该去找肠病专家。"

肠病专家同样做了X光检查后说:"非常抱歉,牙齿不在肠子里,它肯定掉到更深的地方了,你应该去找肛肠科专家。"

最后,病人趴在肛肠科医生的检查台上,摆出一个屁股朝天的姿势,医生用内窥镜检查一番,然后吃惊地叫道:"啊,天哪!你这里长了颗牙齿,你应该去找牙科医生。"

管理启示:细化组织部门并没有错,但若只知道设立很多的部门,而没有有效的协调机制,就会出现相互推卸责任的现象。这是一个企业,特别是大企业最容易出现的致命弱点。

(资料来源:http://www.popo100.com/archiver/?tid-6181.htm)

4.2.2 组织纵向结构设计

组织的纵向结构设计主要包括管理幅度与管理层次合理确定。在进行组织的纵向结构设计时,首先应根据企业的具体条件,正确规定管理幅度;然后,在这个数量范围内,再考虑影响管理层次的其他因素,科学地确定管理层次;同时,在此基础上,进行职权配置,从而建立基本的纵向结构。

1. 管理幅度

管理幅度亦称管理跨度,是指组织的一名管理者直接管理下属人员的数量。合理的管理幅度有利于管理的控制和沟通,可以加快上情下达和下情上报的传递速度,便于管理者及时做出决策,也有利于下属贯彻上级的决策意图。

◆ 相关链接

苛希纳定律

如果实际管理人员比最佳人数多两倍,工作时间就要多两倍,工作成本就要多四倍;如果实际管理人员比最佳人员多三倍,工作时间就要多三倍,工作成本就要多六倍。这就是苛希纳定律。

苛希纳定律告诉人们:在管理上,并不是人多就好,有时管理人员越多,工作效率反而越差。只有找到一个最合适的人数,管理才能收到最好的效果。该定律虽是针对管理层人员而言的,但它同样适用于对公司一般人员的管理。

(资料来源:http://baike.baidu.com/view/41015.htm)

2. 管理层次

管理层次亦称组织层次,是指组织内部在职权等级链上所设置的由最高层到最低层的级数。管理层次实际上反映的是组织内部纵向分工关系,各个层次将负担不同的管理职能。管理实践表明,理想的管理层次有三个,即最高管理层、中间管理层和基层管理层。

3. 管理幅度与管理层次的关系

管理层次受到组织规模和管理幅度的影响。它与组织规模成正比:组织规模越大,包括的成员越多,则层次越多。在组织规模已定的条件下,它与管理幅度成反比:主管直接控制的下属越多,管理层次越少;相反,管理幅度减小,则管理层次增加。在管理幅度与管理层次关系方面,起主导作用的是管理幅度,即管理层次的多少取决于管理幅度的大小。

◆相关链接

扁平结构与多层结构

扁平结构是指管理层次少而管理幅度大的一种组织结构形态。其优点:有利于缩短上下级距离,密切上下级关系,信息纵向流通快,管理费用低。由于管理幅度较大,被管理者有较大的自主性、积极性和满足感。缺点:由于管理幅度较宽,权力分散,不易实施严密控制,加重了在对下属组织及人员进行协调过程中的负担。

多层结构是指管理层次多而管理幅度小的一种组织结构形态。其优缺点与扁平结构正好相反。采用多层结构的适用条件是:企业人员质素(包括上级领导和下属的素质)很不高,管理工作较为复杂,许多问题的处理不易标准化或者管理基础差,实现日常管理工作科学化与规范化尚需长时间的努力,生产的机械化、自动化水平不高。如果企业的具体条件与此相反,则采用扁平结构形式比较适宜。

采取扁平结构还是多层结构,其设立的出发点仍取决于组织规模、领导者的有效管理幅度、工作任务的相近程度以及工作地点的接近程度等因素。多层结构和扁平结构这两种结构形式各有千秋,都不是十全十美的,对它们的评价不能绝对化,关键是要根据企业的具体条件,选用适宜的结构形式,才能扬其长而避其短,取得良好效果。

管理学家德鲁克说"组织不良是最常见的病症,也就是最严重的病症,便是管理层次太多,组织结构上一项基本原则是,尽量减少管理层次,尽量形成一条最短的指挥链。"美国著名的管理学家杜拉克也曾经预言:"未来20年内,一般大型企业将比目前缩减至少50%的管理层次,并缩减近70%的管理人员,而管理者的管理幅度则将显著拓宽。"因此,扁平结构成为许多企业选择的趋势,当今备受关注的"学习型组织"正实现着这个预言。

多层组织结构和扁平组织结构的比较如图4-2所示。

幅度:4
基层员工人数:4 096
管理人员(层级1~6):1 396
多层结构

1
4
16
64
256
1 024
4 096

幅度:16
基层员工人数:4 096
管理人员(层级1~3):273
扁平结构

1
16
256
4 096

图4-2 多层组织结构和扁平组织结构的比较

4.2.3 组织结构的形式

组织结构是随着社会的发展而发展起来的，各类组织没有优劣之分，不同的环境、不同的企业、不同的管理者，有不同的组织结构设计。

组织结构的基本类型有直线制、职能制、直线职能制、事业部制、矩阵制等。这里以企业为例，介绍几种基本的组织结构形式。各组织在进行组织结构设计时，可以根据不同组织结构的特点和针对性，选择相应的组织结构模式作为参考。

1. 直线制

直线制是最简单的组织结构形式。该组织结构不设职能机构，从最高管理到最低层实行直线垂直领导。对于企业的管理工作，均由企业的厂长（或公司经理）直接指挥和管理，没有专门的职能机构，至多有几名助手协助厂长（或经理）工作。它要求企业领导者精明能干，具有多种管理专业知识和生产技能。直线制组织结构如图 4-3 所示。

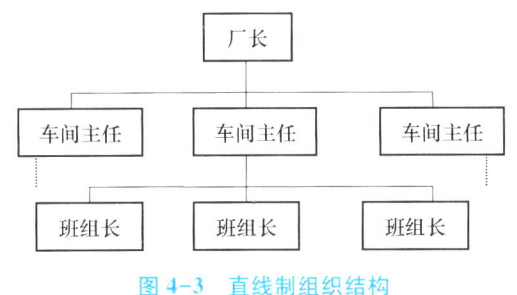

图 4-3 直线制组织结构

优点：沟通迅速，指挥统一，责任明确。

缺点：管理者负担过重，难以胜任复杂工作。

适用性：主要适用于中小型组织。

2. 职能制

职能制是指在高层管理者之下按职能来划分部门，各个部门各司其职，在自己的职权范围内向下级下达指令，实行分工协作的一种组织形式。例如，在企业中，把同类业务相对集中，设立生产部门、财务部门、销售部门、研发部门等，由各个部门直接管理下级的相应工作，并向上级主管领导负责。职能制组织结构如图 4-4 所示。

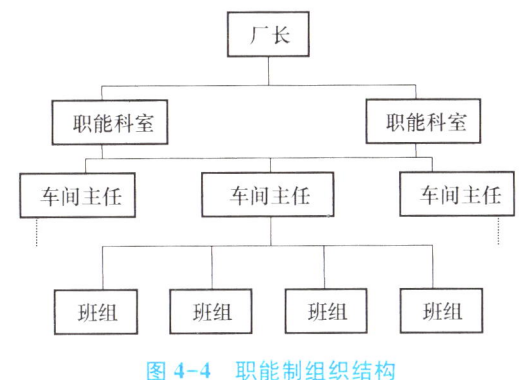

图 4-4 职能制组织结构

优点：分工较细，有利于专业管理职能的充分发挥。

缺点：部门之间的协调性差，不利于统一指挥。

适用性：现代社会已经不存在这一组织形式。

3. 直线职能制

直线职能制是一种将直线制与职能制结合起来的组织形式。这种组织形式以直线制为基础，在各级行政负责人之下设置相应的职能部门，作为该领导的参谋，实行主管统一指挥与职能部门参谋、指导相结合的组织结构形式。职能参谋部门拟订的计划、方案以及有关指令，由直线主管批准下达；职能部门参谋只起业务指导作用，无权直接下达命令，各级行政负责人实行逐级负责。该形式是现实中运用得最为广泛的一个组织形态。直线职能制组织结构如图4-5所示。

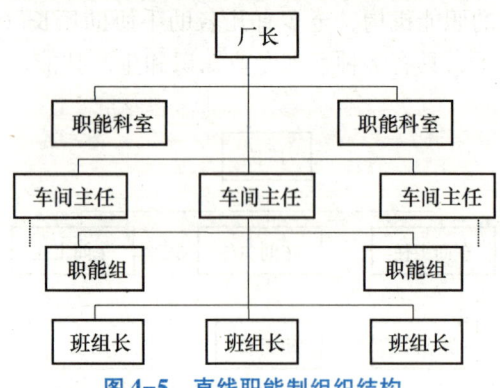

图 4-5 直线职能制组织结构

优点：既保证了企业的统一指挥，又有利于强化专业化管理，提高了管理效率。

缺点：职能部门之间横向联系较差，矛盾较多，上层主管的协调工作量大；难以从组织内部培养熟悉全面情况的管理人才；系统刚性大，适应性差，容易因循守旧，对新情况不易及时做出反应。

适用性：这种组织形式较为普遍，我国大部分机关、学校、医院等都采用直线职能制的结构。

4. 事业部制

事业部制，也叫联邦分权制，它是一种分权制的组织形式，是指在公司总部下增设一层独立经营的"事业部"，实行公司统一政策、事业部独立经营的一种体制。事业部不是按职能，而是按企业所经营的事业项目划分的，具有经营自主权的专业化生产经营单位。

事业部制的一般情况是，在公司总部统一领导下，按产品、地区或市场不同建立事业部或分公司，各事业部分别进行产品设计、采购、生产和销售活动。事业部既是在总公司控制下的利润中心，具有利润生产、利润核算和利润管理职能，又是产品生产责任单位和市场销售责任单位，具有自己的产品和独立的市场。事业部按照"集中决策，分散经营"的原则进行管理，公司最高管理结构保留投资决策、资金统一调度和监督检查等大权，并利用利润指标对事业部进行控制。事业部的领导人则具有对本部门相对独立的生产经营管理权。事业部制如图4-6所示。

优点：有利于发挥事业部的积极性、主动性，更好地适应市场；公司高层集中

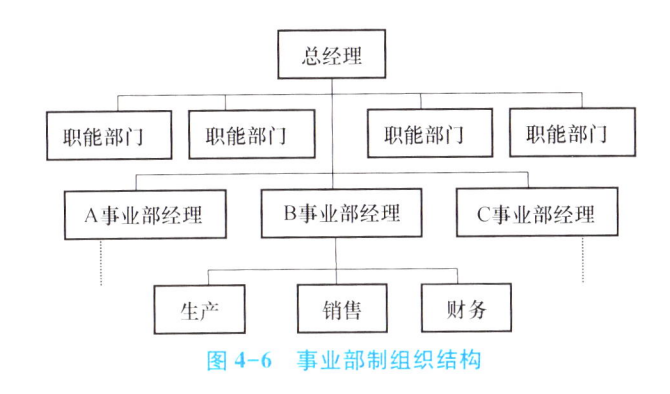

```
                    总经理
         ┌──────┬────┴───┬──────┐
      职能部门 职能部门  职能部门 职能部门
         │
    ┌────┼────────┬─────────┐
  A事业部经理  B事业部经理  C事业部经理
              ┌────┼────┐
             生产  销售  财务
```

图 4-6　事业部制组织结构

思考战略问题；有利于培养综合管理人员。

缺点：存在分权带来的不足，即指挥不灵、机构重叠，管理成本较高。

适用性：主要适用于面对多个不同市场或多个不同产品的大规模组织

◆ **相关链接**

事业部制的起源

事业部制最早起源于美国的通用汽车公司。20 世纪 20 年代初，通用汽车公司合并收买了许多小公司，企业规模急剧扩大，产品种类和经营项目增多，而内部管理却很难理顺。当时担任通用汽车公司常务副总经理的斯隆参考杜邦化学公司的经验，以事业部制的形式于 1924 年完成了对原有组织的改组，使通用汽车公司的整顿和发展获得了很大的成功，成为实行事业部制的典型，因而事业部制又称"斯隆模型"。近年来我国一些大型企业集团或公司，如"美的""海信"等也引进了这种组织结构形式。

◆ **管理案例**

美的集团的事业部结构

美的集团最初是由 23 人筹集相当于 600 美元的资金创办的街道小厂，实行的是直线式管理，经理既抓销售又抓生产。在乡镇企业早期，这种直线式管理曾经发挥过"船小掉头快"的优势。

但在企业规模扩大的情况下，如果生产仍由总部统一管理，五大类 1000 多种产品由总部统一销售，势必造成产品生产与销售脱节。因此，1996 年到 1997 年，美的在发展中一度遭遇困难，经营业绩大幅度滑坡。1990—1994 年，美的空调销售排名始终在第 3 位，到 1996 年则落至第 7 位。

在这种情况下，老总何享健看到了问题的症结所在，选择了事业部制，将部分权力下放，调动了各个事业部的积极性。事业部制的改造成效于 1998 年开始显现出来，这一年，美的空调产销增长 80%，电扇高居全球销量冠军宝座，电饭煲稳坐行业头把交椅，电机成为行业领头军，小家电（饮水机、微波炉、洗碗机等）亦名列行业前茅。2000 年，美的进一步全面推进事业部制公司化及事业部管理下的二级子公司运作模式，进一步完善现代制度，当年销售额突破 12 亿美元。

管理启示：组织结构的重要性体现在适当、恰当和适应上。美的正是根据其发展的需要，适时地选择了事业部制，从而取得了巨大的成功。

（资料来源：http://www.qinghuaonline.net/temp/2008/tdxl/gsgl-1-06.doc）

5. 矩阵制

矩阵制是将按职能划分的部门和按产品、服务或工程项目划分的项目小组结合起来而形成的一种二维组织结构形式。这是在原有的按直线指挥与职能组成的纵向垂直领导系统的基础上，又建立一种横向的领导系统，两种领导系统结合起来，形成一个矩阵结构。处在该组织结构中的人员在行政上仍属原职能部门成员，但在执行任务时，主要参加项目小组的工作，服从项目小组的横向领导。项目小组主要负责小组成员的技术表现，而职能部门主要负责员工事务的其他方面，比如纪律、福利等。完成任务时所需要的一切人力、财力和物力等由横向领导统一管理，全力支持。纵向系统的主要任务就是为横向系统创造完成任务的必要条件。项目小组一般为临时性组织，职能部门是固定的组织，完成任务以后项目小组就自动解散，其成员回原部门工作。矩阵制组织结构如图4-7所示。

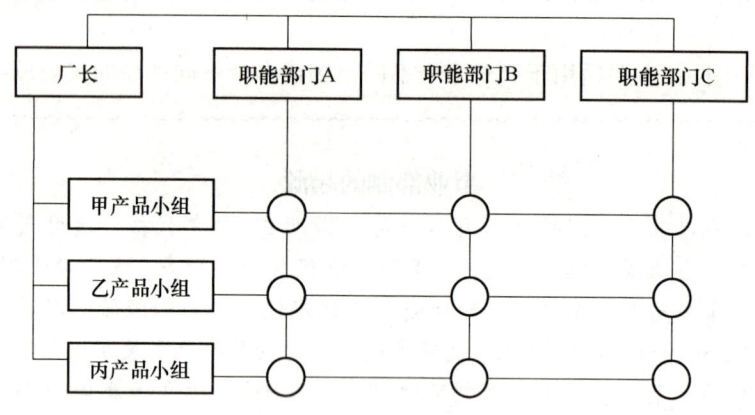

图 4-7 矩阵制组织结构

优点：纵横结合，有利于配合，人员组织富有弹性。

缺点：稳定性较差，实行双重领导，可能会出现多头指挥现象。

适用性：主要适用于突击性、临时性工作。特别适用于以开发与实验为主的单位，例如科学研究，尤其是应用性研究单位等。

◆ 管理案例

ABB 公司和矩阵型结构

矩阵式结构已在跨国公司里普遍使用，最有代表性的公司是"世界电气巨人"ABB公司。ABB公司在全球拥有25万名员工，在每一个国家都采取矩阵型结构，将公司按区域和业务维度划分。这样既保证了公司产品的本土化特点，又保证了规模效应和技术的领先性。ABB本土的经理负责自行开发新产品、开发市场与政府公关，而业务经理负责全球的产品战略决策。根据这样的结构，ABB在全球范围内成立合资企业，每个合资企业规模都很小（ABB在全球有1 200个合资企业），但大约1 100个合资公司的总经理都同时向区域经理汇报，也向全球业务经理汇报。通过这样的管理，ABB仍然作为一个有整体战略的公司，成为世界电气巨人。通过矩阵型结构，ABB有效地将全球化战略和本土化产品相结合，将跨国公司的规模优势和小公司的灵活、低成本优势相结合，具有明显的优越性。但是，由于矩阵型组织结构是对统一指挥原则的有意反叛，双重管理需要的沟通难度也可想而知。ABB 大部分管理文件的内容重点都放在描述区域经理和业务经理的职责和相互关系上，并通过不断地培训使经理们明白他们的角色。

管理启示：不同的组织结构形式有不同的功能，更有不同的要求。要使其发挥应有的作用，就必须注意满足其条件。

(资料来源：http://www.qinghuaonline.net/temp/2008/tdxl/gsgl-1-06.doc)

6. 网络型组织

网络型组织结构是一种目前流行的、新的组织形式。它是指这样一个较小的核心组织，通过合作关系，依托其他组织进行生产、销售或其他关键业务的经营活动而形成的一种组织结构。其特点是以项目为中心，以合同为基础，将企业内部各项工作以及关键业务依靠其他组织承担，从而有效发挥核心业务专长的协作型组织形式。网络型组织结构如图 4-8 所示。

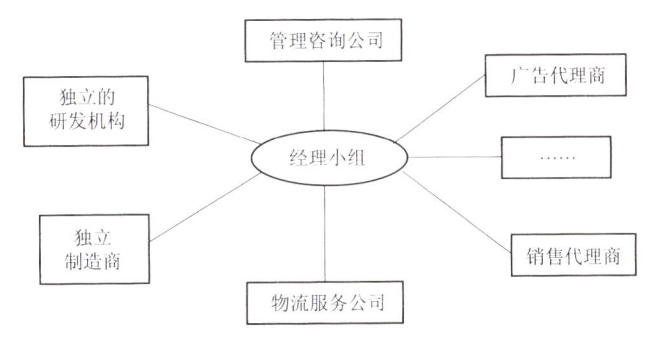

图 4-8　网络型组织结构

优点：具有更大的灵活性和应变能力。它是由许多公司组成的临时性机构，分合迅速，成员共摊成本，共享技术，联结供货商和客户，贡献自己的优势，能及时利用种种机会，能够提高企业的竞争能力。与各依托单位形成相互联结的网络型组织，有助于利用现代通信技术、网络技术，进行沟通交流，统一协调。有助于开展研究开发、共同营销、互补生产等，以加快资金回收，避免重复投资。

缺点：不利于控制，不利于技术保密。具有较高的不确定性。在这种类型的组织中，员工忠诚度可能较低。

适用性：对小企业来说，网络结构是合适的选择。相比较而言，小企业在资金、技术、规模上无法与大企业相抗衡，借助这种形式可以在较短时间内形成规模。但并非对所有企业都适用，网络结构也适用于一些大型组织，如耐克公司。

网络组织的进一步发展是虚拟网络组织，它是一个暂时联合起来寻找独特的机会或战略优势的企业群体，目的达到后即解散。

上述组织结构类型各有特点，没有一种是完美无缺的。究竟选择何种组织结构形式应从实际情况出发，综合考虑各种因素，如组织规模、技术特点、产品种类、市场区域分布、管理水平等，在权衡各种组织形式的利弊的基础上进行合理取舍，变通使用。

4.3 制度规范的制定与执行

制度规范设计是组织结构设计的继续和细化。建立了组织结构的框架，确定了各部门、各职位的基本职能与职权关系之后，还必须通过建立组织制度规范体系的形式，将上述职能与职权明确化、具体化、规范化、制度化和合法化。

◆ **管理案例**

精细化管理：《小米集团权限内控管理办法》正式发布

组织里的每个人都有角色和职责，如何更好地履行职责，需要通过权限管理来实现。小米内控团队承担集团流程体系、责任体系和制度规范的咨询职责，于2021年1月出台《小米集团权限内控管理办法》，明确了企业各类经营管理事项的权限管理原则、程序和机制，为逐步建立和规范合理的权限管理体系迈出了重要一步，同时也为后续各业务团队的流程优化及新增提供制度依据。

本办法所称"权限"是任职者为保证职责的有效履行，所必须具备的、对某事项进行决策的范围和程度。具体表现为执行权、审批权、咨询权、知悉权，即 RACI：

· 执行权（即 R——Responsible）：负责执行任务，包括操控项目、解决问题等。
· 审批权（即 A——Accountable）：对任务全权负责，经其同意或签署后方可推进任务。
· 咨询权（即 C——Consulted）：负责提供咨询服务，由拥有信息或能力的人员承担。
· 知悉权（即 I——Informed）：需及时被通知结果，而不必向其咨询、征求意见。

（内容来源：微博公众号：小米合规风向标）

4.3.1 制度规范的含义与功能

1. 制度规范的含义

制度规范是指对组织管理活动及其组织成员行为进行规范、制约与协调而制定的各种规定、规程、方法与标准等制度的总称。制度规范从个人行为到企业形态、基本制度，从技术要求到业务规程、管理过程，涉及企业组织所有层面，这些制度规范结合起来，实质上构成了管理过程中一套完整的约束系统。

2. 制度规范的功能

制度规范最基本的功能是对组织的活动及其成员的行为进行规范、制约与协调，以保证有效地实现组织的目标。

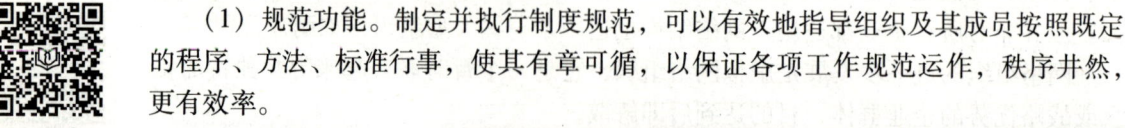

（1）规范功能。制定并执行制度规范，可以有效地指导组织及其成员按照既定的程序、方法、标准行事，使其有章可循，以保证各项工作规范运作，秩序井然，更有效率。

（2）制约功能。制度规范能有效地约束和管制组织及其成员所进行有悖于组织目标实现的活动，惩戒违规行为，鼓励积极行为，使组织更有秩序和效率。

（3）协调功能。通过制定完善的制度规范，使组织的各项工作与活动建立在科学设计的高度结构化的体系之上，使组织整体协调运行，并为处理冲突提供依据。

4.3.2 制度规范的类型

依照制度规范涉及层次和约束范围的不同，可将制度规范分为下述五大类型。

1. 组织的基本制度

组织的基本制度是组织的"宪法"。它是组织制度规范中带有根本性质的，规定组织形成和组织方式，决定组织性质的基本制度。企业的基本制度主要包括企业的法律财产所有形式、企业章程、董事会组织、高层管理组织规范等方面的制度和规范，它规定了企业所有者、经营管理人员、企业组织成员各自的权利、义务和相互关系，确定了财产的所有关系和分配方式，制约着企业活动的范围和性质。

2. 组织的管理制度

组织的管理制度是对组织各领域、各层次的管理工作所制定的指导与约束规范体系。它引导并约束组织的成员为实现组织的目标努力工作，是实现组织目标根本性保证。例如各部门、各层次的职权责任和相互间的配合协调关系，各项专业管理规定、各项管理程序与标准等。

3. 组织的技术规范

组织的技术规范是指有关某些技术标准、技术规程的规定。它反映生产和流通规程中客观事物的内在技术要求，科学性和规律性强，在经济活动中必须严格遵守。技术规范涉及内容很多，从各类技术标准到工艺生产流程，乃至包装、保管、运输、使用和处理都具有内在的规律。企业组织管理中常见的有技术标准、操作规程、生产工艺流程、保管运输要求、使用保养维修规定等。

4. 组织的业务规范

组织的业务规范是针对业务活动过程中那些大量存在，反复出现，又能摸索出科学处理办法的事务所制定的作业处理规定。业务规范所规定的对象均具有可重复性特点。业务规范的程序性强，是人们用来处理常规化、重复性问题的有力手段。业务规范大都有技术背景，它以经验为基础，是升华了的工作程序和处理办法，如安全规范、服务规范、业务规程、操作规范等。

5. 组织的行为规范

在企业组织当中，有些制度规范涉及个人行为，还有一些规范是专门针对个人行为制定的，如个人行为品德规范、劳动纪律、仪态仪表规范等。组织的个人行为规范是所有对个人行为起制约作用的制度规范的统称，它是企业组织中层次最低、约束范围最广，但也是最具基础性的制度规范。

制度规范涉及从个人行为到企业组织所有层次和所有方面。所有这些制度规范综合起来构成了一套完整的约束系统。

4.3.3 制度规范制定的原则与程序

1. 制度规范制定的原则

（1）法制化原则。组织制定的一切规章制度，都要符合党和国家的政策法规，并同本组织的章程等基本制度相一致。

（2）科学性原则。组织制定规章制度，必须体现客观规律，一切从实际出发。

同时，将先进性和可行性结合起来。

（3）目标性原则。必须根据组织的目标需要来制定组织的规章制度，所有的制度都必须服从于和服务于组织的目标，对于一些专业性的制度规范，还应紧紧地服务于具体的经营管理目标。

（4）系统性原则。组织制定规章制度必须考虑各种规范的衔接与统一，并形成配套体系。

2. 制度规范制定的程序

制度规范的形成和制定过程，一般包括以下四个基本步骤。

第一步：提出。由有关部门和人员根据管理工作的需要，提出制定制度的要求。经上级有关部门和人员同意后，进行充分的调查研究，提出制度草案。

第二步：讨论和审查。制度草案提出后，要广泛征求相关各方的意见，集思广益，在充分讨论、研究的基础上，改正其中不切合实际之处，弥补疏漏，调整与其他制度的矛盾、重复之处，使制度草案进一步完善化。修改后的制度草案、要报请上级管理部门审批。

第三步：试行。制度草案经上级管理部门审批后，可以试行。试行的目的是在实践中进一步检验和完善，使之成熟化、合理化。对于新制定的制度规范，试行是必不可少的一个阶段。

第四步：正式执行。制度经过一段时间试行、完善后，即可稳定下来，形成正式的、具有法律效力的制度文本，按照确定的范围和时间正式执行。与此同时，要向相关方面说明情况，报送上级管理机关备案。

4.3.4 制度规范的制定

1. 管理制度的制定

不同组织的管理制度各不相同。就组织而言，管理制度主要包括专项管理制度和部门（岗位）责任制度。

1）企业专项管理制度的制定

企业专项管理制度指在企业生产经营过程中，对各项专业管理工作的范围、内容、程序、方法、标准等所作的制度规定。通过企业专项管理制度的制定与实施，明确工作程序、方法与应达到的标准，规范与制约各项管理活动与行为，以保证各项管理工作的科学性与效率化。专项管理制度要依据不同企业的实际情况进行设计与制定。

企业专项管理制度的内容一般包括：该项管理工作的目的、地位与意义；做好该项工作的指导方针与原则；开展该项管理工作的依据和采集信息的渠道；该项管理工作的范围与内容；该项管理工作的具体程序、方法与手段；该项管理工作完成的时限与达到的标准；该项管理工作的主管部门、承担者与相关部门；该项管理与其他专项管理之间的关系与联系方式等。

企业专项管理制度通常采用条例或者规定的形式。制定方案一般先根据现有组织的高层提出总的指导方针与部署方案，由各职能部门和业务单位依据专业要求制定制度的草案，经有关专业人员与群众参与讨论研究，反复修订，最后经授权部门批准颁布。

2）部门（岗位）责任制的制定

部门（岗位）责任制是指对工作部门或工作岗位（个人）的工作责任与奖惩所作的规定。主要包括的内容有：各部门或工作岗位（个人）的工作范围、工作目标与内容、职责与职权、工作标准、工作绩效与奖惩等。责任制可分为部门责任制和岗位责任制，前者主要规定各职能部门或生产经营单位的工作范围、目标、权限、协作关系等，以保证实现科学有序的管理；后者主要是规定岗位（主要指个人）的职责、工作程序与方法、达到的标准以及相应的奖惩等，以保质保量地完成工作任务。

部门（岗位）责任制的制定，要在企业的总原则指导下，由各部门员工起草制定，最后由主管部门或者人员审批颁布。在制定过程中，要特别注意既要发挥本部门与本岗位人员的专业优势，使责任制更符合实际，体现专业特点；又要由上级严格把关，使所制定的标准先进合理，奖惩有一定力度，将在标准上的先进和合理性与在操作上的可行性和便捷性统一起来。

2. 技术与业务规范的制定

企业的技术与业务规范主要有生产技术标准、生产技术规范等。

（1）生产技术标准。这是对企业产品或工程等在质量、技术、规格等方面所作的规定，其主要体现为一种质量与水平性质的标准。根据指定的单位和使用的范围，我国企业执行的技术标准分为国家标准、地方标准、行业标准和企业标准。

（2）生产技术规范。这是对企业的产品设计、生产制造、服务运作、设备使用与维护等生产技术活动的程序、方法所做的规定。其主要内容是生产经营活动的基本流程与要求。

（3）技术与业务规范制定的基本要求。要严格按照生产经营过程中的客观规律要求进行设计；应坚持先进的管理思想，反映先进的技术水平，制定技术与业务规范一定要体现先进性；制定技术与业务规范必须从本企业的实际出发；专业人员和群众是技术与业务的执行者，在实践中对技术与业务最熟悉，最有资格制定技术与业务规范，所以应充分地发挥他们的作用。

4.3.5 制度规范的执行

组织制度规范在执行过程中应注意以下六个方面。

1. 加强宣传教育

要利用各种有效途径与方式，将组织的规章制度向组织的全体成员进行宣传，做到"家喻户晓"，并教育组织成员认真贯彻实施。

2. 明确责任，严格执行，狠抓落实

组织制度规范的生命就在于执行。再好的制度，如果束之高阁，便是毫无意义的。贯彻执行制度规范，必须有严格的责任制做保证，并严格执行、狠抓落实。

3. 坚持原则性与灵活性的统一

在具体工作实践过程中，必须依法办事，保证规章制度的严肃性；同时，一定要结合具体情况，灵活而又创造性地执行制度，注重规章制度的实效。

4. 加强考核与监督

制度规范工作的重点在于落实，而落实的关键在于考核与监督。执行制度规范，只停留在口号和要求上是远远不够的。最关键的是搞好制度贯彻情况的监控，进行科学的考核，实行严格的监督。

5. 加大奖惩力度

制度与规范的执行总是要有这样或那样的困难，特别是可能要涉及利益冲突，因此，必须用较大力度的奖惩手段对制度加以推进与保证。对制度执行好的，就应该有奖励；而执行不好的就应该受到处罚。通过加大奖惩力度来保证制度的实施，并放大制度规范的作用。

6. 跟踪控制

在适当的时机进行调整与进一步完善。

◆ 管理故事

站在炮管下的士兵

一位年轻有为的炮兵军官上任伊始，到下属部队视察操练情况，他在几个部队发现了相同的情况：在一个单位操练中，总有一名士兵自始至终站在大炮的炮管下面纹丝不动。军官不解，询问原因，得到的答案是：操练条例就是这样要求的。军官回去后反复查阅了军事文献，终于发现长期以来，炮兵的操练条例仍因循非机械化时代的规则。在那个时代，大炮是由马车运载到前线的，站在炮管下士兵的任务是负责拉住马的缰绳，以便在大炮发射后调整由于后坐力产生的距离偏差，减少再次瞄准所需的时间。现在大炮的自动化和机械化程度很高，已经不再需要这样一个角色了，但操练条例没有及时调整，因此才出现了"不拉马的士兵"现象，军官的这一发现使他获得了国防部的嘉奖。

管理启示：当外部环境发生变化时，组织要及时地审视自己的规章条例是否依然适用，是否会影响组织的正常运转。

（资料来源：http://www.xute.net/html/06/n-15006.html）

4.4 职权配置

组织设计和制度规范为组织系统的运行提供了基本的框架和保证。为确保各项任务的顺利完成并使系统能够正常地运行，就必须进行职权配置。职权是构成组织结构的核心要素，是组织联系的主线，对于组织的合理构建与有效运行具有关键性作用。

4.4.1 职权与职权类型

1. 职权的含义

职权是组织各部门、各职位在职责范围内决定事务、支配和影响他人或者集体行为的权力。职权属于正式权力，是与组织中特定的职位相关的权力。例如：我们经常发现组织中的下级有时会被强制执行不利于自己或者本人不同意的命令，这就是职权的力量。可见，一个没有职位的管理者就难以拥有相应的力量和作用。

2. 职权的性质

（1）职权是把组织紧密结合起来的黏合剂。职权可以通过授予下属管理人员一定的权力，从而形成等级链系统。

（2）职权与组织中的一定职位相关，而与担任该职位管理者的个人特性无关。每一个管理职位都有某种特定的、内在的权力，任职者可以从该职位的等级或者头衔中获得这种权利。

3. 职权类型

在组织内部，基本的信息沟通是通过职权来实现的。通过职权关系上传下达，使下级按指令行事，上级得到及时反馈的信息，做出合理决策，进行有效控制。组织内部的职权有三种类型：直线职权、参谋职权和职能职权。

1）直线职权

直线职权是指某个职位或部门所拥有的包括作出决策、发布命令等的权力，即通常所说的指挥权。

每一管理层的主管人员都应具有这种职权，只不过每一管理层次的功能不同，其职权的大小及范围各有不同而已。例如厂长对车间主任拥有直线职权，车间主任对班组长拥有直线权。这样，从组织的上层到下层的主管人员之间，便形成一个权力线，这条权力线被称为指挥链或指挥系统。在这条权力线中，职权的指向由上而下。由于在指挥链中存在着不同管理层次的直线职权，故指挥链又叫层次链。它颇像一座金字塔，通过指挥链的信息传递，由上而下，或由下而上地进行，所以，指挥链既是权力线，又是信息通道。

2）参谋职权

参谋职权是某个职位或某部门（参谋）所拥有的辅助性职权，包括提供咨询、建议等。在军事上，政治上以及经济等部门都需要出谋划策的参谋人员。

参谋的种类有个人与专业之分。前者即参谋人员。参谋人员是直线人员的咨询人，他协助直线人员执行职责。专业参谋，通常为一个单独的组织或部门，就是一般的"智囊团"，或"顾问班子"。专业参谋部门的出现，是时代发展的产物，它聚集了一些专家，运用集体智慧，协助直线主管进行工作。

3）职能职权

职能职权是指参谋人员或某部门的主管人员所拥有的原属直线主管的那部分权力。在纯粹参谋的情形下，参谋人员所具有的仅仅是辅助性职权，并无指挥权。但是，随着管理活动的日益复杂，主管人员不可能是完人，也不可能通晓所有的专业知识，仅仅依靠参谋的建议还很难做出最后的决定。这时，为了改善和提高管理效率，主管人员就可能将职权关系作某些变动，把一部分本属自己的直线职权授予参谋人员或某个部门的主管人员，这便产生了职能职权。

职能职权大部分是由业务或参谋部门的负责人来行使的，这些部门一般都是由一些职能管理专家所组成。例如，一个公司的总经理统揽全局，管理公司的职权，他为了节约时间，加速信息的传递，就可能授权财务部门直接向生产经营部门的负责人传达关于财务方面的信息和建议，也可能授予人事、采购、公共关系等顾问一定的职权，让其直接向直线组织发布指示等。

4. 正确处理直线职权、参谋职权与职能职权的关系

1）直线职权与参谋职权的关系

直线与参谋是两类不同的职权关系。直线关系是一种指挥和命令的关系，授予

直线人员的是决策和行动的权力；参谋关系则是一种服务和协助的关系，授予参谋人员的是思考、筹划和建议的权力。

直线职权是一种完整的职权，是协调组织的人、财、物，保证组织目标实现的基本权力。拥有直线职权的人有权做出决策，有权进行指挥，有权发布命令。参谋职权则是一种有限制的、不完整的职权，拥有参谋职权的管理者可以向直线管理者提出建议或提供服务，但其本身并不包括指挥权和决策权。参谋职权是一种辅助性的职权，一个组织没有委派任何参谋人员也可以有效地工作。当一个组织的规模扩大到一定程度，直线职权已不足以应付所面临的许多复杂问题时，就需要设置参谋职权。参谋职权的行使是保证直线人员做出的决策更加合理与科学的重要条件。

参谋职权的设立可以协助直线管理人员解决复杂的管理问题，但是由于参谋职权的特点和它不易为人们所理解，因而其在实际运用时受到了某些限制，常常带来直线管理人员与参谋人员之间的冲突。因此，如何正确处理它们的关系对一个组织来讲是至关重要的。

2）直线职权与职能职权的关系

职能职权是直线职权的一部分，是从直线职权中分离出来的，因此，职能职权也具有直线职权的特点。职能职权的范围小于直线职权，它主要解决的是较具体的问题，如怎样做、何时做的问题，绝不能包揽直线职权的一切权力，否则就会削弱直线人员的地位。同时，职能职权的行使者多是一些有一定专长的参谋人员，因此，它更能从某一专业的角度出发来保证一项决策的科学性、可行性和实用性，从而大大促进管理效率的提高。

管理中直线职权与职能职权是相当重要的，其关系必然会影响到组织的运作，处理不好会引起冲突和更多的时间及效率的损失。因此，如何正确处理它们的关系也是组织所要考虑的问题。

◆ 管理案例

谁拥有权力

王华明近来感到十分沮丧。一年半前，他获得某名牌大学工商管理硕士学位后，在毕业生人才交流会上，凭着他满腹经纶和出众的口才，力挫群英，荣幸地成为某大公司的高级管理职员。由于其卓越的管理才华，一年后，他又被公司委以重任，出任该公司下属的一家面临困境的企业的厂长。当时，公司总经理及董事会希望王华明能重新整顿企业，使其扭亏为盈，并保证王华明拥有完成这些工作所需的权力。考虑到王华明年轻，且肩负重任，公司还为他配备了一名高级顾问严高工（原厂主管生产的副厂长），为其出谋划策。

然而，在担任厂长半年后，王华明开始怀疑自己能否控制住局势。他向办公室高主任抱怨道："在我执行厂管理改革方案时，我要各部门制定明确的工作职责、目标和工作程序，而严高工却认为，管理固然重要，但眼下第一位的还是抓生产、开拓市场。"更糟糕的是，他原来手下的主管人员居然也持有类似的想法，结果这些经集体讨论的管理措施执行受阻，倒是那些生产方面的事情推行起来十分顺利。

> 管理启示：直线与参谋本质上是一种职权关系，而职能职权介于直线职权和参谋职权之间。在管理工作中，处理好这三种职权的关系，是使组织高效率运行的有力保证。
>
> （资料来源：http://jwc.sru.jx.cn/youzhike/glx/shownews）

4.4.2 集权与分权

1. 集权与分权的含义

集权与分权是指组织中决策权限的集中与分散程度，它反映了组织的纵向职权关系。所谓集权是指决策权在组织系统中较高层次上一定程度的集中；与此相对应，分权是指决策权在组织系统中较低层次上一定程度的分散。

在组织管理中，集权和分权是相对的，绝对的集权或绝对的分权都是不可能的。

2. 集权与分权程度的衡量

集权与分权在组织中只是个程度问题，有的集权程度高一点，有的分权程度高一点。衡量一个组织的集权或分权的程度，主要有以下四项标准。

（1）决策的数量。组织中较低管理层次做出的决策数量越多，则分权的程度就越高；反之，上层决策数量越多，则集权程度越高。

（2）决策的范围。组织中较低层次决策的范围越广，涉及的职能越多，则分权程度越高。反之，上层决策的范围越广，涉及的职能越多，则集权程度越高。

（3）决策的重要性。如果组织中较低层次作出的决策越重要，影响面越广，则分权的程度越高；相反，如果下级做出的决策越次要，影响面越小，则集权程度越高。决策的重要性一般以决策所涉及的费用来衡量，费用大者一般较为重要。

（4）对决策控制的程度。组织中较低层次做出的决策，上级要求审核的程度越低，分权程度越高；如果上级对下级的决策根本不要求审核，分权的程度最大；如果做出决策之后必须立即向上级报告，分权的程度就小一些；如果必须请示上级之后才能做出决策，分权的程度就更小。下级在作决策时需要请示或照会的人越少，其分权程度就越大。

3. 影响分权的因素

影响集权与分权的程度，是随条件变化而变化的。对一个组织来说，其集权或分权的程度，应综合考虑各种因素。

（1）决策的代价。一般来说，决策失误的代价越高，越不适宜交给下级人员处理。高层管理者常常亲自负责重要的决策，而不轻易授权给下级人员处理。

（2）政策的一致性。如果高层管理者希望保持政策的一致性，即在整个组织采用一个统一的政策，则势必趋向于集权化，因为集权是达到政策一致性的最方便的途径。如果高层管理者希望政策不一致，即允许各单位根据客观情况制定各自的政策，则势必会放松对职权的控制程度。

（3）组织的规模。组织规模较小时，一般倾向于集权，这是因为高层管理者有足够的时间和精力直接制定和组织实施大部分决策。当组织规模扩大后，集权管理不如分权管理有效和经济。这是因为组织规模越大，组织的层次和部门会因管理幅度的限制而不断增加。

（4）组织的成长。从组织成长的阶段来看，组织成立初期绝大多数都采取和维持高度集权的管理方式。随着组织逐渐成长，规模日益扩大，则由集权的管理方式逐渐转向分权的管理方式。

（5）管理哲学。有些组织采用高度集权制，有些组织推行高度分权制，原因往往是高层管理者的个性和管理哲学不同。专制、独裁的管理者不能容忍别人侵犯他们的权力，往往采取集权式管理；反之，则会倾向于分权。

（6）管理人员的数量与素质。组织中管理人员是否充足，现有管理人员素质的高低，与组织能否实行分权也有关系。管理人员的不足或素质不高可能会限制组织实行分权，这是由于下授的决策权要由经过训练有素的管理人员来承担。即使高层管理者有意分权，但没有下属可以胜任，也不能成事。相反，如果管理人员数量充足、经验丰富、训练有素、管理能力强，则可有较多的分权。

（7）控制的可能性。分权不可失去有效的控制。高层管理者在将决策权下授时，必须同时保持对下属的工作和绩效的控制。一般来说，控制技术与手段比较完善，管理者对下属的工作和绩效控制能力强的，可较多地分权。

（8）职能领域。组织的分权程度也因职能领域而异，有些职能领域需要更大的分权程度，有些则相反。比如在企业的经营职能中，生产和销售业务分权程度往往很高，原因非常简单，生产和销售业务的管理者要比其他人更熟悉生产和销售工作。财务职能中的某些业务活动则需要高度集权，只有集权，高层管理者才能保持其对整个组织财务的控制。

（9）组织的动态特性。组织的动态特性也会影响组织分权的程度。如果一个组织正处于迅速的成长过程中，并面临着复杂的扩充问题，组织的高层管理者可能不得不做出为数很多的决策。高层管理者在无法应付的情况下会被迫向下分权。在一些历史悠久、根基稳固的组织中，一般倾向于集权。

此外，在影响组织分权程度的因素中，也包括许多组织无法控制的外部因素，如政府的行政干预、各种经济法规和政策等。

4. 分权的途径

权力的分散可以通过两个途径来实现：组织设计中的权力分配（称之为制度分权）与主管人员工作中的授权。

（1）制度分权。制度分权是组织设计时，考虑到组织规模和组织活动的特征，在工作分析、职务和部门设计的基础上，根据各管理岗位工作的要求，形成的各岗位、各部门的权力。这种分权是一种法定授权，具有稳定性。

（2）授权。授权则是担任一定管理职务的领导在实际工作中，为充分利用专门人才的知识和技能，或出现新增业务的情况下，将部分解决问题、新增业务的权力委托给某个或某些下属。它具有临时性、随机性或一次性。

二者的主要区别表现在以下方面：制度分权，具有一定的必然性，而授权具有很大的随意性；分权是将权力分配给某个职位，而授权是将权力委任给某个下属；制度分权是相对稳定的，授权可以是长期的，也可以是临时的；制度分权是一条组织工作的原则，而授权是领导者在管理工作中的一个领导艺术。

作为分权的两种途径，制度分权与授权是互相补充的。分权是授权的基础，授权以分权为前提。组织设计中难以详细规定每项职权的运用，难以预料每个工作岗位上工作人员的能力，同时也难以预测每个管理部门可能出现的新问题，因此，需要各层次领导者在工作中的授权来实现。

◆思政元素

集权、分权与社会自治

思考：根据所学集权与分权的知识，谈谈你对马克思、恩格斯的国家权力结构观的认识。

4.4.3 授权

1. 授权的概念

授权是指上级委授给下属一定的权力，使下属在一定的监督下，有相当的自主权和行动权去完成上级所委托的任务。授权者对被授权者有指挥和监督的权力，被授权者对授权者有报告及完成任务的责任。授权包括以下三个方面的含义。

（1）分派任务。管理者必须明确下级运用被授予的权力所要完成的任务，并把这个任务分派给下级。

（2）授予权力。管理者把完成任务所必需的权力授予下级，使之能够运用这个权力去完成任务。

（3）明确责任。权力授予下级之后，下级就要对分派的任务负责。负责是指不仅包括完成分派的任务，也包括向上级汇报任务的执行情况和成果。

授权并不意味着"授责"，更不等于有意识地推卸责任，而是为了充分调动下属的积极性，以更好地实现组织的整体目标而必须采取的一种手段。同时，授权也并不是将职权放弃或让渡。

2. 授权的作用

（1）对于管理者而言，有利于他们从日常事务中解脱出来，腾出时间和精力处理重大问题，提高管理效率。每个管理者的时间、精力、阅历、知识水平和工作能力都是有限的，不必也不可能对所有工作都亲自处理。授权可以减少他们的工作负担，使他们集中精力考虑公司的战略问题。

（2）对于管理者而言，授权有利于培养和发现人才。下属在独立处理问题时候，有利于从实践中提高他们的认识能力、分析能力、判断能力和单独处理问题的能力。授权既给下级提供发挥才干、大显身手的机遇，同时也给领导者发现人才提供了机会。

（3）对于下级而言，授权有利于调动下属的工作积极性，增强其责任心。通过授权，使下属不仅拥有一定的权力和自由，而且也分担了相应的责任，使他们可以参与到组织管理中来，从而调动其工作积极性和主动性。

（4）对于下级而言，授权有利于提高下属的工作安全感。美国盖洛普公司对中小企业员工所做调查表明，有52%的员工认为充分授权能提高工作安定感，有45%的员工认为，若公司能将他们的构想付诸实施，将大大提高他们的工作满意度。

（5）对于管理者和下级而言，授权有利于改善二者之间的关系，形成良好的相互信任、合作共事的工作氛围。通过授权，使下级从层层听指令行事的消极状态，改变为各自有责的积极主动状态，使上下级关系更加融洽。

3. 授权的原则

为使授权行为得到良好的效果，需要灵活掌握以下原则。

（1）因事设人，视能授权。授权的大小及范围应依据被授权者的才能和知识水平的高低而定。因此，授权前，必须仔细分析本单位工作任务的难易程度，以使职权授予最合适的人选。一旦授予下属职权而下属不能承担职责时，应明智而及时地收回权力。

（2）明确责任。授权时，必须向被授权者明确所授事项的任务目标及权责范围，这样不但有利于下属完成任务，而且还可以避免下级推卸责任。

（3）不可越级授权。越级授权是上层管理者把本来属于中间管理层的权力直接授予基层领导。这样做，会造成中间管理层工作上的被动，不利于发挥他们的积极性。所以，职权只能授予直接下属，不可越级授权。

（4）授权要适度。授予的职权应以所要完成的任务为度，既不可过度地授权，也不可授权不足。授权过度，等于放弃权力，造成工作无序，甚至失去控制；授权不足，往往使下属的权力过小，积极性受到挫折，达不到授权的效果。因此，授权必须适度。

4. 授权的过程

首先，分派任务。即授权者必须明确受权人要做的工作，它可能是要求受权人写一个报告或计划，也可能是要求其担任某一职务承担一系列职责。

其次，授予权力。即选择授权的对象并确定其权力范围。

再次，明确责任。受权人的责任主要表现为向授权者承诺保证完成所分派的任务和工作责任。授权者负有最终责任，在失误面前，授权者应首先承担责任。

最后，监督与控制。授权者在授权过程中对受权人有监控权，有权对受权人的工作进展情况和权力使用情况进行监督检查，并根据检查结果，调整所授权力或收回权力。

◆ 相关链接

管理者有效授权的11项要诀

要诀一：不要只问"懂了吗"。管理者常会习惯性问员工"懂了吗？""我讲的你明白了吗？"这种情况下，许多对细节还不太懂的员工都会反射性地回答"知道""明白"，他们不想当场被主管看扁。

要诀二：明确绩效指标与期限。员工必须了解自己在授权下需要达到哪些具体目标，以及在什么时间内完成，清楚了这些才能有基本的行动方向。授权不是单单把事丢给员工，还要让其明白管理者期盼些什么。

要诀三：授权后也要适时跟踪。授权以后不能不闻不问，等着他把成果捧上来。你可以不必紧盯人，但仍要注意员工的状况，适时给予"这儿不错""那样可能会比较好"之类的意见提示。如果任务特别需要"准时"，也可以提醒他注意进度与时间。

要诀四：为下次授权做"检讨"。每次的授权后，管理者应找员工讨论他这次的表现，以便检讨改进。管理者也可以让员工描述自己在这次过程中学到了什么，再配合管理者自己观察到的状况，作为下次授权的参考。

要诀五：授权不一定要是大事。即使只是一次再寻常不过的小事，都可以"授权"，未必一定要是什么大方案、大计划，才叫授权。尤其对于新进员工，从小事授权起，可以训练他们负责任的态度，从而树立他们的自信。

要诀六：先列清单再授权。简单来说，主管可以先列出自己每天所要做的事，再根据"不可取代性"以及"重要性"删去"非自己做不可"的事，剩下的就是"可授权事项清单"了。这会更有系统、有条理。

要诀七：授权的限度要弄明白。有些员工会自作主张，做出一些超出授权权限的事，因此最好在授权时能特别交代"底线"，一旦快触碰到了，他们就应该刹车，这可以防止他们擅自跨过界限。

要诀八：找对你打算授权的人。你所指定的人，如果经验多但对于该项任务不擅长或意愿较低，未必会比经验较浅、有心学习而跃跃欲试的人适合。

要诀九：排定支持措施。告知员工，当他们有问题时，可以向谁求助，并且提供他们需要的工具或场所。当主管把自己的工作分配给员工时，也要确定把权力一起转交。此外，主管要让员工了解，他们日后还是可以寻求主管的意见和支持。

要诀十：授了权就该适度放手。与其紧迫盯人，不如在开始时就交代清楚，然后放手让员工做。这样管理者既可以省一些精力，员工也可以试一试自己的能力。

要诀十一：帮员工设想可成长项目。从某种角度来看，授权也是一种训练员工成长的方式。因此在授权时就要想想如果员工能通过自己的授权，那么在实施过程中这个员工能学到什么。如果授权于他只是因为你忙不过来，那就不能叫授权，只能算是"帮主管打杂"。

4.5 人员配置

◆ 管理名言

"如果将我所有的工厂、设备、市场、资金全部夺去，但是只要保留我的组织、人员，四年以后，我将仍是一个钢铁大王。"

——卡内基

"优秀公司所以优秀是因为他们能把普通人组织起来做出不普通的事业。"

——彼得斯

人员配置是根据组织目标和任务正确选择、合理使用、科学考评和培训人员，以合适的人去完成组织结构中规定的各项任务，从而保证整个组织目标和各项任务顺利完成的职能活动。简单地说，就是让合适的人去做合适的事。

在企业管理中，人员配置是关系企业经营目标能否实现的重要内容，尤其对于管理层的人员配备，它更是组织目标实现的保证。组织通过选拔、培训、储备人才，为组织发展做准备，同时也维系着成员对组织的忠诚度。

如何优化技术人员的配置

◆思政元素

毛泽东识才赏人的领导智慧："临事而惧，好谋而成"

"临事而惧，好谋而成"，是毛泽东识才用人的一种重要思想方法和领导智慧。所谓"临事而惧"的"惧"字，不是害怕的意思，而是敬谨的意思。只有心存敬畏，方能慎重考量、周全谋虑，由此才不至于出现大的失误或纰漏，才可能作出符合客观实际的准确判断和深远谋略。

1958年7月，周世钊在湖南省人民代表大会上当选为副省长。在毫无准备的情况下突然受任新职，周思绪万千，感到重担难挑，于是致信毛泽东陈述心事，希望能辞脱这一职务。毛泽东复信第一句话就是"赐书收到""读了高兴"，接着对周进行了高度肯定："古人有云：贤者在位，能者在职，二者不可得而兼。我看你这个人是可以兼的。""自己缺乏从政经验，临事而惧，陈力而后就列，这是好的。"如此"贤能"而又"临事而惧"的领导人才，自然让毛泽东颇感欣喜，由此也更增加了毛泽东对周世钊的信任和赏识。

1954年秋，从上海调到中央担任国务院副总理的陈毅，听说要分配自己协助周恩来分管外事工作时，很快找到周恩来坦陈心迹，说自己"有时说话很有破坏性，有时候好感情用事"，担心在外交上"砸锅"，恳请"中央重新考虑"。周恩来说，"你的意见我同主席谈过，主席认为你'临事而惧'正是优点，所以外交工作非你莫属。"以豪爽、耿直、率真著称的元帅，陈毅确也属文武兼备、多谋善断之人。1949年5月10日，陈毅在华东军区干部大会上谈到如何接管城市时就提出，进入城市除了"要有管理改造城市的革命信心"以外，还"必须要有谨慎小心、'临事而惧'的态度，这样才能多考虑问题，否则是低级的幼稚的，就一定会栽筋斗"。他把"进入上海"看作是"中国革命的最后一个难关，是一个伟大的考验"，"进去是否还会被人家赶出来呢？现在还不敢大胆地说一个'不'字，主要是看我们自己。"由此看来，毛泽东说"临事而惧"正是陈毅的优点当是名副其实的。

毛泽东和他的同仁们，尽管各有不同的个性特征与情怀志趣，但这种"临事而惧，好谋而成"的态度和精神却是他们共有的品格风范，由此也成为毛泽东察人、识才、用人和赏才的领导艺术中值得品鉴和体味的重要一页。

（资料来源：http://dangshi.people.com.cn/n/2012/0705/c85037-18447948-3.html）

4.5.1 人员配备的内容

人员配备的内容包括：制订用人计划；确定人员的来源；根据岗位标准要求确定备选人选；确定人选，必要时进行上岗培训，以确保能适用于组织的需要；将所确定的人选配置到合适的岗位上；对员工的业绩进行考评，并据此决定员工的续聘、调动、升迁、降职或辞退。

4.5.2 人员选聘

人员选聘是指组织及时寻找、吸引并鼓励符合要求的人，到本组织中任职和工作的过程。组织需要选聘员工可能基于以下几种情况：新设立一个组织；组织扩张；调整不合理的人员结构；员工因故离职而出现的职位空缺等。

人员选聘是人员配备中最关键的一个步骤，因为这一工作的好坏，不仅直接影响到人员配备的其他方面，而且对整个管理过程的进行，乃至整个组织的活动，也都有着极其重要和深远的影响。"得人者昌，失人者亡"，这是古今中外都公认的一条组织成功的要诀。

1. 人员选聘的途径

人员选聘的途径主要有两种：一是从组织外部招聘，二是从组织内部提升。

1）外部招聘

外部招聘是根据一定的标准和程序，从组织外部的众多候选人中选拔符合空缺职位工作要求的管理人员。

外部招聘管理人员具有以下优点：具备难得的外部竞争优势，所谓外部竞争优势是指被招聘者没有太多顾虑，可以放手工作；有利于平息并缓和内部竞争者之间的紧张关系；能够为组织输送新鲜血液——来自外部的候选人可以为组织带来新的管理方法和经验，他们没有太多的框框程序束缚，工作起来可以放开手脚，从而为组织带来更多的创新机会。

外部招聘也有许多局限性，主要表现在：外聘人员不熟悉组织的内部情况，同时也缺乏一定的人事基础，因此需要一段时期的适应才能进行有效的工作；组织对应聘者的情况不能深入了解；外聘人员的最大局限性莫过于对内部员工的打击。大多数员工都希望在组织中有不断发展的机会，都希望能够担任越来越重要的工作。如果组织经常从外部招聘人员，且形成制度和习惯，则会堵死内部员工的升迁之路，从而会挫伤他们的工作积极性，影响他们的士气。同时，有才华、有发展潜力的外部人才在了解到这种情况后也不敢应聘，因为一旦应聘，虽然在组织中工作的起点很高，但今后提升的希望却很小。

由于这些局限性，许多成功的企业强调不应轻易地外聘人员，而主张采用内部培养和提升的方法。

2）内部提升

内部提升是指组织成员的能力增强并得到充分地证实后，被委以需要承担更大责任的更高职务作为填补组织中由于发展或伤老病退而空缺的管理职务的主要方式。

内部提升制度具有以下优点：有利于调动员工的工作积极性，内部提升制度可以给每个人带来希望和机会，且会带来示范效应；有利于被聘者迅速开展工作，被聘者了解组织运行特点，所以可以迅速地适应新的工作，工作起来要比外聘者显得更加得心应手，从而迅速打开局面。

同外部招聘一样，内部提升制度也可能带来某些弊端，主要有：可能会导致组织内部"近亲繁殖"现象的发生；可能会引起同事之间的矛盾，在若干个候选人中提升一名员工时，虽然可能提升士气，但也可能使其他旁落者产生不满情绪，这种情绪可能出于嫉妒，也可能出于欠公平感觉，无论哪一种情况都不利于被提拔者展开工作，不利于组织中人员的团结与合作。

3）确定选聘途径的依据

确定从内部还是从外部选聘管理者时，要考虑以下三个方面的因素。

（1）职务的性质。涉及对组织的发展具有重要意义的技术骨干与重要管理者应注意从组织外部招聘。大部分一般性职务，则多从内部提升。

（2）企业经营状况。小型的、新建的及快速增长的企业，需要从外部招聘技术人员及有经验的管理者。而大型的、较成熟的企业因有经验、有才干的备选人才众多，则多半靠自己的力量。

（3）内部人员的素质。

2. 人员选聘的程序和方法

为了保证员工选聘工作的有效性和可行性，应当按照一定的程序并通过竞争来组织选聘工作，包括以下五个具体步骤。

（1）制订并落实选聘计划。当组织中出现需要填补的工作职位时，有必要根据职位的类型、数量、时间等要求确定选聘计划，同时成立相应的选聘工作委员会或小组。选聘工作机构可以是组织中现有的人事部门，也可以是代表所有者利益的董事会，或由各方利益代表组成的临时性机构。选聘工作机构要以相应的方式，通过适当的媒介，公布待聘职务的数量、类型以及对候选人的具体要求等信息，向组织内外公开"招聘"，鼓励那些符合条件的候选人积极应聘。

（2）对应聘者进行初选。当应聘者数量很多时，选聘小组需要对每一位应聘者进行初步筛选。内部候选人的初选可以根据以往的人事考评记录来进行；对外部应聘者则需要通过简短的初步面谈，尽可能多地了解每个应聘者的工作及其他情况，观察他们的兴趣、观点、见解、独创性等，及时排除那些明显不符合基本要求的人。

（3）对初选合格者进行知识与能力的考核。在初选的基础上，需要对余下的应聘者进行材料审查和背景调查，并在确认之后进行细致的测试与评估，具体内容包括：智力与知识测试；竞聘演讲与答辩；案例分析与候选人实际能力考核。

（4）选定录用员工。在上述各项工作完成的基础上，需要利用加权的方法，算出每个候选人知识、智力和能力的综合得分，并根据待聘职务的类型和具体要求决定取舍。对于决定录用的人员，应考虑由主管再一次进行亲自面试，并根据工作的实际与拟聘用者再作一次双向选择，最后决定选用与否。

（5）评价和反馈招聘效果。最后要对整个选聘工作的程序进行全面的检查和评价，并且对录用的员工进行追踪分析，通过对他们的评价检查原有招聘工作的成效，总结招聘过程中的成果与不足，及时反馈到招聘部门，以便改进和修正。

◆管理案例

华为的人员选聘流程

华为勇敢星实习生招聘计划是面向海内外在校优秀大学生开放的实习项目，提供了解华为、企业实践的机会。尤其针对关键稀缺专业领域的优秀人才，提供实习及与产业连接的沃土。

华为的招聘流程：

（1）候选人在华为校园招聘官网注册并投递简历。如果简历通过筛选，会有HR联系您做相关的测评，测评通过后，您将在招聘会前收到面试邀约。

(2) 面试考核一般包括综合测评、专业面试、业务主管面试，研发类岗位增设上机考试环节，部分非研发类岗位增设集体面试、语言测评环节。

(3) 面试结束后，一般10天左右会收到面试结果通知；或者面试结束后第二天可登录华为招聘官网，个人中心查看面试进展。

(资料来源：https://career.huawei.com/reccampportal/portal5/faq.html)

4.5.3 人员培训

1. 人员培训的含义

人员培训是指组织为开展业务及培育人才的需要，采用各种方式对员工进行有目的、有计划的培养和训练的管理活动。目标是使员工不断地更新知识，拓展技能，改进员工的动机、态度和行为，使其企业适应新的要求，更好地胜任现职工作或担负更高级别的职务，从而促进组织效率的提高和组织目标的实现。对员工的培训是任何组织不可忽视的现实问题，是组织生存发展的必然要求。

2. 人员培训的内容

各级、各类人员的素质、能力要求不同，其培训的具体内容也是不同的。培训的基本内容不外乎三个方面：政治思想与职业道德教育；技术与业务知识；技术与业务能力。如果对管理者进行培训，那么技术与业务知识、技术与业务能力的培训中均应包括管理的理论与技能。

3. 人员培训的程序

一个完整的培训系统的运作过程通常包括培训需求分析、确立培训目标、制订培训计划、实施培训计划和评价培训效果五个步骤。

(1) 培训需求分析。培训对组织来说是一件重要而又必须付出代价的大事，因此，一个组织如何选择和实施培训计划，必须以真正的需要作为标准，这就要进行培训需求分析。培训需求分析是指在规划与制定培训计划前，由有关人员采用各种方法和技术对组织及其成员的目标、知识和技能等方面进行系统的分析，以确定组织内需要接受培训的人员和需要接受培训的项目或者培训内容。培训需求分析是培训活动的首要环节，在培训中的地位也日趋重要，它是制定培训计划的前提，也是进行培训评估的基础。

(2) 确立培训目标。根据培训需求分析来确立培训目标，以使培训更加有效。培训目标是指培训效果的目的和预期效果。有了培训目标，才能确定培训对象、内容、方法等具体工作，并可在培训之后对照此目标进行培训效果评估。培训目标一般包括三个方面的内容：一是说明员工应该做什么；二是阐明可被接受的绩效水平；三是受训者完成指定的学习成果的条件。一般来说，目标越具体，就越能取得培训的成功。

(3) 制订培训计划。培训计划是培训目标的具体化，培训计划包括长期计划、中期计划与短期计划。在制订培训计划的同时必须考虑到许多具体的情景因素，如行业规模、企业规模、用户要求、技术发展水平和趋势以及员工现有的水平等。要明确培训的对象，如大学毕业生、新员工、晋升的管理人员。

(4) 实施培训计划。在培训计划制定好之后，按照既定目标开展培训工作，通过各种培训方法使学员学有所获。具体包括：确定培训人员和参训人员；确定教材；确定培训地点；准备培训设备；确定具体的培训时间；拟定并下发培训通知以及进行培训控制等。

（5）评价培训效果。培训是否起到作用，无论对培训的组织部门、业务部门的经理还是投资培训的决策层，这都是一个应该明确回答的问题，否则，就会产生盲目投资的行为，不利于企业的发展，也不利于下一个培训项目的立项和审批。这就需要对培训进行评估，一般来说，培训的效果可以通过以下四个指标来进行评估。第一，反应。即测定受训者对培训项目的反应，主要了解培训对象对整个培训项目和项目的某些方面的意见和看法，包括培训项目是否反映了培训需求，项目所含各项内容是否合理和适用等。第二，学习。即测试受训者对所学的原理、技能、态度的理解和掌握程度。第三，行为。即测定受训者经过培训后在实际岗位工作中行为的改变，以判断所学知识、技能对实际工作的影响。第四，成果。测定培训对企业经营成果具有何种具体而直接的贡献，如生产率的提高、质量的改进、离职率的下降和事故的减少等。

4. 人员培训的方法

有效的培训方法是保证培训效果的重要手段。常用的培训方法主要有以下四种。

（1）讲授法。这种方法是最普遍、最常见的方法。它包括以下三种常见类型。一是讲解法。教师运用阐述、说明、分析、论证和概括等手段讲授知识内容的培训方法。要求教师的讲解要符合科学性、思想性的原则，避免出现知识性和观点性的错误。二是讲述法。教师用生动形象的语言，叙述、描绘和概括所要讲的知识内容。三是演讲法。教师借助口头语言和态势语言，面对学习者发表意见、抒发感情，达到感召学习者目的的一种方法。

（2）案例分析法。这种方法是哈佛大学首创的一种学习和培训方法。主要是把实际中的真实情景加以典型化处理，编写成供学员思考和决断的案例，通过独立研究和相互讨论的方式，来提高学员分析问题和解决问题能力的一种方法。在培训采用案例分析法时，应注意以下三个问题。一是案例要真实可信，案例是为培训目标服务的，应具有典型性，应与所对应的理论知识有直接的相关性。二是案例要客观生动，编写时要摆脱乏味的教科书方式，尽可能采用一些文学手法。三是案例应无答案，只有情况没有结果，有激烈的矛盾和冲突，没有处理的办法和结论，案例的结果越复杂多样就越有价值。

（3）角色扮演法。这种方法是为受训者提供一种真实的情景，要求一些学员扮演某些特定的角色并出场表演。

（4）研讨法。这是一种先由教师综合介绍一些基本概念与原理，然后围绕某一专题进行讨论的培训方式。这种方法仅次于讲授法而被广泛使用，在培训中起着重要的作用。运用研讨法应注意以下四个问题。一是确定研讨会的主题，这是研讨会获得成功的关键。二是确定研讨会的主持人，主持人一定要善于引导参与者围绕主题展开讨论。三是确定研讨形式，可多种多样。四是重视会前的准备，要及时把参加人数、形式、时间、地点等确定下来，把要做的准备做好。

4.5.4 人员考评

1. 人员考评的含义与作用

（1）人员考评的含义。所谓人员考核评价是指按照一定的标准，采用科学的方法，衡量与评定人员完成岗位职责任务的能力与效果的管理活动。人员考评的目的就是发掘与有效利用员工的能力，对员工给予公正的评价与待遇，包括奖惩与升迁等。

（2）人员考评的作用。考核有利于评价、监督和促进员工的工作，有明显的激励作用；为确定员工的劳动报酬与其他待遇提供科学依据；为个人认识自我，组织进行考核，促进员工的全面发展创造条件；有利于管理者了解下属，以便进行合理的岗位调整及职务晋升。

康佳新员工培训

2. 人员考评的内容与结构

对员工进行考核评价，主要涉及德、能、勤、绩和个性五个方面。

（1）德：即考核员工的思想政治表现与职业道德。特别是职业道德，对于企业的员工来说具有重要意义，它直接关系到员工的工作质量，为社会所做的贡献，对社会精神文明的影响等。

（2）能：即考核员工所从事的业务技术工作而相应具备的专业理论水平与实际能力。能力是做好工作的基本条件。在智力资本对组织贡献率越来越大的今天，对员工知识与能力的考核越来越重要。技能本身已成为员工价值与组织支付薪酬的重要依据。同时，技能考核也是员工使用的重要依据。这主要包括人员的基本业务能力、技术能力、管理能力与创新能力等。

（3）勤：即考核员工的工作积极性和工作态度，包括在工作中表现出来的热情与干劲。员工的工作态度对工作的成果与贡献也具有十分重要的意义。

（4）绩：即考核员工在工作过程中的实际成绩和效果。对员工绩效的考核是确定其评价、奖酬使用的最基本的依据，主要包括员工所完成工作成果的数量、质量及实效等。

（5）个性：主要了解人员的性格、偏好、思维特点等。对员工个性的了解，有利于管理者更好地把握下属的特点，有针对性地、更富有成效地搞好管理。

3. 人员考评的基本要求

（1）必须坚持客观公正。考核最基本的目的就是给予员工公正的评价与待遇。如果考核不能客观公正，也就失去了意义，不但不能起激励作用，而且还有可能起消极作用。所以，在整个考核过程中，最重要的就是必须坚持客观公正的原则。

（2）要建立由正确的考核标准、科学的考核方法和公正的考核主体组成的考核体系。人员的考核是一项系统工程，必须建立科学的考核体系，这是实现有效考核的前提、基础和必要条件。

（3）要实行多层次、多渠道、全方位、制度化的考核。

（4）要注意考核结果的正确运用。考核不是目的而是一种手段，考核的最大价值取决于考核结果的合理运用。考核的结果必须与本人见面，恰当地给予表扬与批评，以激励或鞭策被考核者。同时，考核结果必须同工资、工作安排与职务晋升等紧密挂钩。

> ◆思政元素
>
> **许振超：新时代呼唤"工匠精神"**
>
> 网址：http://cpc.people.com.cn/n1/2017/1126/c415067-29668020.html
>
> 思考：新时代的"工匠精神"对企业人员考核及培训提出了哪些新的要求？

4. 人员考评的程序

（1）制定考评计划。首先，必须制定周密的考评计划。要根据组织的基本要求和具体的考核目的，结合当时的实际情况，确定考核的目标、对象、程序、实施时间与日程、考核主体等，并明确相应的考核要求与事项。

（2）制定考评标准、设计考评方法、培训考评人员。根据考评对象的工作性质与特点以及组织的实际情况科学地制定考评标准、灵活地选择与设计考评方法、积极全面地培训考评人员。

（3）收集信息、衡量工作。这是考评的具体实施阶段，是考评过程的主体。具体要求是：要深入实际，深入群众，获得真实而准确的信息；要做好相关人员的思想工作，获得知情人的积极配合；要采用事先设计的科学考评方法客观公正地进行衡量；搜集的信息要真实准确，并尽可能实现量化。

（4）分析考核信息、作出综合评价。对收集到的信息要进行审核、提炼、科学分类、系统分析，正确地作出考评结论。

（5）考评结果的运用。考评结果要上报给上层管理者，并同本人见面。考评结果可以作为了解员工、激励工作、开发能力、奖酬发放、调整使用、晋职晋升等的方面依据。

5. 人员考评的方法

（1）实测法。即通过各种项目实际测量进行考评的方法。例如，对员工进行生产技术技能的考评，常采用由员工现场作业，通过对其实际测量，进行技术测定、考评能力。

（2）成绩记录法。即将取得的各项成绩记录下来，以最后累计的结果进行评价的方法。这是一种日常的、连续的、客观记录事实的方法。这种方法主要适用于能进行日常连续记录的生产经营活动或者其他职能工作，如记录生产的数量、质量和进度等。

（3）书面考试法。即通过各种书面考试的形式进行考评的方法。这种方法主要适用于对员工所掌握的理论知识进行测定。当然，也可进行其他某些能力的测定。

（4）直观评估法。即根据被考评者的一些表现，由考评者直接作出评估的方法。这主要是依据对被考评者平时的接触与观察，由考评者凭主观判断进行考评的方法。这种方法简便易行，但易受考评者的主观好恶影响，科学性差。

（5）情景模拟法。即通过设计特定情境，考察被考评者现场随机处置能力的一种方法。这种方法通常适用于对管理者的考评中。这种方法先由考评者设计一段描述管理矛盾与冲突的管理案例或管理情境，然后由被考评者现场进行分析和处理，最后由考评者观察并进行评价。此法重点考察被考评者的分析与处理问题的能力。

（6）民主测评法。即由组织的人员集体打分评估的考评方法，一般采用问卷法进行。即由考评者事先设计问卷，按考评的项目设计问题；再由相关人员以书面或口头的方式回答；最后由考评者进行统计整理的一种方法。对领导者的考评，通常按照德、能、勤、绩四个方面设计项目，并按优秀、良好、合格、不合格等做出评价。

（7）因素评分法。因素评分法即分别评估各项考核因素，为各因素评分，然后汇总，确定考核结果的一种考核方法。这是一种广泛应用的方法，主要适用于对一些本身没有可度量标准的最终产品、不好直接计量的工作的考评。其基本思路是通过对有关项目分别考核，再进行综合评价。即将考核的有关项目具体分成评定要素，分类排列，并规定每一个项目的分数；然后，根据实际情况，对照标准，分别给各项目打分；最后，将各项的分数累加起来以累计分的形式综合表达出对考评者的评价。

4.6 组织变革与组织文化

4.6.1 组织变革

一个组织的内外结构必须与其所面临的环境相适应。企业面临的环境是动态的，充满不确定性，所以组织的内部结构也应进行变革。组织变革就是组织根据内、外环境的变化，主动地、积极地对组织的原有状态进行改变，以适应未来组织发展要求的活动。随着环境的发展对组织提出越来越高的要求，组织变革的内涵也越来越丰富，现在已发展到对组织整体进行有计划、有目的的变革，并形成了一整套变革的战略、措施和方法。

1. 组织变革的原因

组织进行变革有多种原因，这些原因可以归纳为外部原因和内部原因两大类。

1）外部原因

一是社会经济环境的变化。社会经济不断发展，人民生活水平不断提高，使得市场更为广阔，产品更新换代速度加快，加上工作自动化程度的提高等，均会迫使组织进行变革。同时，社会经济环境还包括国家的经济政策、法规以及环境保护等。

二是科学技术的发展。科学技术的迅速发展及其在组织中的应用，如新发明、新产品、自动化、信息化等，使组织的结构、组织的运行要素等都产生了巨大变化，这些变化也会推动组织不断地进行变革。

三是管理理论与实践的发展。管理的现代化，新的管理理论和管理实践，都要求组织变革过去的旧模式，对组织要素和组织运行过程的各个环节进行合理的协调和组织，从而对组织提出变革的要求。

2）内部原因

一是组织目标的选择与修正。组织的目标并不是一成不变的，当组织目标在实施过程中与环境不协调时，需要对目标进行修正。

二是组织结构与职能的调整和改变。组织会根据内、外环境的要求对自身的结构进行适时的调整与改变,如管理幅度和层次的重新划分、部门的重新组合、各部门工作的重新分配等。同时,组织在发展的过程中,亦会不断抛弃旧的不适用的职能并不断承担新的职能,如社会福利事业、防止公害、保护消费者权益等。这些均会促使组织进行不断的变革。

三是组织员工的变化。随着组织的不断发展,组织内部员工的知识结构、心理需要以及价值观等都会发生相应的变化。现代组织中的员工更注重个人的职业发展和管理中的平等自主。组织员工的这些变化必将带动组织的变革。

组织变革往往是在面对危机的时候才变得分外重要,危机会通过各种各样的形式表现出来,成为组织变革的先兆。一般来说,一个组织在下列情况下应考虑进行变革:一是决策效率低或经常出现决策失误;二是组织沟通渠道阻塞、信息不灵、人际关系混乱、部门协调不力;三是组织职能难以正常发挥,目标不能如期实现,人员素质低下,产品产量及质量下降等;四是缺乏创新。

◆ 管理故事

将军的马

有一位勇猛的将军,年轻的时候特别喜欢大吃大喝。每次他都喝得酩酊大醉,一边东摇西晃,一边同女人调笑。他总是到离家有一段距离的一个村子里享受他的放荡生活,通常一周光顾一次。他的青春年华就这样一天天虚度,武艺也渐渐地被荒废。

终于,有一天早上,将军的母亲狠狠地训斥了他一顿,责怪他不该像一个花花公子那样无所事事。母亲情真意切的话令他猛醒,将军感到惭愧万分,向母亲发誓说他再也不会去那个村子了。从此,他开始拼命训练,立志一心向善,成为一个品行优秀的人。

一天傍晚,在进行了整日的野外训练之后,将军又累又乏,伏在他的爱驹上睡着了。马儿本来应该驮他回家,但这天恰好是周末,也就是以前他去那个村子游乐的时间。受过主人良好调教的马,竟带他往他的乐土去了。

当将军醒来时,他发现自己违背了对母亲所发的誓言,又到了他不该到的地方。想到自己的失信,将军忍不住掉下泪来。他凝视着自己的马,这是他孩提时就伴随着他的亲密伴侣,是他除了亲人以外的至爱。经过长久的沉默,他拔出剑来,杀了这匹马。

管理启示:变革是痛苦的,人们对旧习惯的根除并不那么容易。作为组织的变革,更是一个巨大的挑战。为了组织更好的发展,变革又是必需的。

(资料来源:http://www.zdhm.com.cn/hmwh/200503/9-3.htm)

2. 组织变革的类型

(1)战略性变革。战略性变革是指组织对其长期发展战略或使命所做的变革。如果组织决定进行业务收缩,就必须考虑如何剥离非关联业务;如果组织决定进行战略扩张,就必须考虑并购的对象和方式,以及组织文化重构等问题。

(2)结构性变革。结构性变革是指组织需要根据环境的变化适时对组织的结构进行变革,并重新在组织中进行权力和责任的分配,使组织变得更为柔性灵活、易于合作。

(3)流程主导性变革。流程主导性变革是指组织紧密围绕其关键目标和核心能力，充分应用现代信息技术对业务流程进行重新构造。这种变革会对组织结构、组织文化、用户服务、质量、成本等各个方面产生重大的改变。

（4）以人为中心的变革。组织中人的因素最为重要，组织如若不能改变人的观念和态度，变革就无从谈起。以人为中心的变革是指组织必须通过对员工的培训、教育等引导，使他们能够在观念、态度和行为方面与组织保持一致。

3. 组织变革的目标

所有的变革都应与整个组织的发展目标紧密联系在一起。组织变革是由人进行的，并且是整个组织有计划的工作。实施变革应努力实现以下目标。

（1）使组织更具环境适应性。环境因素具有不可控性，人们无法阻止或控制环境的变化。组织要想在动荡的环境中生存并得以发展，就必须顺势变革自己的任务目标、组织结构、决策程序、人员配备、管理制度等。只有如此，组织才能有效地把握各种机会，识别并应对各种威胁，使组织更具环境适应性。

（2）使管理者更具环境适应性。在一个组织中，管理者是决策的制定者和组织资源的分配人。在组织变革中，管理者必须要能清醒地认识到自己是否具备足够的决策、组织和领导能力来应对未来的挑战。因此，管理者一方面需要调整过去的领导风格和决策程序，使组织更具灵活性和柔性，另一方面，管理者要能根据环境的变化要求重构层级之间、工作团队之间的各种关系，使组织变革的实施更具针对性和可操作性。

（3）使员工更具环境适应性。组织变革的最直接感受者就是组织的员工。组织若不能使员工充分认识到变革的重要性，顺势改变员工对变革的观念、态度、行为方式等，就可能无法使组织变革得到员工的认同、支持和贯彻执行。

4. 组织变革的内容

（1）组织的结构变革。组织的结构变革是指组织需要根据环境的变化适时对组织的体制、机制、责任权力关系等方面进行变革。它包括权利关系、协调机制、集权程度、职务和工作再设计等其他结构参数的变化。

（2）技术与任务方面的变革。技术与任务变革是指对业务流程、技术方法的重新设计、修止和组合，包括更换设备，采用新工艺、技术、方法等。管理者应注意利用最先进的科学技术对企业业务流程进行再造，还需要用先进的管理技术对组织中各部门或各层级的工作任务进行重新组合，如工作任务的丰富化、工作范围的扩大化等。

（3）组织人员方面的变革。组织人员变革是指对人的思想与行为的变革。组织如若不能改变人的观念和态度，变革就无从谈起。变革的主要任务是组织成员之间在职、责、权、利等方面的重新分配。要想顺利实现这种分配，组织必须注重员工的参与，注重改善人际关系并提高实际沟通的质量。

（4）组织目标方面的变革。对组织目标的变革是由战略变革所决定的，它是指组织在发展战略或使命上发生的变革。收缩业务，则必须剥离不良资产和非相关业务；要扩大业务，则要考虑并购的对象和方式，以及重构组织文化。

5. 组织变革的过程与程序

（1）组织变革的过程。库尔特·卢因认为，成功的变革要求对现状予以解冻，

宝树堂老字号的异地变革

库尔特·卢因

然后变革到一种新的状态，并对新的状态予以再冻结，使之保存长久。组织变革包括以下三个步骤。

第一步，解冻，即创造变革的动力。这个阶段的主要任务是发现组织变革的阻力，营造危机感，塑造出改革乃是大势所趋的气氛，并在采取措施克服变革阻力的同时具体描绘组织变革的蓝图，明确组织变革的目标和方向，以形成待实施的比较完善的组织变革方案。解冻可以看作是对所要进行变革的准备。

第二步，变革，即指明改变的方向，实施变革，使成员形成新的态度和行为。这一阶段的任务是按照所拟定的变革方案开展具体的变革活动，以使组织从现有结构模式和行为方式向目标模式与新的行为方式转变。这个阶段通常分为试验和推广两个阶段。

第三步，冻结，即稳定变革。现状被打破以后，就需要经过变革而建立起新的平衡状态。这种新的平衡状态需要予以再冻结，只有这样才能使之保持一段较为长久的时间；否则，变革可能是短命的，员工的行为又会回到原来的模式中。

（2）组织变革的程序。组织变革程序可以分为以下四个步骤。

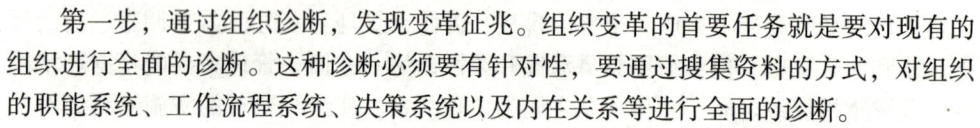

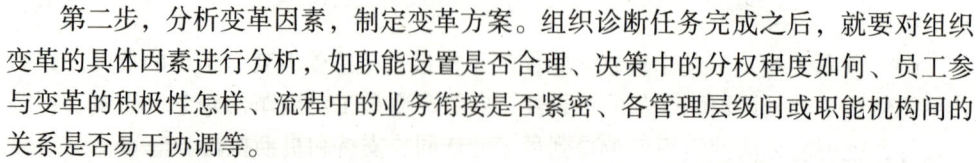

第一步，通过组织诊断，发现变革征兆。组织变革的首要任务就是要对现有的组织进行全面的诊断。这种诊断必须要有针对性，要通过搜集资料的方式，对组织的职能系统、工作流程系统、决策系统以及内在关系等进行全面的诊断。

第二步，分析变革因素，制定变革方案。组织诊断任务完成之后，就要对组织变革的具体因素进行分析，如职能设置是否合理、决策中的分权程度如何、员工参与变革的积极性怎样、流程中的业务衔接是否紧密、各管理层级间或职能机构间的关系是否易于协调等。

第三步，选择正确方案，实施变革计划。制定变革方案的任务完成之后，组织需要选择正确的实施方案，然后制定具体的变革计划并贯彻实施。推进变革的方式有多种，组织在选择具体方案时要考虑到变革难度及其影响程度，变革速度以及员工的可接受和参与程度等，做到有计划、有步骤、有控制地进行变革。当变革出现某些偏差时，要有备用的纠偏措施及时地进行纠正。

第四步，评价变革效果，及时进行反馈。变革结束之后，管理者必须对变革的结果进行总结和评价，及时反馈新的信息。对于没有取得理想效果的变革措施，应当进行必要的分析和评价，然后再做取舍。

◆ 相关链接

变革的先兆

西斯克的研究指出，当组织具有以下现象时，就必须进行变革：
(1) 组织的主要功能显得无效率或不能发挥其真正的作用。
(2) 组织的决策进程过于缓慢。
(3) 组织内部有不良意见沟通（即小道消息广泛传播）。
(4) 组织缺少创新，无新观念。

6. 组织变革的阻力及其管理

1）组织变革的阻力

组织变革是一种对现有状况进行改变的努力，任何变革都会遇到来自各种变革对象的阻力和反抗。产生这种阻力的原因可能是传统的价值观念和组织惯性，也有一部分来自对变革不确定后果的担忧，这集中表现为来自个人的阻力和来自团体的阻力两种。

个人对变革的阻力包括两个方面。一是利益上的影响。变革从结果上看可能会威胁到某些人的利益，如机构的撤并、管理层级的扁平化等都会给组织成员造成压力和紧张感。过去熟悉的职业环境已经形成，而变革要求人们调整不合理的或落后的知识结构，更新过去的管理观念、工作方式等，这些新要求都可能会使员工面临着失去权力的威胁。二是心理上的影响。变革意味着原有的平衡系统被打破，要求成员调整已经习惯了的工作方式，而且变革意味着要承担一定的风险。对未来不确定性的担忧、对失败风险的惧怕、对绩效差距拉大的恐慌以及对公平竞争环境的担忧，都可能造成人们心理上的倾斜，进而产生心理上的变革阻力。另外，平均主义思想、厌恶风险的保守心理、因循守旧的习惯心理等也都会阻碍或抵制变革。

团体对变革的阻力来自两个方面。一是组织结构变动的影响。组织结构变革可能会打破过去固有的管理层级和职能机构，并采取新的措施对责任和权利重新做出调整和安排，这就必然要触及某些团体的利益和权力。如果变革与这些团体的目标不一致，团体就会采取抵制和不合作的态度，以维持原状。二是人际关系调整的影响。组织变革意味着组织固有的关系结构的改变，随之，组织成员之间的关系也需要调整。非正式团体的存在使得这种新旧关系的调整需要有一个较长过程。在这种新的关系结构未被确立之前，组织成员之间很难达成一致，一旦发生利益冲突就会对变革的目标和结果产生怀疑和动摇，特别是一部分能力有限的员工将在变革中处于相对不利的地位。随着利益差距的拉大，这些人必然会对组织的变革产生抵触情绪。

◆ 管理案例

温水煮青蛙

如果把一只青蛙放进沸水中，它会立刻试着跳出来，或许它会因此保住性命。但是如果你把青蛙放进冷水中，不去惊吓它，它将待着不动。现在你慢慢加温，当温度升到40℃、50℃的时候，青蛙仍显得若无其事，甚至自得其乐。可悲的是，当温度慢慢上升时，青蛙将变得越来越虚弱，最后动弹不得。虽然没有什么限制它脱离困境，可青蛙仍留在那里直到被煮熟。为什么会这样？因为青蛙内部感应生存威胁的器官，只能感应出环境中激烈的变化，而不是针对缓慢、渐进的变化。

管理启示：组织变革的最大阻力来自组织成员的怀旧心理，来自他们对现状的满足。所以，克服组织及其成员的惰性，增强他们对外界的感应能力，及时并快速地对外界进行反应，增强环境的适应能力，这是组织变革的重要任务。这正如美国通用电气公司前总裁杰克·韦尔奇所说："未来优秀的领导者，是能够在汽车行进中更换轮胎的人。"

（资料来源：http://bbs.iicg.com.cn/thread-322-1-1.html）

2）消除组织变革阻力的管理对策

为了确保组织变革的顺利进行，必须要事先针对变革中的种种阻力进行充分的研究，并要采取一些具体的管理对策。

首先，要客观分析变革的推力和阻力的强弱。勒温曾提出运用力场分析的方法研究变革的阻力。其要点是：把组织中支持变革和反对变革的所有因素分为推力和阻力两种力量，前者发动并维持变革，后者反对和阻碍变革。当两力均衡时，组织维持原状，当推力大于阻力时，变革向前发展，反之变革受到阻碍。管理层应当分析推力和阻力的强弱，采取有效措施，增强支持因素，削弱反对因素，进而推动变革的深入进行。

其次，要创新策略方法和手段。为了避免组织变革中可能会造成的重大失误，使人们坚定变革成功的信心，必须采用比较周密可行的变革方案，并从小范围逐渐延伸扩大。特别是要注意调动管理层变革的积极性，尽可能削减团体对组织变革的抵触情绪，力争使变革的目标与团体的目标相一致，提高员工的参与程度。

总之，无论是个人还是组织都有可能对变革形成阻力，变革成功的关键在于尽可能消除阻碍变革的各种因素，减小反对变革的力量，使变革的阻力尽可能降低，必要时还应该运用行政的力量来保证组织变革的顺利进行。

◆ **相关链接**

力场分析法

力场分析法是由心理学家勒温提出来的，它是一种用于改变员工对组织变革阻力的方法。其操作程序如下。

（1）把需要解决的问题和有关人员或者部门的情况描述在纸上。

（2）详细列出解决这些问题的动力和阻力。

（3）把列出的动力与阻力分别用线段的长短表示出来。

（4）对第（3）步进行分析比较，寻找新的因素，提出问题解决的顺序。

（5）把阻力按不可改变、很难改变、可以改变、容易改变、可以立即着手改变来分为五种等级。

（6）按阻力等级进行解决。

（资料来源：http：//wiki.mbalib.com）

4.6.2 组织文化

组织文化是被组织成员共同接受的价值观念、思维方式、工作作风、行为准则等群体意识的总称。组织通过培养、塑造这种文化，来影响成员的工作态度，引导成员实现组织目标，因此，组织文化常被视为组织成功的重要基础。

1. 组织文化的内涵

一般而言，文化有广义和狭义两种理解。广义的文化是指人类在社会历史实践过程中所创造的物质财富和精神财富的总和，其中，物质文化可称为"硬文化"，精神文化可称为"软文化"。狭义的文化是指社会的意识形态，以及与之相适应的礼仪制度、组织机构、行为方式等物化的精神。文化具有民族性、多样性、相对性、沉淀性、延续性和整体性的特点。对于任何一种组织，其都有自己特殊的环境条件和历史传统，也就形成自己独特的哲学信仰、意识形态、价值取向和行为方式，于是每种组织也都形成了自己特定的组织文化。

组织是按照一定的目的和形式而建构起来的社会集合体，为了满足自身运作的要求，必须要有共同的目标、共同的理想、共同的追求、共同的行为准则以及与此相适应的机构和制度，否则组织就会是一盘散沙。而组织文化的任务就是努力创造这些共同的价值观念体系和共同的行为准则。从这个意义上来说，组织文化是组织在长期的实践活动中所形成的并且为组织成员普遍认可和遵循的具有本组织特色的价值观念、团体意识、工作作风、行为规范和思维方式的总和。

2. 组织文化的主要特征

（1）超个体的独特性。每个组织都有其独特的组织文化，这是由不同的国家和民族、不同的地域、不同的时代背景以及不同的行业特点所形成的。如美国的组织文化强调能力主义、个人奋斗和不断进取；日本文化深受儒家文化的影响，强调团队合作、家族精神。

◆ 管理案例

同仁堂的企业文化

百年老字号——同仁堂坚持以"仁"为核心的价值观，形成了自己特色鲜明的企业文化，其具体内容如下。

1. 传统文化

一种企业精神："同修仁德，济世养生"。这是同仁堂企业文化的精髓，充分体现了中国传统优秀文化。

两点制药古训："炮制虽繁必不敢省人工，品味虽贵必不敢减物力"，"修和无人见，存心有天知"。

三字企业真经：德、诚、信。

四句制药特色："配方独特、选料上乘、工艺精湛、疗效显著"与"安全有效方剂，地道洁净药材，依法科学工艺，对症合理用药"。

2. 创新文化

四个善待理念：善待社会，善待职工，善待投资者，善待经营伙伴。

四个运行原则：独立运行，各有侧重，资源共享，共同发展。

四个发展理念：抓住品牌整体发展，抓住共性协调发展，抓住人才促进发展，抓住文化保障发展。

四条员工标准与三条干部标准："用同仁堂的文化吸引人，用同仁堂的干劲鼓舞人，用规范化的管理要求人，用优良的经营成果回报人"与"忠诚、无私、激情"。

四个提倡与四个反对：提倡堂兴我荣，堂衰我耻；反对只讲荣誉，不讲危机。提倡珍惜岗位，激情工作；反对只讲条件，不讲作为。提倡责任共担，权益共享；反对只讲善待自我，不讲奉献企业。提倡诚信为本，药德为魂；反对只讲眼前利益，不讲做强企业。

> 3. 综合概括
>
> 以义为上，义利共生的诚信文化。
>
> 以质为先，质、量共存的品质文化。
>
> 以人为本，人业共兴的和谐文化。
>
> 管理启示：百年老字号的长盛不衰，除了其优质的产品和服务、一流的管理和条件，离不开其特色鲜明的企业文化，这是长期积淀的结果，更是长盛不衰的深层原因所在。
>
> （资料来源：http://www.tongrentang.com/brandstory/culture-2.php）

（2）相对稳定性。组织文化是组织在长期的发展中逐渐积累而成的，具有较强的稳定性，不会因组织结构的改变、战略的转移或产品与服务的调整而变化。一个组织中，精神文化又比物质文化具有更多的稳定性。

步长公司的企业文化

（3）融合继承性。每一个组织都是在特定的文化背景之下形成的，必然会接受和继承这个国家和民族的文化传统和价值体系。组织文化在发展过程中，也应注意吸收其他组织的优秀文化，融合世界上最新的文明成果，不断地充实和发展自我。正是这种融合继承性使得组织文化能够更加适应时代的要求，并且形成历史性与时代性相统一的组织文化。

（4）发展性。组织文化随着历史的积累、社会的进步、环境的变迁以及组织变革而逐步地演进和发展。强势、健康的文化有助于组织适应外部环境和变革，弱势、不健康的文化则可能导致组织的不良发展。改革现有的组织文化，重新设计和塑造健康的组织文化过程就是组织适应外部环境变化，改变员工价值观念的过程。

> ◆ 相关链接
>
> ### 海尔的企业文化体系
>
> 价值观：敬业报国，追求卓越。真诚到永远。
>
> 质量理念：缺陷的产品是废品。首先卖信誉，其次卖产品。
>
> 人才理念：人人是人才，赛马不如相马。
>
> 服务理念：用户永远是对的，把用户的烦恼降到零。
>
> 研发理念：用户的难题就是我们开发的课题，要干就要干最好的。

3. 组织文化的结构

一般认为，组织文化有三个层次结构，即潜层次、表层和显现层。

（1）潜层次的精神层。潜层次的精神层是指组织文化中的核心和主体，是广大员工共同而潜在的意识形态，包括管理哲学、敬业精神、人本主义的价值观念、道德观念等。

华为企业文化的核心价值观

（2）表层的制度系统。表层的制度系统又称制度层，指体现某个具体组织文化特色的各种规章制度、道德规范和员工行为准则的总和，也包括组织内部的分工协作关系的组织结构。它是组织文化核心层（内隐部分）与显现层的中间层，是由虚体文化（意识形态）向实体文化转化的中介。

（3）显现层的组织文化载体。显现层的组织文化载体又称物质层，是指凝聚着组织文化抽象内容的物质体的外在显现，它既包括了组织整个物质和精神的活动过程、组织行为、组织产出等外在表现形式，也包括了组织实体性的文化设备、设施等，如带有本组织色彩的工作环境、作业方式、图书馆、俱乐部等。显现层是组织文化最直观的部分，也是人们最易于感知的部分。

4. 组织文化的内容

从最能体现组织文化特征的方面来看，组织文化包括组织的价值观、组织精神、伦理规范以及组织素养等。

（1）组织的价值观。组织的价值观就是组织内部管理层和全体员工对该组织的生产、经营、服务等活动以及指导这些活动的一般看法或基本观点。它包括组织存在的意义和目的，组织中各项规章制度的必要性与作用，组织中各层级和各部门的各种不同，岗位上的人们的行为与组织利益之间的关系等。每一个组织的价值观都会有不同的层次和内容，成功的组织总是会不断地创造和更新组织的信念，不断地追求新的、更高的目标。

（2）组织精神。组织精神是指组织经过共同努力奋斗和长期培养所逐步形成的，认识和看待事物的共同心理趋势、价值取向和主导意识。组织精神是一个组织的精神支柱，是组织文化的核心，它反映了组织成员对组织的特征、形象、地位等的理解和认同，也包含了对组织未来发展和命运所抱有的理想和希望。组织精神反映了一个组织的基本素养和精神风貌，成为凝聚组织成员共同奋斗的精神源泉。

（3）伦理规范。伦理规范是指从道德意义上考虑的、由社会向人们提出并应当遵守的行为准则，它通过社会公众舆论规范人们的行为。组织文化内容结构中的伦理规范既体现组织自下而上环境中的社会文化的一般性要求，又体现着本组织各项管理的特殊需求，因此，如果高层主管不能设定并维持高标准的伦理规范，那么，正式的伦理准则和相关的培训计划将会流于形式。可见，以道德规范为内容和基础的员工伦理行为准则是传统的组织管理规章制度的补充、完善和发展。正是这种补充、完善和发展，使组织观融入了新的文化力量。

（4）组织素养。组织素养包括组织中各层级员工的基本思想素养、科技和文化教育水平工作能力、精力以及身体状况等。其中，基本思想素养的水平越高，组织中的管理哲学、敬业精神、价值观念、道德修养的基础就越深厚，组织文化的内容也就越充实丰富。可以想象，当一个行为或一项选择不容易被判定是对与错时，基本思想素养水平较高的组织容易帮助管理者正确地做出决策，组织文化必须包含组织成功运作所必要的组织素养。

中兴通讯的成功之道

5. 组织文化的功能

（1）整合功能。组织文化通过培育组织成员的认同感和归属感，建立起成员与组织之间的相互信任和依存关系，使个人的行为、思想、感情、信念、习惯以及沟通方式与整个组织有机地整合在一起，形成相对稳固的文化氛围，凝聚成一种无形的合力，激发了组织成员的主观能动性，并为组织的共同目标而努力。

（2）适应功能。组织文化能从根本上改变员工的旧有价值观念，建立起新的价值观念，使之适应组织外部环境的变化要求。一旦组织文化所提倡的价值观念和行为规范被成员所接受和认同，成员就会自觉不自觉地做出符合组织要求的行为选择，倘若违反，则会感到内疚、不安或自责，从而自动修正自己的行为。因此，组织文化具有某种程度的强制性和改造性，其效用是帮助组织指导员工的日常活动，使其能快速地适应外部环境因素的变化。

（3）导向功能。组织文化作为团体共同价值观，与组织成员必须强行遵守的、以文字形式表述的明文规定不同，它只是一种软性的理智约束，通过组织的共同价值观不断地向个人价值观渗透和内化，使组织自动生成一套自我调控机制，以一种适应性文化引导着组织的行为和活动。

（4）发展功能。组织在不断的发展过程中所形成的文化沉淀，通过无数次的辐射、反馈和强化，会随着实践的发展而不断地更新和优化，推动组织文化从一个高度向另一个高度迈进。

（5）持续功能。组织文化的形成是一个复杂的过程，往往会受到政治的、社会的、人文的和自然环境等诸多因素的影响，因此，它的形成需要经过长期的倡导和培育。与任何文化都有历史继承性一样，组织文化一经形成，便会具有持续性，并不会因为组织战略或领导层的人事变动而立即消失。

6. 组织文化建设的途径

组织文化建设是个长期的过程，同时也是组织发展过程中的一项艰巨、细致的系统工程。从路径上讲，组织文化的建设需要经过以下五个过程。

（1）选择合适的组织价值观标准。组织价值观是整个组织文化的核心，选择正确的组织价值观是塑造良好组织文化的首要战略问题。选择组织价值观首要要立足于本组织的具体特点，根据自己的目的、环境要求和组成方式等特点选择适合自身发展的组织文化模式。其次要把握住组织价值观与组织文化各要素之间的相互协调，因为各要素只有经过科学的组合与匹配才能实现系统整体优化。

（2）强化员工的认同感。在选择并确立了组织价值观和组织文化模式之后，就应把基本认可的方案通过一定的强化灌输方法使其深入人心。具体做法如下：利用一切宣传媒体，宣传组织文化的内容和精要，使之家喻户晓，以创造浓厚的环境氛围；培养和树立典型，榜样和英雄人物是组织精神和组织文化的人格化身与形象缩影，能够以其特有的感召力和影响力为组织成员提供可以仿效的具体榜样；加强相关培训教育。有目的的培训与教育，能够使组织成员系统地接受组织的价值观并强化员工的认同感。

（3）提炼定格。组织价值观的形成不是一蹴而就的，必须经过分析、归纳和提炼方能定格。在经过群众性的初步认同实践之后，应当将反馈回来的意见加以剖析和评价，详细分析和比较实践结果与规划方案的差距，必要时可吸收有关专家和员工的合理意见。在系统分析的基础上，进行综合化的整理、归纳、总结和反思，去除那些落后或不适宜的内容与形式，保留积极进步的形式与内容。把经过科学论证的和实践检验的组织精神、组织价值观、组织伦理与行为，予以条理化、完善化、格式化，再经过必要的理论加工和文字处理，用精练的语言表述出来。

（4）巩固落实。要巩固落实已提炼定格的组织文化，首先要建立必要的制度保障。在组织文化演变为全体员工的习惯行为之前，要使每一位成员在一开始就能自觉主动地按照组织文化和组织精神的标准去行动比较困难，即使在组织文化业已成熟的组织中，个别成员背离组织宗旨的行为也是经常发生的。因此，建立某种奖优罚劣的规章制度十分必要。其次，领导者在塑造组织文化的过程中起着决定性的作用，应起到率先垂范的作用。领导者必须更新观念并能带领组织成员为建设优秀组织文化而共同努力。

（5）在发展中不断丰富和完善。任何一种组织文化都是特定历史的产物，当组织的内部条件发生变化时，组织必须不失时机地丰富、完善和发展组织文化。这既是一个不断淘汰旧文化和不断生成新文化的过程，也是一个认识与实践不断深化的过程。组织文化由此经过不断的循环往复以达到更高的层次。

复习与练习

一、重点概念

组织　组织工作　组织结构设计　管理幅度　制度规范　职权配置　组织横向结构设计　组织纵向结构设计　职权　分权　集权　人员配置　人员选聘　人员培训　组织变革　组织文化

二、复习思考

1. 组织工作的内容有哪些？
2. 组织结构的形式有哪些？各有什么特点？
3. 怎样理解职权配置的含义及其类型？
4. 影响集权和分权的因素有哪些？
5. 何谓授权？其原则和步骤有哪些？
6. 制定制度规范的原则与程序是什么？
7. 人员选聘的方法和途径有哪些？
8. 人员选聘的步骤有哪些？
9. 人员培训的方式有哪些？
10. 怎样理解人员考核的目的、内容、程序和要求？
11. 什么是组织变革的动力和阻力？组织变革阻力的主要来源是什么？
12. 什么是组织文化？组织文化有什么功能？如何建立优秀的企业文化？

三、案例分析

法国统盛·普连德公司的集权与分权

法国统盛·普连德公司是一个生产电子产品、家用电器和医用电子仪器的大型工业企业，该公司下属分公司遍布全球，年销售额达数十亿欧元。如何管理这个庞大的企业，公司的总裁实行的是分权管理制度。统盛·普连德公司并不是把所有的权力分散，在分散小权力的同时，也集中一些大权力。如投资和财务方面的权力，是由总公司严格控制，另外公司还设定100多名管理控制员，分派到每个分公司，主要任务是观察各分公司的管理、生产、作业是否正常。

根据上面的描述，分析以下问题。

（1）衡量集权与分散的标志有哪些？
（2）结合案例谈一谈你对集权体制和分权体制的看法。
（3）既然是分权体制，集中大权力和派出管理控制员的做法是否有违分权的精神？

绿地公司的组织结构设计

绿地公司是我国南方一家种植和销售荔枝和桂圆两大类水果的家庭农场式企业，已经开办了20多年，拥有一片特别适合种植这两类水果的肥沃的土地。绿地公司目前已初具规模，积累了水果种植、存储、运输和营销的经验，能有效地向海内外提供高质量的水果。

绿地公司主要开展三个方面的活动：一是生产活动，由一大批工人和管理人员在田间劳动负责种植和收获水果；二是研发活动，由一批高薪聘来的农业科学家，负责开发新品种和提高产量；第三类是市场营销活动，由一批经验丰富、工作努力的销售人员负责走访各地的水果批发商和零售商。

绿地公司的管理一直没有制定太多的正式规则和政策，大家都很自觉地合作。但现在绿地公司业务扩展很快，有必要为公司建立起一种比较正规的组织结构。绿地公司请来的管理咨询人员指出他们有两种选择：一种是采取直线职能结构形式；另一种是按产品来划分部门，成立两个事业部。

根据上面的描述，分析以下问题。

（1）如果你是该公司的经营者，你将选择哪一种组织结构形式？说明你的理由。

（2）画出你所设计的组织结构图，注明组织层次和部门划分。

机器制造厂的人事决策

某厂是一家大型的机器制造厂，全厂员工有一万人左右。最近有几件事在厂部开会讨论时出现了分歧，事情是这样的：厂里最近产品滞销，厂部决定加强销售科的力量，原来的销售科长已退休，两位副科长显然能力不强，所以厂里急需一名销售科长。同时，为树立企业的良好形象，厂里决定成立公关部，公关部的经理又是急需的。还有，厂里的技术工人力量下降，需要三十至五十名技术工人。需要这些人是大家一致同意的。但是，如何落实这些人却有了不同看法。

人事科长认为：全部由厂领导圈定。

厂长认为：全部向社会公开招聘。

副厂长认为：向社会和企业内部公开招聘。

工会主席认为：两名干部可以公开招聘，几十名技术工人可以依靠培训。

这样共有了四个方案。

根据上面的描述，分析以下问题。

（1）如果你是决策者，你认为哪个方案较好？为什么？

（2）如果决定公开招聘，你将怎样组织选拔测评？

四、技能训练

实训项目 4-1　分析企业组织结构

【实训目标】

（1）通过对某一个企业组织结构的了解和分析，培养学生对有关知识的综合应用能力。

（2）培养对企业组织结构分析的初步能力。

（3）使学生掌握组织设计和分析的技能。

【实训内容及要求】
(1) 把全班学生按每 4~6 人一组分成若干个小组,每组选出一名组长,分别走访不同的企业。
(2) 要求学生了解某一企业的组织结构的设置及其相互之间的关系。
(3) 了解其中某一部门基层管理者人员的职责内容。
(4) 收集完信息后,组织探讨与分析诊断。
(5) 在班级内进行交流与研讨。

【实训成果】
(1) 要求每组学生画出所访问企业的组织结构图,为某一职务写一份说明书。
(2) 要求每位学生写一份 1 000 字左右的实训报告。

【实训考核与评价】
(1) 组长根据调查与研讨的表现,为每个成员评估打分。
(2) 指导老师根据各组及其成员在调查与研讨中的表现进行综合点评。
(3) 批改每位学生的实训报告,给出本次实训的成绩。

实训项目 4-2　选聘与培训能力

【实训目标】
(1) 增强对员工选聘、培训、评价的感性认识。
(2) 培养招聘与应聘的能力。
(3) 培养科学管理所属员工的初步能力。

【实训内容及要求】
(1) 阅读如下案例,并分析下列问题。
① 你认为从自身因素看,唐·威尔逊被解聘的原因有哪些?他究竟是否胜任这一工作?
② 赛德贝克保险公司在招聘、培训与考核过程中是否存在问题?
③ 如果你是唐的顶头上司,将如何处理此事?
(2) 先由个人阅读、分析案例,并写出发言提纲。
(3) 再以小组为单位进行讨论。

威尔逊为何被解雇

唐·威尔逊(Don Wilson)毕业于美国南方的一所大学,最近他被俄克拉荷马州特凯赛德斯城(Turkeysands)的赛德贝克(Saddleback)保险公司雇用了。他以前在芝加哥的一家大保险公司里担任索赔评定员,干了 3 年后,他对于总是处理索赔工作感到厌倦,希望能从事推销工作。赛德贝克公司最初在芝加哥面试了他,唐的服务经历证书表明他干得很棒。和唐的老板商谈后,赛德贝克公司将唐带到了特凯赛德斯城,几天后,唐接受了赛德贝克公司提供的职位,这意味着既可以增加收入又有机会去一个正在发展的销售地区工作。

赛德贝克保险公司要求所有的实习推销员都参加一个为期两周的销售培训班,以便他们熟悉公司的业务、销售技术和市场策略。每个实习推销员在结束学习后将跟随一个老推销员干上一年。培训部主任萨莉·琼斯(Sally Jones)和唐的老师感到唐对于他的新工作学习得很好,在 6 个月内就可以代表公司开展推销工作。萨莉建议将阿肯色州中部的一个地区交给唐，因为公司最近有个老推销员退休了。那个地区在过去的5年里是中部销售地区销售收入的主要来源。

唐接受了这项任务，但过了6个月，唐的顶头上司简·彼德斯（Jan Peters）对唐的工作能力、工作动机、所受的训练及工作经验产生了很大的怀疑。自从工作以来，唐既没有完成新订单的销售指标，也未能完成成本指标。为了找出问题的所在，简和唐谈了好几次。

接着简让自己的一个助手兰迪·马修斯（Rand Mathews）经常去看望唐以观察其推销技术。在3年内，兰迪到唐那儿去了30次。兰迪在向简的汇报中认为唐所受的训练很糟，当顾客询问有关该公司保险政策方面的技术问题时唐变得很急躁，而且他办公室里的同事们也没能接受他。兰迪认为唐的同事之所以不接受唐是因为他是个单身汉，而且喜欢打网球，而他的同事都是成了家的而且都属于相同的乡村俱乐部和高尔夫球俱乐部，保险单往往是在打高尔夫球或在乡村俱乐部中喝酒时签订的。

在接下来的几个月中，唐的表现仍无起色。简决定把这情况告诉萨莉，萨莉认为她应该和唐谈谈。当萨莉打电话告诉唐这些事时，唐很难过。他说他感到被出卖了，他原以为兰迪是来给他出主意的，没想到他是来监视自己的。萨莉给唐打电话后几个月，唐得了流感而且看上去得病上一阵子。唐休息了3天后，简打电话问他能否回来上班，因为业务正在好起来，唐回答说医生让他休息整整一周。但第5天上午他感到有些烦躁，天气又那么好，于是他骑车去一家距他家不到10分钟路程的修鞋店。当他进去时，他一眼瞥见简从那儿路过。

周一他上班时在办公桌上发现了一张"解雇通知书"，周五将是他上班的最后一天。

【实训成果】
每个人分析案例并写出提纲。

【实训考核与评价】
（1）由同学根据成员在交流过程中的表现，为每个成员评估打分。
（2）指导老师根据各小组及其成员的表现和案例分析提纲进行综合评价。

第 5 单元

领　　导

学习目标

1. 知识目标

（1）掌握领导的含义，明确领导的作用和权力类型。
（2）理解领导方式理论，掌握领导艺术。
（3）理解指挥的含义与协调的方式、方法，掌握有效指挥的形式。
（4）理解沟通的含义，掌握有效沟通的技巧。
（5）理解激励的含义，了解激励的原则与作用，掌握激励的方法和技巧。

2. 能力目标

（1）能运用领导理论分析实际问题，初步培养领导者的素质和领导工作的艺术性。
（2）能实现有效指挥，具有组织协调能力。
（3）能排除沟通障碍，并具有运用沟通技巧解决人际交往和有效沟通的能力。
（4）能运用合理的激励方法和技巧，激发员工的工作积极性，实现有效管理。

导入案例

任正非凭什么领导华为

一向被称为"低调、神秘"的任正非在2015年达沃斯论坛现场接受BBC采访时说："我不神秘，我又不懂技术、财务、管理，我就是坐在他们的车上，拉一拉，没有想象中的什么都有。我什么都没有……"

自谦"什么都没有"的任正非，领导着一个令世人瞩目的华为，尤其是近年来，华为不仅在业绩上的增长令人叹服，整体形象也正在成为中国最受尊敬的企业之一。

任正非是大气的，大气在于他的自我蜕变和转型。没有任正非的自我蜕变，就不可能有华为的今天。任正非选择的是"把任正非的华为，转变为华为的任正非"。而这一点，是无数家族企业创始人所难以逾越的障碍。

他又是小气的，小气在于他一直保持朴素品质。"以奋斗者为本，长期坚持艰苦奋斗"，这个听起来老掉牙的常识，却被任正非奉为真理，也被华为宣传为自己的核心价值观文化，并以极大的热忱和意志力将之传播，执行到了极致。

他是霸气的，独具卓越胆识。他在华为引入薇甘菊的概念。"我们做产品需要具备薇甘菊这样的能力，要在末端接入层成为霸主。"有这样的霸气，更需要有底气，他说："要成为行业的薇甘菊，就必须具备实力，没有实力是做不了霸主的。"

任正非是静气的。看似华为在疯狂扩张、野蛮成长，但任正非始终能够居安思危。过去20多年，任正非每天都在假定明天华为会垮掉。华为的德国顾问戴姆勒对此评价："任先生能这么想，20年后的华为会活得更强大。德国能有今天，就是因为我们民族总有危机意识。"

领导者的个性特征和领导艺术决定了企业的价值观和发展方向。从华为的发展轨迹中，不难看出任正非本人所具备的领导力。

任正非一手创建的华为，无论从价值体系上还是从经营模式上都贯穿着他本人的个性特征。其思想、理念存在于华为的文化、制度、产品以及每一次变革中。华为的理念激发员工为事业奋斗，华为的制度激励员工甘于奉献，组织中的每个人都在受到任正非的影响，并去影响他人。

（资料来源：http://news.eeworld.com.cn/xfdz/2015/0228/article_40293.html）

5.1 领导职能概述

5.1.1 领导的含义与作用

1. 领导的含义

领导是指管理者依靠其影响力，指挥、带领、引导和鼓励被领导者，实现组织目标的活动和艺术。其基本含义包括以下三个方面。

（1）领导是一种活动，是带领、引导和鼓舞组织成员完成工作、实现目标的过程。

（2）领导的本质是一种影响力。领导者拥有影响被领导者的能力或力量，它既包括由组织赋予的职位权力，也包括领导者个人所具有的影响力。当一个领导者的职位权威不足以说服下属从事适当的活动时，领导是无效的。

（3）领导的目的是实现组织目标。领导必须通过影响下属为实现组织的目标而努力。

◆ **相关链接**

关于领导的概念区别

1. 领导和领导者

领导是一种社会活动，特指领导者的角色行为，即对他人施加影响力，使之致力于实现组织预期目标的活动过程。领导者是一种社会角色，特指领导活动的行为主体，即能实现领导过程的人。

2. 领导与管理

领导和管理是两个既有联系，又有区别的概念。二者的共性都是通过指挥他人行为来有效实现组织目标的活动。从管理学的角度而言，领导是管理的基本职能之一。但是，领导和管理活动的特点和重点有所不同。领导活动与人的因素密切关联，侧重于对人的指挥和激励，更强调通过领导者的影响力、艺术性和非程序化管理，来组织成员完成目标的活动。而管理活动则强调管理者的职责以及管理工作的科学性和规范性，偏重于计划、组织与控制等具体的职能和活动。例如，管理意味操纵事件、维持秩序、控制偏差，领导意味着前进、指引、带领跟随者探索新领域。管理者通过计划和预算处理复杂问题，他们设置目标、确定完成目标的方法、分配资源以实现目标。相反，领导者首先规划组织的愿景以引导下属的行为，然后开发创新战略去实现愿景。

2. 领导的作用

领导是一门科学，也是一种艺术，组织绩效的高低与领导行为关系密切，并取决于领导者的综合素养。它通过指挥、带领、引导、鼓励下属为实现既定的管理目标而努力。归纳起来，领导的作用主要体现在以下四个方面。

◆ **管理故事**

用人之道

去过庙的人都知道，一进庙门，首先是弥勒佛，笑脸迎客，而在他的背面，则是黑口黑脸的韦陀。但相传在很久以前，他们并不在同一个庙里，而是分别掌管不同的庙。

弥勒佛热情快乐，所以来的人非常多，但他什么都不在乎，丢三落四，没有好好地管理账务，所以依然入不敷出。而韦陀虽然管账是一把好手，但成天阴着个脸，太过严肃，搞得人越来越少，最后香火断绝。

佛祖在查香火的时候发现了这个问题，就将他们俩放在同一个庙里，由弥勒佛负责公关，笑迎八方客，于是香火大旺。而韦陀铁面无私，锱铢必较，则让他负责财务，严格把关。在两人的分工合作中，庙里一派欣欣向荣的景象。

管理启示：其实在用人大师的眼里，没有废人，正如武功高手，不需名贵宝剑，摘花飞叶即可伤人，关键看如何运用。

(资料来源：https://www.docin.com/touch_new/preview_new.do?id=814472117)

（1）指挥作用。在组织活动中，领导者应该通过正确的引导，帮助组织成员认清形势，充分了解组织活动所处的外部环境和内部条件，明确目标并帮助组织成员最大限度地去实现。在此过程中，领导者不仅要高瞻远瞩，运筹帷幄，而且要准确定位自己在组织活动中的角色，作为带头人去引导组织成员奋力前进，实现目标，而不是站在组织成员的背后去推动或督促。领导者只有站在组织成员的前面，用自己的行动带领大家为实现组织的目标而努力，才能真正起到指挥的作用。

（2）激励作用。任何组织都是由具有不同欲望需求和行为态度的个人所组成的，组织成员的个人目标与组织的整体目标不可能完全一致。领导活动的目的就在于把个人目标和组织的整体目标有机地结合起来，使组织内部的所有成员都能够最大限度地发挥其才能，引导组织成员满腔热忱地为实现组织目标做出贡献。作为组织的领导者，就必须关心下属，激励和鼓舞下属的斗志，调动组织中每个成员的积极性和进取心。如果领导者不具备激励和鼓舞下属的能力，那么即使组织内部拥有再多的优秀人才，也很难发挥其整体作用。

（3）协调作用。在组织管理活动中，即使有了明确的目标，由于每一位组织成员在性格、能力以及其在组织中所处的地位存在差异，加之外部环境因素的影响，组织成员会在思想和认知上产生各种分歧，行动上会出现偏离目标的现象。因此，在组织活动开展时，领导者需要协调组织内部成员之间的关系，使各成员能够在和谐的氛围之中实现工作目标。

（4）沟通作用。领导者是组织活动的主体，在信息传递方面发挥着重要作用。在管理的各层次中做到上情下达，下情上达，以保证科学决策和组织活动的顺利进行。领导者可以通过信息的传输、交换、反馈、人际交往、关系融通和情感交流等方式实现与相关方的有效沟通。

3. 领导的手段

领导就是通过指挥、激励、沟通、协调等方式来实现其职能和目标。因此，指挥、激励、沟通、协调是领导职能的重要手段。

5.1.2 领导的影响力

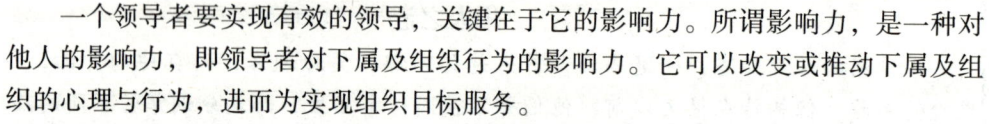

一个领导者要实现有效的领导，关键在于它的影响力。所谓影响力，是一种对他人的影响力，即领导者对下属及组织行为的影响力。它可以改变或推动下属及组织的心理与行为，进而为实现组织目标服务。

影响力的基础是权力，即指挥下级和促使下级服从的强制和支配力量。领导者的影响力主要来自两个方面：一是职位权力，即职权，也称为正式权力。这种权力是根据领导者在组织中所处的位置，由上级和组织赋予的。二是个人权力，也称为非正式权力。这种权力不是由于领导者在组织中的位置，而是由于自身的某些特殊条件所具有的个人威望。

1. 职位权力

（1）法定性权力，是由个人在组织中的职位决定的。个人由于被任命担任某一职位，因而获得了相应的法定性权力和权威地位。

（2）奖赏性权力，是指个人控制着对方所重视的资源，而对其施加影响的能力。奖赏性权力的实施方式主要有鼓励、表扬、奖励、晋升、提薪等。

（3）惩罚性权力，是指通过强制性的处罚或剥夺而影响他人的能力。实际上是利用人们对惩罚和失去既得利益的恐慌心理而影响和改变他人的态度和行为。惩罚性权力实施的方式主要有批评、罚款、降职、降薪、撤职、解雇等。

2. 个人权力

（1）专长性权力，是由个人在某一领域所持有的专长而影响他人的能力。一个人由于具有某种专业知识、特殊技能和经验，因而赢得了人们的尊敬，人们就会在一些问题上服从于他的判断和决定。

（2）感召性权力，是由于领导者拥有吸引他人的个性品质、作风而引起的人们的认同、赞赏、钦佩、羡慕而自愿追随和服从。若一个人拥有独特的个人特质、超凡的能力和优秀的思想品德，就会得到下属的认同、景仰和崇拜，以致达到要模仿他的行为和态度，这样他对下属就有了感召性权力。

上述这些权力形成了领导者各种影响力的基础。显然，有效的领导者不仅要依靠职位、权力，还必须具有个人内在的影响力，这样才会使下属心悦诚服、心甘情愿地跟随领导者干好工作，完成任务。

5.2 领导方式与领导艺术

5.2.1 领导方式的概念和基本类型

领导方式就是领导者对待被领导者的行为模式，实质就是如何领导的问题。美国心理学家勒温在实验研究的基础上，把领导方式分为专制式、民主式、放任式三种基本类型。

（1）专制式，亦称专权式或独裁式。这类领导者是由个人独自做出决策，然后命令下属予以执行，并要求下属不容置疑地遵从其命令。

（2）民主式。在民主式领导风格下，领导者在采取行动方案或做出决策之前会主动听取下属意见，或者吸收下级人员参与决策的制定。

（3）放任式。放任式领导者的主要特点是极少运用其权力影响下属，而给下属以高度的独立性，以至于达到了放任自流和行为根本不受约束的程度。

以上三种领导方式下的领导行为各有优缺点。民主式领导方式工作效率最高，不但能够完成工作目标，而且组织成员之间关系融洽，工作积极主动、富有创造性；放任式的领导方式工作效率最低，工作中只能达到组织成员的社交目标，而完不成工作目标；专制式的领导方式虽然通过严格管理能够达到既定的任务目标，但组织成员没有责任感，情绪消极，士气低落。但是上述结论不能绝对化，必须根据管理目标、任务、管理环境、条件，以及管理者自身因素灵活地选择领导方式。最适应的领导方式才是最好的领导方式。

◆ 相关链接

初创企业领导方式选择：强势与宽容如何选择

CEO 应当采用怎样的领导和管理风格呢？这是一家初创企业要面对的首要问题之一。一般来说，领导风格分为两类：强势型与温和型。强势型领导的特点是目标明确，纪律严明，务实，注重结果，集权式管理。宽容型领导的特点是开放式管理，分权，具有探索性，注重激发员工天生的创造力。这是两种截然不同的管理风格，无所谓哪种好哪种不好。你只要知道这两种风格适用于不同的公司和市场环境就可以了。

5.2.2 领导理论

按领导理论的时间和逻辑顺序，分为特质理论、行为理论和权变（情境）理论三大类。

1. 特质理论

领导特质理论形成于 20 世纪初到 20 世纪 40 年代，重点研究领导者的性格、品质方面的特征，作为描述和预测其领导成效的标准。其目的是区分领导者与一般人的不同特点，并以此来解释他们成为领导者的原因，同时作为培养、选拔和考核领导者以及预测其领导有效性的依据。

关于三种领导方式的实验

该理论认为，要有效地发挥领导作用，必须具备某些优秀的个人特性或素质。该理论分为传统特质理论和现代特质理论。传统特质理论认为，领导者的品质生而具有；而现代特质理论认为，领导者的品质在实践中形成，可以培养与训练。

但是一些管理学家通过试验研究表明，领导者并不一定都具有比被领导者高明的特殊品质，实际上他们与被领导者在个人品质上并没有显著的差异。此外，特质理论并不能使人明确，一个领导者究竟应在多大程度上具备某种特质。因此，对领导特质理论需要正确地理解和恰当的应用，不能绝对化。尽管如此，但研究发现，领导者有六项特质不同于非领导者，即进取心、领导愿望、正直与诚实、自信、智慧和工作相关知识。

总之，领导特质理论的研究意义在于，它为组织提供了一些选拔领导者的依据，但同时特质理论又难以充分说明领导的有效性问题。

2. 行为理论

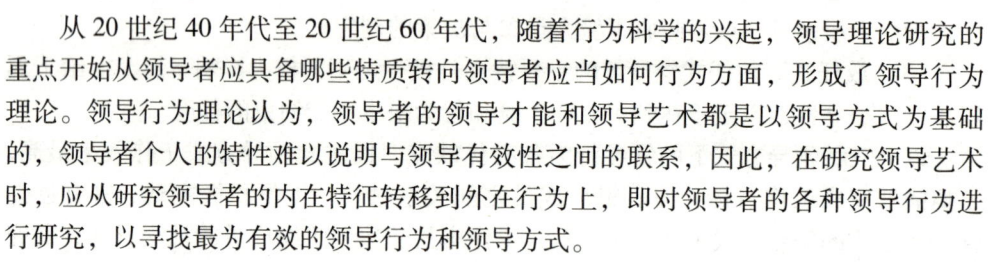

从 20 世纪 40 年代至 20 世纪 60 年代，随着行为科学的兴起，领导理论研究的重点开始从领导者应具备哪些特质转向领导者应当如何行为方面，形成了领导行为理论。领导行为理论认为，领导者的领导才能和领导艺术都是以领导方式为基础的，领导者个人的特性难以说明与领导有效性之间的联系，因此，在研究领导艺术时，应从研究领导者的内在特征转移到外在行为上，即对领导者的各种领导行为进行研究，以寻找最为有效的领导行为和领导方式。

领导行为研究的理论模式很多，归纳起来，大致分两类：一是基于权力运用的领导方式分类，主要包括勒温的"三种领导方式理论"和利克特的"支持关系理论"；二是基于态度和行为倾向的领导方式分类，主要包括"四分图理论"和"管理方格理论"。这里主要介绍四分图理论和管理方格理论。

1）四分图理论

美国俄亥俄州立大学的研究人员弗莱西曼和他的同事们从 1945 年起对领导问题进行了广泛的研究。他们的研究样本，是国际收割机公司的一家卡车生产厂。他们的研究结果本来罗列了十种不同的领导方式，但最后，他们把这十种类型进一步分为两个维度，即领导方式的关怀维度和定规维度。

关怀维度是指一位领导者对其下属所给予的尊重、信任以及相互了解的程度，从高度关怀到低度关怀，中间可以有无数不同程度的关怀。定规维度是指领导者对于下属的地位、角色、工作方式等是否都制定有规章或工作程序。

该理论认为，根据两个维度，领导者可以分成四个基本类型，即高关怀—高定规、高关怀—低定规、低关怀—高定规、低关怀—低定规，如图 5-1 所示。在两个维度方面皆高的领导者，一般更能使下属达到高绩效和高满意度。不过高关怀—高定规型风格并不总是产生积极效果；而其他三种维度组合类型的领导者行为，普遍与较多的缺勤、事故、抱怨以及离职有关。其他发现还有，领导者的直接上级给领导者的绩效评

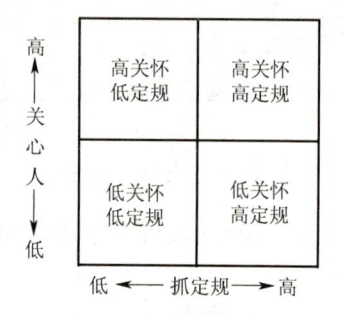

图 5-1 领导行为四分图

估等级，与高关怀性成负相关。

一般来说，中国企业的领导者采取的是高关怀—低定规的领导方式；而西方国家的领导者采取的是一种高关怀—高定规的领导方式。

2）管理方格理论

四分图理论引起了对理想的领导方式的广泛讨论。理论界普遍认为理想的方式既要是绩效型又要是关怀型。美国得克萨斯大学的布莱克和穆顿对理想的领导方式加以分析综合，于1964年提出了管理方格理论。该理论用令人醒目的图表示出主管人员对生产关心程度和对人的关心程度。对生产的关心表示企业领导者对各种事务所持的态度，如政策决定的质量、程序与过程；研究的创造性；职能人员的服务质量、工作效率及产品产量等。对人的关心则主要表现在个人对实现目标所承担的责任，保持职工的自尊，建立在信任而非顺从基础上的职责，保持良好的工作环境以及只有满意感的人际关系等。

该理论认为，领导者在对生产（工作）关心与对人关心之间存在着多种复杂的领导方式，因此，用二维坐标图来加以表示，如图5-2所示。以横坐标代表领导者对生产的关心；以纵坐标代表领导者对人的关心。各划分九个格，反映关心的程度，1代表关心程度最小，5代表中等的或平均的关心程度，9代表关心程度最大，这样就交叉形成81个方格，每一方格代表这两个方面以不同程度结合的领导方式。

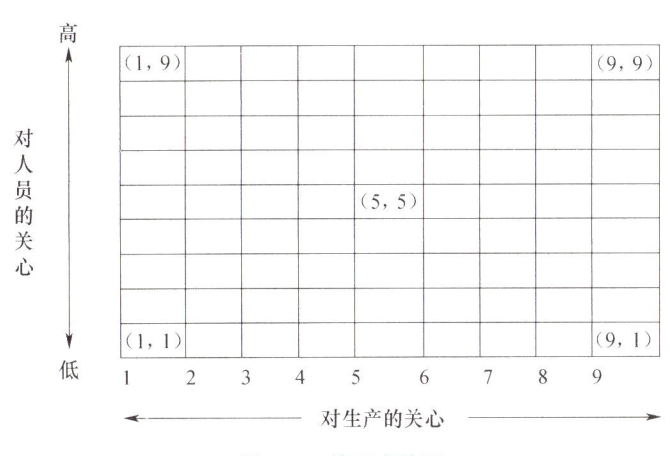

图5-2　管理方格图

（1，1）型：贫乏式领导。这种领导既不关心生产，又不关心人。表现为只做最低限度的努力，以求完成工作。这实际上是一个饱食终日，无所用心的人。

（9，1）型：任务式领导。这是任务第一的领导者，他非常关心生产，但不关心人。这种领导者能够集中精神去完成任务，却很少注意关心下级，不讲究提高下级的士气。

（1，9）型：逍遥式领导。领导者充分注意搞好人际关系，增进同事和下级对自己的良好感情，营造和谐的组织气氛，内部一团和气，太平无事，但忙忙碌碌，不关心生产，效益很差。

（5，5）型：中间路线式领导。这是一个一般化的领导，他对生产和人的关心都处在一般状态，保持着两者的基本平衡，使职工基本上得到满足，以取得正常的工作水平。

(9，9)型：协作式领导。这类领导无论是对于人员还是生产都表现出最大可能的献身精神。他把组织目标的实现与满足职工的需要放在同等重要的地位，既有严格的管理，又有对人高度的关心，因而，职工关系协调，士气旺盛，生产任务完成得出色。

一个领导者较为理性的选择是：在不低于（5，5）的水平上，根据生产任务与环境等情况，在一定时期内，在关心生产与关心人之间作适当的倾斜，实行一种动态的平衡，并努力向（9，9）型靠拢。

3. 权变（情景）理论

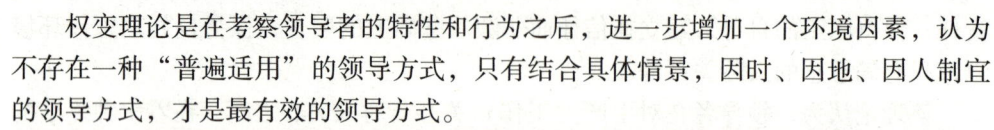

权变理论是在考察领导者的特性和行为之后，进一步增加一个环境因素，认为不存在一种"普遍适用"的领导方式，只有结合具体情景，因时、因地、因人制宜的领导方式，才是最有效的领导方式。

这一理论有两大流派：一派认为领导者的个性特征是稳定的，要提高效率，必须探索领导者个性特征与情景特征之间的关系，安排领导者到适合他个性的环境中。另一派认为领导者的领导作风和领导行为可以改变，优秀的领导者应善于分析下级个性特点和环境因素，并据具体条件选择运用恰当的领导方式。这里主要介绍菲德勒的领导权变理论和罗伯特·豪斯的路径—目标理论。

1）菲德勒权变理论

美国管理学家菲德勒提出的权变理论认为，领导工作是一个过程，在这个过程中，领导者施加影响的能力取决于群体的工作环境、领导者的风格和个性及领导方法对群体的适合程度，用公式表示为：

$$S = f(L, F, E)$$

其中，S 为领导方式；L 为领导者特征；F 为被领导者特征；E 为环境特征。

菲德勒认为，对一个领导者的工作最起影响作用的三个基本因素是职位权力、任务结构和上下级关系。所谓职位权力是指领导者所处的职位具有的权威和权力的大小，或者说领导的法定权、强制权、奖励权的大小。权力越大，群体成员遵从指导的程度越高，领导的环境也就越好；反之，则越差。任务结构是指任务的明确程度和被领导者对这些任务的负责程度。如果这些任务越明确，而且被领导者责任心越强，则领导环境越好；反之，则越差。上下级关系是指下级乐于追随上级的程度。如果下级对上级越尊重，并且乐于追随，则上下级关系越好，领导环境也越好；反之，则越差。

以上三项均具备，则为有效的领导行为提供了有利条件，反之，则为不利条件。领导者应该根据领导者特征、被领导者特征以及环境特征这三方面的变化，以确定适当的领导方式。

2）路径—目标理论

这是美国管理学者罗伯特·豪斯提出的一种领导权变理论。该理论认为领导者的工作是帮助下属理解组织的目标，并提供必要的指导和支持，以使下属遵循实现目标的途径。

而领导者的行为被下属接受的程度，取决于下属是将这种行为视为获得当前满足的源泉，还是作为未来满足的手段。领导者行为的激励作用在于：使下属的需要得到满足并提供有效绩效所必需的辅导、指导、支持和奖励。该理论认为，对于一个领导者来说，没有什么固定不变的最佳领导行为，要根据不同的环境选用适当的领导方式，豪斯总结了以下四种领导行为。

第一，指导型。这种行为的领导者让下属知道对他们的期望是什么，以及他们完成工作的时间安排，并对如何完成任务给予具体指导。这种领导行为适合于不清晰的工作或领导没有经验的下属。但对于有广泛的经验和清晰的工作，例如会计工作，指导型的领导行为只会令下属反感。

第二，支持型。领导十分友善，表现出对下属需要的关怀。当下属处于受挫和不满意时，这类领导行为对下属的业绩能产生最大的影响。在工作环境不好，下属感到灰心的时候，支持型的领导行为则最合适，可以重新建立下属的信心。

第三，参与型。领导者与下属共同磋商，并在决策之前充分考虑他们的建议。这种领导行为是领导有内在控制能力的下属，由于他们认为自己具有影响力，因此特别喜欢参与决策。

第四，成就导向型。领导设定富有挑战性的目标，并期望下属发挥出自己的最佳水平。这种领导行为适用于复杂的工作，因为这种行为可以通过加强下属完成工作的信心来增加他们付出的努力，从而改善工作表现。

5.2.3　领导艺术

领导艺术，就是领导者在一定知识、经验和辩证思维的基础上，富有创造性地运用领导原则和方法的才能。领导艺术是领导者的一种特殊才能，这种才能表现为创造性地灵活运用已经掌握的科学知识和领导方法，是领导者的智慧、学识、胆略、经验、作风、品格、方法、能力的综合体现。同时领导艺术具有经验性、创造性、非规范性、灵活性等特征。

领导艺术的内容归结起来，大体上有三类五种艺术：一是将其视为履行职能的艺术，包括决策艺术、授权和用权艺术、用人艺术；二是将其视为提高工作效率的艺术；三是处理人际关系的艺术。

1. 决策艺术

领导在决策方面，应做到科学与经验的结合，在综合性知识的基础上创造性地发挥。具体而言，在运筹时，要做到统筹兼顾，把握关键，在决断时，要指令明确、决断及时，充分发挥判断力、想象力、洞察力和应变力。同时，要善于调动他人的积极性，善于借用外脑。

2. 授权和用权艺术

授权艺术主要是根据具体情况而合理地选择。通常授权方式包括以下七种类型。一是授权留责，即领导者将权力授予下级后，下级在工作中出问题时，下级要负责任，领导也应负领导责任，士卒犯罪，过及主帅。二是视能授权，即领导者向下级授权，授什么权，授多大权，应根据下级能力的高低而定。三是明确责权，即领导者向被授权者授权时，应明确所授工作任务的目标、责任和权力，不能含混不清、模棱两可。四是适度授权，即领导者授权时应分清哪些权力可以下授，哪些权力应该保留。五是监督控制，即领导者授权后，对下属的工作要进行合理的以及适度的监督控制，防止放任自流或过细的工作检查两种极端现象。六是逐级授权，即领导者只能对自己的直接下级授权，不能越级授权。七是防止反向授权。用权艺术主要包括规范化用权、实效化用权和体制外用权。

◆ **管理故事**

子贱放权

孔子的学生子贱有一次奉命担任某地方的官吏。他到任以后，经常弹琴自娱，不问政事。可是，他所管辖的地方却治理得井井有条，民兴业旺。这使那位卸任的官吏百思不得其解，因为他每天勤勤恳恳，从早忙到晚，也没有把那个地方治理好。于是他请教子贱："为什么你逍遥自在、不问政事，却能把这个地方治理得这么好？"子贱回答说："你只靠自己的力量去治理，所以十分辛苦；而我却是借助下属的力量来完成任务。"

管理启示：一个聪明的管理者，应该懂得如何正确地发挥下属的才智、利用下属的力量，而不是管这管那、事必躬亲、把一切事情都揽在自己身上。为此，必须掌握有效授权和用权艺术。

（资料来源：DWB 管理精髓小故事 100 例）

3. 用人艺术

领导者用人的艺术主要有：合理选择，知人善任；扬长避短、宽容待人；合理使用，积极培养；用人要正、激励人才。

◆ **管理故事**

刘邦的用人艺术

公元前 202 年，垓下一战，刘邦灭掉项羽登上了皇帝的宝座。在庆功会上，刘邦问群臣自己成功的原因。群臣把功劳归于刘邦一人，并极尽赞美之词。刘邦说："你们讲的都不对，我之所以能成功是因为我会用人。运筹帷幄，决胜千里，我不如张良；囤积粮草，安抚百姓，我不如萧何；两军对垒，百战百胜，我不如韩信。他们都是人间的豪杰，而我能够用他们，这就是我成功的原因。项羽虽有一个范增，还怀疑不能重用，这就是项羽失败的原因。"

管理启示：用人之长，人事相宜。巧匠无弃木，圣人无弃才，用人就是要做到人事相宜。为官择人者治，为人设官者乱，在用人问题上切忌因人设事。

4. 提高工作效率的艺术

一是领导必须干领导的事。牢记领导的职责，干自己应该做的事，不干下属可以做的工作，要带领群众前进，而不是代替群众前进。事无巨细，事必躬亲只是"小生产"的美德。

二是任何工作都要回答"三个能不能"，即能不能取消、能不能合并、能不能采用更为简单的方法和途径。

三是要不断地总结经验教训。凡是历史上出现过的错误，都不要再犯，那么工作效率就会大幅度提高。

四是提高会议效率。

五是善于运筹时间。时间是最宝贵财富，时间就是金钱，也是最容易消耗和无法储存的物资。要珍惜这项最稀缺的资源，充分利用自己有限的时间，浪费时间就是浪费生命。

六是要精兵简政。应多考虑领导的效率，要用最少的投入来换取最大的收益。

5. 处理人际关系的艺术

善于处理各级各类关系。对待下级，要知人善任，关心、爱护，助人发展，做到上下沟通等。对待同级，要积极配合而不越位专权，明辨是非而不斤斤计较，见贤思齐而不妒贤嫉能，相互沟通而不怨恨猜疑，支持帮助而不揽功推过。对待上级，要找准自己的位置，出力而不"越位"，善于领会领导意图并替领导分忧，适应上级的特点与习惯来开展工作，在上级面前守规矩而不拘束，运用等距外交，避免亲疏不一，着眼做好自己的工作。

在人际沟通方面，要态度和蔼、平等待人；尊重别人，注意方法；简化语言；积极倾听；抑制情绪；把握主动；创造互信环境。

在处理人际纠纷方面，要严己宽人；分寸得当，审时度势；讲究策略；把握主动。

5.3 指挥与协调

5.3.1 指挥的含义

指挥的含义有广义和狭义之分。广义指挥包括指示、部署、指导和协调等基本手段；狭义指挥是指事前准备工作的安排与组织、目标任务的部署与指派、所需资源的分配与落实、实施过程中的指导与激励、矛盾协调等工作环节与行为。

领导艺术

5.3.2 指挥的形式与艺术

1. 载体不同的指挥形式

管理者的指挥形式，按所采用的载体不同，可划分为口头指挥、书面指挥和会议指挥三种，如表5-1所示。

表5-1 载体不同的指挥形式

名称	含义	特点	注意事项
口头指挥	即管理者用口头语言的形式直接进行指挥	直接、简明、快速、方便	（1）内容表达要清晰、准确； （2）用语简洁有力，详略得当； （3）讲究语言艺术
书面指挥	即采用书面文字形式进行指挥	准确性、规范性、确定性和可储存性	（1）加强针对性； （2）增强规范性； （3）提高写作质量
会议指挥	这是一种通过多人聚集，共同研究或布置工作的指挥形式	快速下达、即时反馈	（1）控制会议的议题与规模、次数； （2）必须做好充分的会议前准备； （3）科学地掌握会议； （4）狠抓会议内容的落实与反馈

2. 强制程度不同的指挥形式

管理者的指挥行为，一般都带有一定程度的强制性。但指挥又不是单纯的强制行为，总是需要辅以一定程度的说服、教育与思想工作，两方面相互配合，不可偏废。按强制程度不同，指挥形式主要可分为命令、决定、建议、说服、暗示、示范等，如表 5-2 所示。

表 5-2　强制程度不同的指挥形式

名称	含义	特点	注意事项
命令、决定	命令是要求下级无条件执行；决定是对一些事项所做出的决策或规定	强制性、直接性和时效性	（1）必须遵循客观规律，坚持从实际出发； （2）必须采取简明扼要的表达方式，并有很强的可操作性； （3）注意实施方式的艺术性和有效性
建议、说服	建议是以平等身份提出供参考的意见；说服是摆事实，讲道理，以理服人	引导、说理性质，不带或只有微弱的强制性	（1）要以平等的身份进行交流； （2）管理者提出的见解、意见要有较高水平； （3）加强信息反馈与控制
暗示、示范	暗示是指管理者通过各种语言、行为、政策及其他形式，对下级的行为进行某种隐含性的引导；示范则指管理者以自身的模范带头作用来影响、带动下级的行为	隐含性、间接性和自觉自愿性	（1）要有鲜明的目的性； （2）选择恰当的行为方式； （3）要有其他形式的有机配合

5.3.3　有效指挥

指挥的有效性主要受五个方面的因素影响，分别是权威、指挥内容的科学性、指挥形式的适宜性、指挥对象和环境，只有综合处理好这些因素之间的关系，才能实现有效指挥。一般地说，有效指挥应该从以下方面做起。

1. 工作实施准备

（1）要"吃透两头"。有效实施的前提，是"吃透两头"。既要正确把握目标任务要求，又要全面了解与任务完成相关的各种制约因素。

（2）配置好资源。特别是人员、资金与所需物资，在数量和质量上要与实现工作任务的要求相匹配。

2. 工作部署

（1）选准时机要抓住机遇。借助某种机遇来推进目标与任务的落实，充分利用各种有利的时机、氛围、条件，为任务的落实创造尽可能好的环境因素。

（2）部署任务要清晰明确。对目标与任务进行分解，落实到人；对目标标准和完成目标的时限要明确并量化；要求下级做出可行性方案；为了确保工作的完成，要将资源、条件和权限下放给下级。

(3) 实行严格的工作责任制。建立科学有效的责任制，责任到人。为了任务的完成，要充分放权，并建立有效激励和严格的责任追究措施、制度。

3. 指导与激励

管理者要结合实际的工作，及时地进行指挥与指导，并适时地进行激励，最大限度地调动员工努力工作的积极性，以促进工作的有效开展。

4. 工作协调

工作协调是指通过各种管理手段，解决组织运行中的各种矛盾，使经营管理活动平衡、有效地运行和稳定发展的管理行为。

◆ 管理案例

口红的颜色

在一家美国公司的操作间里，一位副总看见调色师正在调口红的颜色，走过去随便说了一句："这口红的颜色会好看吗？"

调色师听完以后，站起身来直视着他，回答道："第一，亲爱的黄副总（美国人通常都是叫名字的，叫了头衔就表示心中不太愉快了），这个口红的颜色还没有完全定案，定案以后我会拿给你看，你现在不必那么担心。第二，黄副总，我是一个专业的调色师，我有我的专业，如果你觉得你调得比较好，下个礼拜开始你可以调。第三，亲爱的黄副总，我这个口红是给女人用的，而你是个男人。如果所有的女人都喜欢用，而你不喜欢没有关系，如果你喜欢，别的女人却不喜欢，那就完了。"

"对不起……"这位副总此刻才知道自己管得太宽了，不由得脸一红，连声向那位调色师道歉。

管理启示：在日常管理中，领导如何处理好其指挥职能与激励下属工作的关系？是事必躬亲还是充分发挥下属的积极性？是越级检查还是越级指挥？这些都是需要认真对待的问题。如果一位主管太喜欢管事，一定程度上会影响下属的创意，束缚他们的行动。要让员工充分发挥自己的才能，就需要对其进行放权、分权，并给予充分的信任。只有如此，员工的工作才会不是由主管来决定，而是由自身工作的目标所决定。这样不仅能够发挥员工的积极性，而且也能培养他们处理问题的能力。

(资料来源：http://wenku.baidu.com/view/2e60a7d126fff705cc170a47.html)

5.3.4 协调与交涉

协调与交涉能力是化解矛盾、变消极因素为积极因素的能力，也是充分调动人的积极性的能力。协调是指通过各种管理和沟通手段，解决组织运行中的各种矛盾，使经营管理活动平衡、有效运行和稳定发展的管理行为。交涉是指人与人之间或者人与单位之间的处事、沟通的能力。

协调与交涉能力主要表现在以下三个方面。

(1) 有效的人际沟通能力。这是指领导者通过各种语言或其他媒介向他人传达某种信息，以有效地使他人获得理解，促进经营管理活动顺利地进行。领导者在管理活动中必须及时向下属、同层级人员、上级或其他人员传达信息。要使对方理解其信息，促进双方的协调就必须进行有效沟通。

(2) 高超的员工激励能力。领导者要善于利用各种手段激励员工，以激发员工的积极性、主动性和创造性。对此，领导者必须把握以下四个方面：一是对下属的不同需要和价值取向必须具有敏感性；二是必须努力提高下属工作积极性；三是必须保证下属员工感到组织的公平对待；四是要善于鼓励下属员工设立具体的有挑战性的现实合理的绩效目标。

（3）良好的人际交往能力。这是指领导者在人际交往中以各种技能来建立良好的人际关系的能力。领导者的人际交往能力是有效管理的前提条件。作为人际交往能力的重要部分，积极倾听、有效反馈、解决冲突和谈判都是领导者所应具备的技能。

5.3.5 协调的方式方法

协调包括工作协调和上下级关系协调两个方面。

工作协调包括横向协调和纵向协调两种。横向协调是在组织同一管理层次间的协调，一般实施较为困难，因为同一管理层次间是平级关系，不存在权威的干涉。纵向协调是组织纵向结构各管理层次间的协调，协调实施容易，因为存在权力隶属关系，权威可以干涉。

工作协调中横向协调的基本方式主要有以下三种。

（1）制度方式。通过建立科学有效的组织与管理制度，健全完善组织体系保证组织的协调。

（2）组织方式。在组织结构出现缺陷时，建立协调组织。

（3）人际关系方式。通过协调人际关系来协调组织。

工作协调中纵向协调的方式主要有以下三种。

（1）整个组织服从最高管理者的统一指挥，做到下级服从上级。

（2）整个组织内部要加强信息沟通，做到上情下达，下情上传。

（3）建立清晰的管理权力链，明确不同管理层的职责权限，并互相尊重职权。

在工作中，上下级关系的协调对组织至关重要，它包括上级关系协调和下级关系协调。通过协调，理顺上下级关系，使得上下级的思想、行动保持一致。

对于上级关系协调首先是要尊重职权，不越权，摆正位置。尊重领导的职权，既是对领导人的尊重，也是对组织及其管理工作秩序的尊重与服从。其次，协调上级关系的实质是下级要出色完成本职工作，具备很强的工作能力。再次，要做到重要工作要请示，重大问题要汇报，与上级主动沟通，保持必要的经常性联系。但同时也要保持适度的距离，做到"等距外交"，下级与领导的关系应该是一种默契的工作关系加亲密的同志友谊。

但是，在与上级共事的过程中，由于个性、工作等各种原因，可能会导致上下级的矛盾和冲突。那么首先就要以事实为依据，分清是非，划分责任；作为下级要以尊重的态度服从上级，认真查找自己的责任与原因，主动与上级沟通，修好关系。

对于下级关系的协调直接关系到组织的工作效率和稳定。对于领导者而言，协调下级关系首先应做到以人为本，尊重、关怀下级，关心下级的生活疾苦，关怀支持下级成长，为下级营造一个愉悦的社会生活；但同时也要做到严爱结合，必须从严要求，维护组织的权威与秩序。其次，对下级要充分信任，授予实权，把对下级的监督变成平等协商，激发下级工作的积极性，从而提高组织的绩效；同时也要对下级一视同仁，才能利于组织的团结与稳定。此外，还要与下级多沟通多联系，对于组织的重大事项尽可能让下级参与，既可以提高决策的可行性，又可以激发下级的工作积极性。

在与下级产生矛盾冲突时，作为领导者应该以宽容之心对待下级，放下架子主动找下级沟通，解决矛盾和冲突，这不但可以让下级心服，更可以让众人敬服。同时还要以毫无偏见的平等态度对下级错误之处进行批评，同时检讨自身错误。事后应该和好如初，依旧信任，这样在工作中不但不会产生隔阂，还能建立更加稳固的关系。

谈判技巧

◆ 相关链接

组织内部应该如何做好分工与协调？

分工与协调是组织的两项基本职能。其中，分工体现在组织结构的设计、岗位职责的分析与描述、绩效监督与考核等方面。那么，组织内部应该如何协调？

明茨伯格教授在《五行结构：设计卓有成效的组织》一书中提出：组织协调包括相互调节、直接监督、标准化等方法，其中标准化可以进一步分为工作流程、工作输出和员工技能的标准化。

5.3.6 交涉与谈判

领导者经常对难以解决又出现争执的问题，以及在争取客户，说服下属等管理活动中，影响或改变他人的态度和行为，往往会进行交涉与谈判。交涉与谈判的策略主要有以下四个方面。

（1）提出可行性方案。可行性方案是解决问题的依据，因此如何获得可行性方案至关重要。头脑风暴法是一种富有成效的解决问题的方法，头脑风暴可以形成全新的解决问题的思路。同时还要注意求同存异，在谋求自身利益的同时顾全对方利益，实现双赢，最终达成关键问题的一致。

（2）适度妥协。妥协是进行交涉经常会用到的策略，适度的妥协是获得谈判成功所必要的。在交涉和谈判过程中要抓住时机，综合分析谈判环境因素的影响，进行利益比较分析，可以根据自身的利益进行对等妥协，或者是通过适度妥协等方式来换取交涉与谈判的成功。

（3）威慑。威慑是利用一定势力所产生的威力、威望令对方所慑服的过程，通常是在交涉与谈判遇到僵局、面临失败，对方气焰嚣张的情况下会使用的一种方法。威慑者通过劝告、炫耀、暗示、布疑、通牒等方式给对方造成恐惧、紧张的心理，形成尽可能大的心理压力，同时进行软硬兼施，最终达到交涉与谈判成功的目的。

（4）相关辅助手段的运用。辅助手段包括体态语言、环境因素和心理因素。在自己熟悉的地点进行交涉谈判，在心理上就会占有优势，同时再利用情感、诚意、幽默和适当地使用"表演术"来烘托气氛，就能使交涉与谈判取得良好的效果。

5.4 沟通与激励

5.4.1 沟通的含义与类型

1. 沟通的含义

沟通是指为了达到某种目的，借助一定的手段和方式，将信息、思想和情感，在两个或两个以上的个体或群体中传递或交流的过程。著名的管理学大师彼得·德鲁克曾经说过："沟通不是万能的，没有沟通是万万不能的。"在管理中有一个"双70定律"，即：管理者有70%的时间都花在了沟通上，但工作中70%的失误都是由于沟通不当造成的，这足以显示出沟通在管理工作中的意义和重要性。

一个有效的沟通过程，必须包括以下4个方面的要素：

（1）信息源，即沟通时信息的发送者。发送者作为信息内容的提供者和传递者，是整个沟通过程的起点，在沟通过程中处于主动地位。

（2）信息内容，即沟通交流的内容，是沟通传递的客体。信息接受者并不能直接领会发送者内心的思想、观点和想法，他只有通过发送者所传递的信息内容来领会对方的情感、想法及观点。

（3）信息的接受者。接受者是信息接收及被告知的对象，处于信息沟通的被动地位。但需要指出的是，沟通是不断循环的过程，信息的发送者和接受者是相对而言的，双方身份是可以相互转换的。

（4）沟通渠道。渠道是由发送者选择的，借以传递信息内容的媒介物。信息传递的媒介物一般分为两种：一种是语言符号；另一种是非语言符号。其中，语言符号又可以分为口头和书面两种形式；非语言符号可以通过信息沟通双方的眼神、表情、动作和空间距离等来进行人与人之间的信息交流。

有效的沟通可以促使人们高效率地完成工作任务，享受更加美好的生活。善于沟通的人懂得如何维持和改善相互关系，更好地展示自我需要，发现他人需要，最终赢得更好的人际关系和成功的事业。

> ◆ 相关链接
>
> ### 沟通的重要性
>
> 在电影《荒岛余生》中，由汤姆·汉克斯（Tom Hanks）扮演的男主人公查克·诺兰德（Chuck Noland）在南太平洋上空遇难坠机而流落荒岛。因为孤独，他把一个排球作为最好的朋友和精神寄托，并为它取名"威尔逊（Wilson）"。当他的排球朋友威尔逊因狂风袭击而即将消失于大海时，他奋力去营救但无济于事，便对着排球远去的方向大喊："I'm sorry."这一情节令人感动地流下眼泪。我们离不开别人，更离不开沟通。

2. 沟通的类型

依据不同的标准，可以将沟通分为不同的类型。

（1）按照沟通方式的不同，沟通可划分为口头沟通、书面沟通、非语言沟通、网络媒介沟通等。

① 口头方式。人们之间最常见的交流方式是口头沟通。常见的口头沟通包括演说，正式的一对一讨论或小组讨论，非正式的讨论以及传闻或小道消息的传播。口头沟通的优点是快速传递和快速反馈。在这种方式下，信息可以在最短的时间里被传送，并在最短的时间里得到对方的回复。如果接收者对信息有所疑问，迅速的反馈可以使发送者及时检查其中不够明确的地方并进行改正。但是，当信息经过多人传送时，口头沟通的主要缺点便会暴露出来。在此过程中卷入的人越多，信息失真的潜在可能性就越大。每个人都以自己的方式解释信息，当信息到达终点时，其内容常常与最初的内容大相径庭。如果组织中的重要决策通过口头方式在权力金字塔中上下传递，则信息失真的可能性相当大。

② 书面方式。书面沟通包括备忘录、信件、组织内发行的期刊、布告栏及其他任何传递书面文字或符号的手段。书面沟通持久、有形、可以核实。一般情况下，发送者与接受者双方都拥有沟通记录，沟通的信息可以无限期地保存下去。如果对信息的内容有所疑问，过后的查询是完全可能的。因此书面沟通比口头沟通显得更为周密，逻辑性强，条理清楚。但是，书面沟通也有自己的缺陷。比如耗时，同是一个小时的测验，通过口试，学生们向老师传递的信息远比笔试来得多。事实上，花费一个小时写出来的东西，往往只需15分钟左右就能说完。书面沟通的另一个主要缺点是缺乏反馈。口头沟通能使接受者对其所听到的东西提出自己的看法，而书面沟通则不具备这种内在的反馈机制。其结果是无法确保所发出的信息能被接收到，即使被接收到，也无法保证接收者对信息的解释正好是发送者的本意。

③ 非语言方式。一些沟通既非口头形式也非书面形式，而是通过非文字的信息加以传递的。非语言沟通中最常见的是体态语言和语调。体态语言，包括手势、面部表情和其他的身体动作。比如，一副怒吼咆哮的面孔所表达的信息显然与微笑不同。手部动作、面部表情及其他姿态能够传达的信息意义有攻击、恐惧、腼腆、傲慢、愉快、愤然等。语调指的是个体对词汇或短语的强调。轻柔、平稳的声调和刺耳尖利、重音放在最后一词所产生的意义完全不同。一般人们会认为第一种语调表明某人在寻求更清楚的解释，第二种语调则表明了这个人的攻击性或防卫性。

④ 网络媒介方式。人们现在依赖各种各样的网络媒介来传递信息，如电子邮件、QQ、微信、微博。这些网络媒介不仅速度快，而且可以做到实时互动，并可以同时将信息传递给多人。

这四种沟通方式各有优缺点，如表5-3所示。

表5-3 四种沟通方式的优缺点分析

沟通方式	形式	优点	缺点
口头	交谈、讲座、讨论会、电话	快速传递、快速反馈、信息量很大	传递中经过层次越多信息失真越严重、核实越困难
书面	报告、备忘录、信件、文件、内部期刊、布告	持久、有形，可以核实	效率低、缺乏反馈

续表

沟通方式	形式	优点	缺点
非语言	声、光信号、体态、语调	表达意义十分明确，内涵丰富，含义隐含灵活	传递距离有限，界限模糊，只能意会，不能言传
网络媒介	电子邮件、QQ、微信、微博	快速传递、信息容量大、一份信息可同时传递给多人、廉价	有一定的安全隐患

（2）按照功能目的不同，沟通可以分为工具式沟通和感情式沟通。工具式沟通指发送者将信息、知识、想法、要求传达给接收者，目的是影响和改变接收者的行为；感情式沟通指沟通双方互相表达情感，获得对方精神上的同情和谅解，目的是改善沟通双方之间的人际关系。

（3）按照组织系统不同，沟通可分为正式沟通和非正式沟通。一般来说，正式沟通指以正式组织系统为渠道的信息传递。非正式沟通指以非正式组织系统或个人为渠道的信息传递。

（4）按照方向不同，沟通可分为下行沟通、上行沟通和平等沟通。下行沟通指上级将信息传达给下级，是由上至下的沟通。上行沟通指下级将信息传达给上级，是由下至上的沟通。平等沟通指同级之间横向的信息传递，也称横向沟通。

（5）按照是否进行反馈，沟通可分为单向沟通和双向沟通。一般来说，单向沟通指没有反馈的信息传递，双向沟通指有反馈的信息传递，是发送者和接收者相互之间进行信息交流的沟通。单向沟通和双向沟通的区别如表5-4所示。

表 5-4　单向沟通和双向沟通的区别

因素	结果
时间	双向沟通比单向沟通需要更多的时间
信息和理解的准确程度	在双向沟通中，接收者理解信息和发送者意图的准确程度大大提高
接收者和发送者的置信程度	在双向沟通中，接收者和发送者都比较相信自己对信息的理解
满意	接收者比较满意双向沟通，发送者比较满意单向沟通
噪声	由于与问题无关的信息较易进入沟通过程，双向沟通的噪声比单向沟通要大得多

5.4.2　沟通的障碍与控制

在人们沟通信息的过程中，常常会受到各种因素的影响和干扰，使沟通受到阻碍。沟通的障碍主要来自以下六个方面。

（1）沟通方式选择不当，造成沟通障碍。沟通方式多种多样，并且不同的方式有不同的优缺点。如果不能根据组织目标和特点选择适合的沟通方式，将会导致组织沟通效果下降。现代组织越来越庞大，中间层次不可避免地增加，在这种情况下，如果仍沿用传统的垂直沟通模式，沟通速度必定会很低，沟通效果也不会很好。

（2）沟通技能、知识等方向的差异，会影响沟通效果。在技能、知识等方面的差异，可能会使接收者不能完全理解甚至曲解发送者的意图，或发送者不能以最易被理解的方式表达他的意图从而降低了沟通的效果。

（3）态度和兴趣障碍。发送者的态度和兴趣会影响他发出信息的质量。接收者也经常根据自己的态度、兴趣，有选择地去听、去看信息（在行为心理学上，叫作选择性知觉）。在解释接收到的信息时，接收者也会把自己的态度和兴趣添加进去。

（4）情绪障碍。沟通情绪也会影响沟通效果。这是因为个体在不同的情绪下，对同一问题会有不同的解释；尤其是在狂喜、狂怒和抑郁等一些极端的情绪状态下，常常使人不能客观、理智地思考问题，阻碍了信息沟通的顺利进行。所以，管理者在情绪激动的情况下最好不要做决断，以免造成失误。

（5）信息过滤。信息过滤指故意篡改或歪曲事实，使信息接收者接收不到真实、全面的信息。下级在向上级报告工作时，因害怕承担责任，往往专拣对自己有利的说，或挑领导爱听的去说，就是在过滤信息。信息过滤发生的程度与组织层级多少和组织文化有很大关系。组织层级越多，信息被过滤的可能性越大；若组织中的形式主义越严重或浮夸风越严重，那么下级在向上级汇报工作时，就越有可能故意抹去真实的信息。

（6）语言障碍。绝大多数的信息沟通都利用语言来表达一定的含义。语言通常有多种含义，人们必须从中选择一种。有时选错了，就会出现语义障碍。比如词语这一符号，会从词的多重含义、专业术语、词语的下意识联想等方面引起沟通障碍。发送信息方如果口齿不清，词不达意或者字体模糊，就难以把信息完整地、准确地表达出来；如果使用方言、土语，会使接收者无法理解。在不同国籍、不同民族人员之间的交流中这种障碍更加明显。

5.4.3 有效沟通的技巧

◆管理案例

林克莱特与小孩

一天，美国知名主持人林克莱特访问一名小孩，问他说："你长大后想要干什么呀？"小孩天真地回答："我要当飞机驾驶员！"林克莱特接着问："如果有一天，你的飞机飞到太平洋上空所有引擎都熄火了，你会怎么办？"小孩想了一想说："我会先告诉坐在飞机上的人都系好安全带，然后我背上我的降落伞跳出去。"当在现场的观众笑得东倒西歪时，林克莱特继续注视这孩子，想看他是不是个自作聪明的家伙。没想到，这孩子的两行热泪夺眶而出，这才使林克莱特发觉，这孩子的悲悯之情远非笔墨所能形容。于是林克莱特问他说："你为什么要这么做？"小孩的答案透露出一个孩子真挚的想法："我要去拿燃料，我还要再回来！"

管理启示：有些领导经常在下属还没有来得及讲完自己的事情前，就按照自己的经验大加评论和指挥，打断下属的话，一方面容易做出片面的决策，另一方面会使下属缺乏被尊重的感觉。时间久了，员工就再也没有兴趣向上级反馈真实的信息。所以与下属保持畅通的信息交流，将会使你的管理工作如鱼得水，能够及时纠正管理中的错误，制定更加切实可行的方案和制度。

（资料来源：http://wenku.baidu.com/view/6102c822bcd126fff7050b88.html）

无论是人际沟通、组织内的沟通还是组织与组织之间的沟通，要实现有效的沟通，就必须按照一定的原则，对沟通技能和方法进行改进和开发。沟通虽然非常普遍，看起来非常容易，但是有效沟通却常常是一项困难和复杂的行为。因此，就需要通过一些技巧来实现有效沟通。

1. 明了沟通的重要性并正确地对待沟通

管理人员十分重视计划、组织、领导和控制，对沟通常有疏忽，认为信息的上传下达有了组织系统就可以了，对非正式沟通中的"小道消息"常常采取压制的态度，这表明企业管理层没有从根本上对沟通给予足够的重视。

2. 培养"听"的艺术

对管理人员来说，"听"不是件容易的事。要较好地"听"，也就是要积极倾听。一些积极倾听的要点如表5-5所示。

表5-5　一些积极倾听的要点

要	不要
表现出兴趣	争辩
全神贯注	打断
该沉默时必须沉默	从事与谈话无关的活动
选择安静的地方	过快地或提前做出判断
留适当的时间用于辩论	草率地得出结论
注意非语言暗示	让别人的情绪直接影响你
当你没有听清楚时请以询问的方式重复一遍	似懂非懂
当你发觉遗漏时，直截了当地问	若无其事

3. 创造一个相互信任和有利于沟通的小环境

企业经理人员不仅要获得下属的信任，而且要得到上级和同僚们的信任。他们必须明白，信任不是人为的或从天上掉下来的，而是诚心诚意争取来的。

◆ **相关链接**

你会沟通吗

与老人沟通，不要忘了他的自尊；与男人沟通，不要忘了他的面子；与女人沟通，不要忘了她的情绪；与上级沟通，不要忘了他的尊严；与年轻人沟通，不要忘了他的直接；与儿童沟通，不要忘了他的天真。与不同的人沟通，应该有不同的方式，一种态度走天下，可能四处碰壁；因人而异，才能四海通达。

4. 缩短信息传递链并拓宽沟通渠道以保证信息的畅通无阻和完整性

减少组织机构重叠，在利用正式沟通的同时，开辟高层管理人员至基层管理人员的非正式的沟通渠道，以便于信息的传递。

5. 建立特别委员会并定期加强上下级的沟通

特别委员会由管理人员和第一线的员工组成，定期相互讨论各种问题。

6. 非管理工作组

当企业发生重大问题、引起上下关注时，管理人员可以授命组成非管理工作组。非管理工作组由一部分管理人员和一部分职工自愿参加，利用一定的时间，调查企业的问题，并向最高主管部门汇报。最高管理层也要定期公布他们的报告，就某些重大问题或"热点"问题在全企业范围内进行沟通。

7. 加强平行沟通以促进横向交流

通常，企业内部的沟通以与命令链相符的垂直沟通居多，部门之间、车间之间、工作小组之间的横向交流较少，而平行沟通却能加强横向合作。这一方式对组织间沟通尤为奏效。

◆ **相关链接**

沟通的基本技巧

一位哲人曾说过这样一句话："人生的美好，就是人情的美好；人生的丰富，就是人际关系的丰富；人生的成功，就是人际沟通的成功。"的确，沟通真的太重要了，它直接关系着人们事业的成功和家庭的美满，掌握着每个人的幸福密码。

5.4.4 激励的概念与原理

◆ **相关链接**

士为"赞赏"者"死"

某大型公司的清洁工，本来是一个最被人忽视、最被人看不起的角色，但就是这样的一个人，却在一天晚上公司保险箱被窃时，与小偷进行了殊死搏斗。

事后，有人为他请功并问他的动机时，答案却出人意料。他说，当公司的总经理从他身边经过时，总会不时地赞美他："你的地扫得真干净！"

就这样简单的一句话，却使他受到了极大的激励，并愿意为公司奉献出自己宝贵的生命。由此可见，激励在调动员工积极性方面的重要作用。

管理启示：对管理者而言，赞赏的效果远大于严厉地要求与批评，有时，哪怕是最不经意的一句话，往往会对下属起到意想不到的激励作用。激励，是领导的手段，更是管理的艺术和技巧。

（资料来源：http：//tieba.baidu.com/f?_kz=135597586）

1. 激励的概念

激励是指激发人的内在动机，鼓励人朝着组织期望的目标采取行动的过程，其核心是调动人的积极性。可以从以下三个方面来理解激励这一概念。

（1）激励是一个过程。对人的行为的激励，实质上就是通过采用能满足人需要的诱因条件，引起行为动机，从而推动人采取相应的行为，以实现目标，然后再根据人们新的需要设置诱因，如此循环往复。

（2）激励过程受内外因素的制约。各种管理措施，应与被激励者的需要、理想、价值观和责任感等内在的因素相吻合，才能产生较强的合力，从而激发和强化工作动机，否则不会产生激励作用。

（3）激励具有时效性。每一种激励手段的作用都有一定的时间限度，超过时限就会失效。因此，激励不能一劳永逸，需要持续进行。

2. 激励的过程与机理

心理学的研究表明，人的行为具有目的性，而目的源于一定的动机，动机又产生于需要。由需要引发动机，动机支配行为并指向预定目标，是人类行为的一般模式。激励就是在此基础上，通过激发需要使其产生动机，然后诱导动机使其产生行为，最后强化行为使其最终实现组织或个人目标的过程。这就是激励的机理与模式，也是激励得以发挥作用的心理机制，该过程如图 5-3 所示。

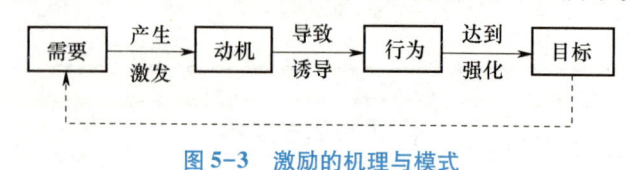

需要 —产生激发→ 动机 —导致诱导→ 行为 —达到强化→ 目标

图 5-3　激励的机理与模式

（1）需要。需要是人的一种主观体验，是人们在社会生活中对某种目标的渴求和欲望，是人们行为积极性的源泉。

（2）动机。当人们有了某种需要而又未能满足时，心理上便会产生一种紧张和不安，这种紧张和不安就成为一种内在的驱动力，促使个体采取某种行动，这就是动机。从某种意义上说，需要和动机没有严格的区别。需要体现一种主观感受，动机则是内心活动。实际上一个人会同时具有许多种动机，动机之间不仅有强弱之分，而且会有矛盾，一般来说，只有最强烈的动机才可以引发行为，这种动机称为优势动机。

（3）行为。行为指在动机下采取的行动。动机对于行为，有着重要的功能，表现为三个方面：一是始发功能，即推动行为的原动力；二是选择功能，即它决定个体的行为方向；三是维持和协调功能，行为目标达成时，相应的动机就会获得强化，使行为持续下去或产生更强烈的行为，趋向更高的目标，相反，则降低行为的积极性，或停止行为。

（4）需要、动机、行为和激励的关系。人的任何动机和行为都是在需要的基础上建立起来的，但并不是所有的需要都产生动机，只有当这种需要具有某种特定的目标时，需要才会产生动机，动机才会成为引起人们行为的直接原因。同样，也并不是每个动机都必然会引起行为，在多种动机下，只有优势动机才会引发行为。管理者实施激励，就是想方设法做好需要引导和目标引导，强化员工动机，刺激员工的行为，从而实现组织目标。

5.4.5　激励理论

激励理论主要是研究人的动机激发的因素、机制与途径等问题。激励理论很多，根据对需求影响的不同方式可以划分为以下三类。一是内容型激励理论，重点研究激发动机的诱因，主要包括：马斯洛需求层次论、赫兹伯格的双因素论、麦克利兰的激励需要论等。二是过程型激励理论，重点研究从动机的产生到采取行动的心理过程，主要包括：弗鲁姆期望理论、亚当斯的公平理论、波特—劳勒的激励模式理论等。三是行为改造激励理论，重点研究激励的目的（即改造、修正行为），主要包括：斯金纳的强化理论、凯利的归因理论等。

这里主要介绍五种典型的激励理论。

1. 需求层次论

需求层次理论是美国心理学家马斯洛于20世纪40年代提出的。该理论认为，人们的需求可以从低到高划分为五个层次，即生理需求、安全需求、社交需求、尊重需求与自我实现的需求。这五种需求呈金字塔形分布，如图5-4所示。

（1）生理需求，指人类生存最基本的需求。这些需求在没有得到满足之前，其他需求都不能起到激励作用，如对衣、食、住、行的需求等。

（2）安全需求，是指保护自己免受身体和情感伤害以及不受丧失职业、财务等威胁的需求。这种需求体现在社会生活中是多方面的，如生命安全、劳动安全、职业有保障、心理安全等。

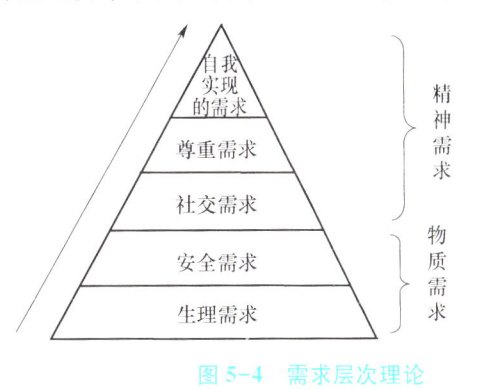

图 5-4　需求层次理论

（3）社交需求，指人们希望与人交往，避免孤独，与同事和睦相处、关系融洽的需求，包括友谊、爱情、归属、信任与被接纳的需求，这一层次的需要得不到满足，可能会影响人的精神上的健康。

（4）尊重需求，包括自尊和受到别人尊重两方面。自尊是指自己的自尊心，工作努力不甘落后，有充分的自信心，获得成就感后的自豪感。受人尊重是指自己的工作成绩、社会地位能得到他人的认可。这一层次的需求一旦得以满足，必然信心倍增，否则就会产生自卑感。

（5）自我实现的需求。这是最高一级的需求，指个人成长与发展，发挥自身潜能、实现理想的需求。即人希望自己能够充分发挥自己的潜能，做他最适宜的工作。这一层次的需求是无止境的。

在这五个层次的需求中，前两个层次的需求属于物质需求，后三个层次的需求属于精神需求。

该理论表明，不同层次的需求是同时存在的，但人们首先追求满足较低层次的需要，然后才会进一步追求较高层次的需要。在同一时期同时存在的需求中，总有一种需求占主导和支配地位，称之为优势需求，人的激励状态取决于优势需求是否满足。任何一种满足了的低层次需求并不因为高层次的发展而消失，只是不再成为主要的激励因素。

对管理实践的启示：一是要正确认识被管理者需求的层次性，对多层次的需求应科学分析，区别对待，防止片面性；二是要努力将管理手段和条件与被管理者的不同层次的需求联系起来，最大限度地满足不同人员的需求；三是要分析和寻找各人的优势需求，有针对性地进行激励。

2. 双因素理论

双因素理论是由美国心理学家赫兹伯格20世纪50年代后期提出的。该理论认为，激发人的动机的因素有两类：一类为保健因素，另一类为激励因素。

（1）保健因素又称为维持因素，是指与工作环境和条件相关的因素。这些因素不能直接起到激励员工的作用，却带有保持人的积极性、维持工作现状、预防员工产生不满情绪的作用。当得不到这些方面的满足时，人们会产生不满，从而影响工作，但当得到这些方面的满足时，只是消除了不满，也不会调动人们的工作积极性，即起不到明显的激励作用。常见的保健因素主要有：管理政策与制度、监督系统、工作条件、人际关系、工资水平、福利待遇、职务地位、工作安全等。

（2）激励因素是属于和工作本身相关的因素，指那些能调动员工工作积极性、激发其工作热情、能从根本上激励员工的因素。当人们得不到这些方面的满足时，工作缺乏积极性，但不会产生明显的不满情绪。当人们得到这些方面的满足时，会对工作产生浓厚的兴趣和积极性，起到明显的激励作用。常见的激励因素有：工作成就感、工作挑战性、工作中的认可和赏识发展（晋升、成长）、责任感等。赫兹伯格所说的保健因素和激励在实际的工作中有所交叉，也因管理对象的不同而存在差异。

对管理实践的启示：一是要善于区分和应用两种激励因素的作用。对于保健因素要给予基本的满足，同时要抓激励因素，进行有针对性的激励。采取了某项激励的措施以后并不一定就带来满意，更不等于劳动生产率就能够提高。满足各种需要所引起的激励深度和效果是不一样的。物质需求的满足是必要的，没有它会导致不满，但是即使获得满足，它的作用往往是很有限的，不能持久的。要调动人的积极性，不仅要注意物质利益和工作条件等外部因素，重要的是要提供使人感到具有价值、现实意义的工作，工作内容具有挑战性，应让人们承担更重要的责任；而不仅仅是把目光局限于提高工资水平、办好福利事业上。从这个意义上来说，赫兹伯格的双因素理论与马斯洛的需要层次理论有密切的关系，其保健因素相当于生理、安全、社会交往等低层次需要，激励因素相当于尊重、自我实现等高层次需要；二是要正确识别挑选激励因素。能够对员工产生激励的因素在实践中不是绝对的，常常因人因地而不同，有时差别很大，必须在实际分析的基础上，灵活地加以确定。

3. 期望值理论

期望值理论是美国心理学家弗鲁姆在20世纪60年代提出来的。该理论认为，人们对某项工作积极性的高低，取决于他对这项工作能满足其需要的程度及实现可能性大小的评价。当员工认为努力会带来良好的绩效评价时，他就会受到激励进而付出更大的努力。激励力量的大小，取决于效价与期望值的乘积，用公式表示为：

$$M = V \cdot E$$

其中，M为激励力，表示个人对某项活动的积极性程度，希望达到活动目标的欲望程度；V为效价，即活动结果对个人的价值大小；E为期望值，即个人对实现这一结果可能性的判断。

从式中可以看出,促使人们做某种事的激励力依赖于效价和期望值这两个因素。效价和期望值越高,激励力就越大。因此,要收到预期的激励效果,不仅要使激励手段的效价足够高,而且要使激励对象有足够的信心去获得这种满足。只要效价和期望概率中有一项的值较低,都难以使激励对象在工作中表现出足够的积极性。需要注意的是,效价的高低不是由管理者决定的,而是由被激励者的需要所左右。管理者的重要任务之一就是要准确地把握员工对需要的价值评价,采取合适的激励方式。同时,又要创造出较大的实现期望值的客观条件,使员工充满信心,发挥自己的积极性和创造性。

对管理实践的启示:一是选择激励手段,一定要选择员工感兴趣、评价高,即认为效价大的手段,这样,才能产生较大的激励作用;二是确定目标的标准不宜太高,目标必须是大多数人通过努力能够实现的,可以通过增大目标实现的概率来增强激励的作用。

◆ 管理案例

效价、期望值与激励力之间的关系——一个简单的例子

一位公司销售经理对他的一位销售员说:如果你今年完成1000万元的销售额,公司将奖励你一套住房。这时,组织的目标是1000万的销售额,个人的目标是一套住房,效价和期望值可能会这样影响这个销售员的激励力。

效价,销售员可能的反应如下。

A. "天哪!一套住房!哈哈,这正是我梦寐以求的,我一定要努力争取!"

B. "住房?我现在住的已经够好的了,没有必要再来一套,况且如果我一人拿了一套住房,同事们肯定会不满的,呃,这对我来说没什么吸引力!"

期望值,他可能的反应如下。

A. "1000万元的销售额,照今年的行情,如果我比去年再努力一点,是能做到的。"

B. "1000万元?简直是天方夜谭,经理要么疯了,要么就是压根儿不想把住房给我,我才不会白花力气呢!"

激励力,他可能的反应如下。

A. "只要销售到1000万元就能得到一套住房,我一定好好努力!"

B. "经理向来说话不算数,我打赌经理到时一定能找出10条理由说:'我也不想说话不算数,但我实在是无能为力'。"

在该例子中,可以很明显地看到,效价和期望值越高(在所有A的情况下),则对人的激励力越强;而反之(在所有B的情况下),则对人的激励力越弱。从中至少可以得到以下两点启示:一是要有效地进行激励,就必须提高活动结果的效价,要提高效价,就必须使活动结果能满足个人最迫切的需要;二是要注意目标实现的期望值,即组织目标实现的概率不宜过低,以免让个人失去信心,当然也不宜过高,过高则会影响激励工作本身的意义。

(资料来源:http://bbs.mbahome.com/viewthread.php?tid=8216&extra=&page=2)

4. 公平理论

公平理论是美国的心理学家、管理学家亚当斯在20世纪60年代提出的。该理论认为：当一个人做出了成绩并取得报酬以后，他不仅关心自己所得报酬的绝对量，而且关心自己所得报酬的相对量。每个人都会自觉不自觉地把自己所获的报酬与投入之比，同他人的收入与付出之比或本人过去的收入与付出的比率进行横向和纵向的比较，来判断报酬的分配是否公平，从而决定下一步的行为。

当一个人通过比较，发现自己所获的报酬与投入之比，等于或大于他人的收入与付出之比或本人过去的收入与付出的比率时，他就获得公平的感受，否则，就有不公平的感受。当获得公平的感受时，心情舒畅，工作努力。当有不公平的感受时，就会出现心理上的紧张与不安，并设法去消除这种不公，有可能采取以下的措施来求得平衡：一是曲解自己或他人的付出或所得；二是采取某种行为使他人的付出或所得发生改变；三是采取某种行为改变自己的付出或所得；四是选择另外一个参照对象进行比较；五是辞去工作。总之，当员工感到不公平时，工作的积极性往往会下降。

需要注意的是，公平与否源于个人的感觉。人们在心理上通常会低估他人的工作成绩，高估别人的得益，由于感觉上的错误，就会产生心理不平衡，这种心态对组织和个人都很不利。管理人员应有敏锐的洞察力来体察职工的心情，如是个人主观的认识偏差，也有必要进行说明解释，做好思想工作，使员工处于拥有公平感的心理状态。

对管理实践的启示：一是在管理中要高度重视相对报酬问题，始终将相对报酬作为有效激励手段来加以运用；二是尽可能实现相对报酬的公平性；三是当出现不公平现象时，要做好工作，积极引导，通过改革与管理科学化，消除不公平，防止负面作用发生。

5. 强化理论

强化理论由美国心理学家斯金纳提出，又称为"行为修正理论"。强化，指的是一种行为的肯定或否定的后果，它在一定程度上决定该行为是否重复发生。该理论认为，人的行为受外部环境刺激而产生的调节，当遇到正强化时，行为会重复发生，受到负强化时会趋于减少发生，因此，可以通过不断改变环境的刺激因素来达到改变某种行为的目的。通常，强化的手段有以下三种类型。

（1）正强化，又称积极强化。当人们采取某种行为时，能从他人那里得到某种令其感到愉快的结果，这种结果反过来又成为推进人们趋向或重复此种行为的力量。例如，企业用某种具有吸引力的结果（如奖金、休假、晋级、认可、表扬等），以表示对职工努力进行安全生产的行为的肯定，从而增强职工进一步遵守安全规程进行安全生产的行为。

（2）负强化，又称消极强化。它是指通过某种不符合要求的行为所引起的不愉快的后果，对该行为予以否定。若职工能按所要求的方式行动，就可减少或消除令人不愉快的处境，从而也增大了职工符合要求的行为重复出现的可能性。例如，企业安全管理人员告知工人：不遵守安全规程，就要受到批评，甚至得不到安全奖励。于是工人为了避免此种不期望的结果，而认真按操作规程进行安全作业。

惩罚是负强化的一种典型方式，即在消极行为发生后，以某种带有强制性、威慑性的手段（如批评、行政处分、经济处罚等）给人带来不愉快的结果，或者取消现有的令人愉快和满意的条件，以表示对某种不符合要求的行为的否定。

（3）自然消退，又称衰减。它是指对原先可接受的某种行为强化的撤销。由于在一定时间内不予强化，此行为将自然下降并逐渐消退。例如，企业曾对职工加班加点完成生产定额给予奖酬，后经研究认为这样不利于职工的身体健康和企业的长远利益，因此不再发给奖酬，从而使加班加点的职工逐渐减少。

对管理实践的启示：一是要坚持奖励与惩罚相结合，对正确的行为，给予适当的奖励，对不良行为则要给予处罚，奖惩结合优于只奖不罚或只罚不奖；二是要以奖为主，以罚为辅的原则，防止过多地惩罚所带来消极的影响；三是要及时而正确地强化；四是奖人所需，形式多样。

◆ 相关链接

皮格马利翁效应

在希腊神话里，皮格马利翁是赛普洛斯的国王，他雕了一尊少女的雕像，并爱上了这座少女雕像。后来女神被他的真情打动，赋予雕像生命，使皮格马利翁美梦成真，有情人终成眷属。英国剧作家萧伯纳以这个故事为蓝本，创作了喜剧《皮格马利翁》，在剧中，一个人以期望和耐心改变了另一个人的行为——伊莱扎从一个粗鲁、大嗓门的卖花女变成一个优雅、轻声细语和颇具魅力的淑女。"淑女与卖花女之间的区别，不在于其行为举止如何，而在于人们如何对待她"，这句话成为至理名言。在心理学里，把这种在有目的的情境中，个人对自己或别人对自己的期望，在自己以后的行为结果中应验的现象，称为"皮格马利翁效应"或自验预言。

有"经营之神"美誉的松下幸之助是一个善用皮格马利翁效应的高手。他首创了电话管理术，经常给下属包括新招的员工打电话。每次他也没有什么特别的事情，只是问一下员工的近况如何。当下属回答说还算顺利时，松下又会说：很好，希望你好好加油。这样做会使接到电话的下属每每感到总裁对自己的信任和看重，精神为之一振。许多人在皮格马利翁效应的作用下，勤奋工作，逐步成长为独当一面的高才，毕竟人有70%的潜能是沉睡的。

管理启示：对一个人传递积极的期望，就会使他进步得更快，发展得更好，反之，向一个人传递消极的期望，则会使他自暴自弃，放弃努力。在现代企业里，皮格马利翁效应不仅传达了管理者对员工的信任度和期望值，还更加适用于团队精神的培养。即使是在强者生存的竞争性工作团队里，许多员工虽然已习惯于单兵突进，我们仍能够发现皮格马利翁效应是其中最有效的灵丹妙药。

5.4.6 激励的原则与作用

1. 激励的原则

激励作为一种领导手段，最显著的特点是内在驱动性和自觉自愿性。它源于人的需要，是下属或员工追求个人需要满足的过程，其理论基础是马斯洛的需要层次理论。科学、有效的激励应遵循以下原则。

（1）组织管理目标与员工个人目标相结合的原则。在激励过程中，目标的设置是非常关键的。进行激励目标的设置，必须明确组织目标的方向，体现组织目标实现的要求。同时，激励目标的设置，还应该充分考虑员工的个人需要，以此来提升员工的工作积极性。只有将组织目标和员工个人目标有机结合，使员工个人目标的实现离不开组织目标的达成，并愿意为组织目标的实现而努力，才能获得更好的激励效果。

（2）科学考评，合理公平原则。公平理论认为，人们能否被激励，不但取决于他们得到了什么，还取决于他们的所得与别人的所得是否公平。人们需要公平，而公平是在比较中获得的，人们不仅注重所得的绝对量，更注重所得的可比相对量。因此，领导者应充分考虑员工激励的公平性和分配方式的合理性，按劳分配，坚持绩效与奖酬挂钩的分配奖励制度，并做到一视同仁，减少员工产生不公平感的客观因素。

（3）物质激励与精神激励相结合的原则。英国经济学家亚当·斯密（Adam Smith）提出"理性经济人"这一概念。他认为，人的行为动机根源于经济诱因，工作是为了获得经济报酬。因此，在员工的物质利益没有得到充分满足时，对员工的激励应注重物质利益原则。但是，领导者也必须清楚地认识到，物质资料是人类最基础的需要，也是较低层次的需要，物质激励的作用是有限的。在满足物质需要的基础上，更应将重心转移到员工的社交、尊重、自我价值实现等较高层次的精神激励上来。总而言之，物质激励是基础，精神激励是根本，随着组织目标实现效率和员工素质的不断提高，需要将物质激励和精神激励相结合，并逐步向以精神激励为主的方式过渡。

（4）差异化和多样化原则。所谓差异化是指针对不同的个体采用不同的激励方式；所谓多样化是指不拘泥于某一种形式，而应该根据实际情况，灵活运用多种激励方法，实现对员工的激励。激励的本质是满足人的需要，而人的需要具有个性化和多样化并不断发展变化的特点，激励方式也必然是多种多样、彼此差异的。在激励工作中只有坚持差异化和多样化原则，才能保证激励的有效性。

（5）正激励与负激励相结合的原则。所谓正激励就是对员工符合组织目标的期望行为进行奖励，以使得这种行为更多地出现，员工的积极性更高。所谓负激励就是对员工有悖于组织目标实现的非期望行为进行惩罚，以使得这种行为不再发生，积极地向正确方向转移。正激励和负激励都是必要而有效的，不仅作用于当事人，而且会间接地影响周围其他人。但鉴于负激励具有一定的消极作用，容易产生挫折心理与行为，应该慎用。因此，领导者在激励时应该把正激励与负激励巧妙地结合起来，坚持正激励为主，负激励为辅。

2. 激励的作用

（1）激发员工的工作热情与兴趣。通过激励机制，可以提升员工对自己所从事工作的认知水平，帮助其端正工作态度，使员工对本职工作产生强烈、深刻、积极的情感，进而能够全身心地投入到工作中，为组织预期目标的实现而努力。兴趣是动机形成的重要因素，通过激励，使员工对本职工作产生稳定而浓厚的兴趣，增强责任感，形成工作偏好，并以此来促成专业知识、技术技能和工作能力的不断发展。

（2）挖掘员工潜能，提高工作绩效。美国哈佛大学威廉·詹姆斯教授在对员工的激励研究中发现，如果按时计酬，员工的工作能力仅能发挥20%～30%，如果在工作中给予充分激励，员工的工作能力可以发挥到80%～90%，甚至更高，这两种情况之间所表现出的60%的差距，就是有效激励的结果。一个人在组织中的工作绩效可以用能力和受激励程度两个参数来构建函数关系，即绩效=f（能力，激励）。充分说明，虽然能力是取得工作绩效的基本保障，但无论能力多强，如果激励水平较低，就难以取得较好的工作绩效。一般情况下，一个人工作能力的提高，并不能在短时间内实现。因此，提高工作绩效最有效的办法就是提高激励水平。

（3）创设良性竞争的工作环境。麦格雷戈曾经说过："个人与个人之间的竞争，才是激励的主要来源之一。"科学、有效的激励机制从本质上来讲是一种竞争精神的表现，在运行过程中可以为员工创造出一种良性竞争的工作环境，使员工能够在公平、公正的竞争环境中发挥其才能和智慧，努力工作，实现个人目标和组织目标达成的双赢。

（4）吸引并留住优秀人才。管理大师彼得·德鲁克认为，每一个组织都需要三个方面的绩效：直接的成果、价值的实现和未来的人力发展。缺少任何一方面的绩效，组织注定非垮不可，其中对未来的人力发展的贡献就是来自激励工作。在经济全球化的今天，组织为了生存和发展，需要不断地提升自身的竞争力，而优秀人才是组织的核心竞争力。各类企业，尤其是那些竞争力强、实力雄厚的企业都非常重视人才引进，会通过较大力度的优惠政策、丰厚的福利待遇和足够的个人发展空间等激励措施来吸引并留住组织发展所需要的人才。

5.4.7 激励的方法与技巧

◆管理故事

渔夫、蛇和青蛙

一天，渔夫看见一条蛇咬着一只青蛙，渔夫为青蛙感到难过，便决定救这只青蛙。他靠近了蛇，轻轻地将青蛙从蛇口中拽了出来，青蛙得救了。但渔夫又为蛇感到难过：蛇失去了食物。于是渔夫取出一瓶威士忌，向蛇口中倒了几滴。蛇愉快地游走了，青蛙也显得很快乐，渔夫满意地笑了。可几分钟以后，那条蛇又咬着两只青蛙回到了渔夫的面前……

管理启示：激励是什么？激励就是让人们很乐意去做那些他们感兴趣的又能带来最大利益的事情。当然，关键是要用合适、正确的方法去引导，并让他们做好。

（资料来源：http://www.njcaq.org/Read_Info.asp?id=1075&class_id=180）

1. 激励的方法

激励方法得当，会事半功倍，最大限度地激发员工的工作积极性，给组织带来利益。在组织内部一般采用的有效激励的方法主要有以下七种。

（1）经济激励法。经济激励主要是奖酬奖励，是最基本的激励方法，主要包括工资、奖金和各种形式的津贴及实物奖励。在我国，工资和奖金是主要的激励方法。经济激励要点包括以下方面：其一，只对成绩突出者予以奖赏，奖赏如果全面开花，既有可能助长了落后者的惰性，又可能伤及先进者的努力动机，从而失去了激励的意义。其二，重奖重罚，对于克服重重困难方才取得成功者，应该重奖，以示鼓励；而对于玩忽职守，造成重大责任损失者，则要重罚，以示惩戒。其三，奖励要向关键岗位以及脏、累、苦、难等岗位倾斜，既体现工作的重要性程度，又要体现劳动价值。

（2）任务激励法。把工作任务的重要性和完成情况同个人的成就感以及切身利益相结合，从而使员工能够积极承担各自应完成的工作任务。

◆ **管理故事**

三块红烧肉

老板接到一桩业务，有一批货要搬到码头上去，又必须在半天内完成。任务相当重，而手下就只有那么十几个伙计。

这天一早，老板亲自下厨做饭。开饭时，老板给伙计一一盛好，还亲手捧到他们每个人手里。伙计王接过饭碗，拿起筷子，正要往嘴里扒，一股诱人的红烧肉浓香扑鼻而来。他急忙用筷子扒开一个小洞，三块油光发亮的红烧肉焐在米饭当中。他立即扭过身，一声不响地蹲在屋角，狼吞虎咽地吃起来。

这顿饭，伙计王吃得特别香。他边吃边想：老板看得起我，今天要多出点力。于是他把货装得满满的，一趟又一趟，来回飞奔着，搬得汗流如雨……

整个上午，其他伙计也都像他一样卖力，个个搬得汗流浃背。一天的活，一个上午就干完了。

中午，伙计王不解偷偷问伙计张："你今天咋这么卖力？"张反问王："你不也干得起劲嘛？"王说："不瞒你，早上老板在我碗里塞了三块红烧肉啊！我总要对得住他对我的关照嘛！""哦！"伙计张惊讶地瞪大了眼睛，说："我的碗底也有红烧肉哩！"两人又问了别的伙计，原来老板在大家碗里都放了肉。众伙计恍然大悟，难怪吃早饭时，大家都不声不响闷笃笃地吃得那么香。

管理启示：如果这碗红烧肉放在桌子上，让大家夹来吃，可能就不会这样感激老板了。在管理实践中，领导者将任务与员工的切身利益相结合，能使员工积极完成自己的工作任务。

（3）纪律激励法。纪律激励法就是用纪律和制度来约束和规范执行者行为的激励方法。这是一种负激励方法，表现为只罚不奖，因为遵守纪律是理所当然的，而不遵守纪律则应受到批评或处罚。

◆ **管理故事**

诸葛亮挥泪斩马谡

三国时的诸葛亮与司马懿在街亭对战，马谡自告奋勇守街亭，诸葛亮虽有些担心，但马谡立下军令状：失街亭就处死全家。诸葛亮同意他出征，并派王平将军随行，并交代有事要与王平将军商量。到了街亭，马谡不听王平建议，执意扎兵在山上。司马懿派兵进攻，围兵山下并切断粮食和水的供应，使马谡兵败，街亭失守。事后诸葛亮为维持军纪，挥泪斩马谡，并自请处分降职三等。

管理启示：纪律是一切制度的基础。组织与团队要长久存在，团队纪律就是最主要的维系力，也是激励员工的有效方法。

（4）情绪激励法。情绪激励法就是通过在单位内部建立起亲密、融洽、和谐的氛围来激励员工士气的方法。领导对员工的关心慰问，以及在全体员工中组织开展的各项集体活动，有利于促进和谐关系，调动员工的工作积极性。海尔集团从1992年开始，在每月最后一日的晚上，都要为当月过生日的员工举办一次卡拉OK晚会，并规定每位过生日的员工届时可带四位亲属一同来参加，公司领导会按时到场，为过生日的每位员工送上祝福。

（5）关怀激励法。关怀激励法就是通过对职工进行关怀、爱护来激发其积极性、创造性的激励方法，它属于感情激励的内容。企业领导对于下级的关怀，哪怕是微不足道却是出自真诚的关心，对于下级都是无穷的激励。关怀激励法被管理学家称之为"爱的经济学"，即无须投入资本，只要注入关心、爱护等情感因素，就能获得很好的激励效果。

◆ 管理案例

关怀激励

一天，在美国旧金山一家医院的一间隔离病房外，一位老人，正在与护士死磨硬缠地要探望一名因痛疾住院治疗的女士。但是，护士却严守规章制度毫不退让。

这位老者就是通用电气公司总裁，一位曾被公认为世界电气业权威杂志——美国《电信》月刊选为"世界最佳经营家"的世界企业巨子——斯通先生。这位斯通先生要探望的女士，并非他的家人，而是加利福尼亚州销售员哈桑的妻子。

哈桑知道这件事后感激不已，每天工作达16小时，为的是以此报答斯通的关怀，加州的销售业绩一度在全美各地区评比中名列前茅。

管理启示：领导对员工的关怀，是激励的有效形式。它能使员工获得受尊重和归属感的满足，因此，可以产生极大的激励作用。

（资料来源：http://www.jobcn.com/hr/News_content.jsp?ID=164642）

（6）尊重激励法。尊重激励法就是通过尊重下级的意见、需要及尊重有功之臣的做法来使员工感到自己对于组织的重要性，并促使他们向先进者学习的一种激励方法。松下幸之助经常主动征询员工的意见，他喜欢带来访客人参观工厂，随便指着一位员工说："这是我最好的主管之一"，从而使被指者倍感自豪。

（7）行为激励法。用企业领导者在某些方面的有意行为来激发下级的激励方法就是行为激励法。由于企业领导者处于员工有目共睹的特殊地位，其一言一行自然就成为众人关注的焦点，因而在一个企业里，没有什么比企业高层领导亲自过问某事或采取某项行为更能说明此事的重要性了。

◆ **管理案例**

工程师的工资

一次，通用电气公司的机械工程师伯涅特在领工资时，发现少了30美元，这是他一次加班应得的加班费。为此，他找到顶头上司，而上司却无能为力，于是他便给公司总裁斯通写信，"我们总是碰到令人头痛的报酬问题。这已使一大批优秀人才感到失望了。"斯通立即责成最高管理部门妥善处理此事。

三天之后，他们补发了伯涅特的工资，事情似乎可以结束了，但他们利用这件为职工补发工资的小事大做文章。第一是向伯涅特道歉；第二是在这件事情的推动下，了解那些"优秀人才"待遇较低的问题，调整了工资政策，提高了机械工程师的加班费；第三，向著名的《华尔街日报》披露这一事件的全过程，在美国企业界引起了不小轰动。

管理启示：领导对普通员工的问题亲自过问和处理能形成一定的影响力，激励员工的工作积极性。

（资料来源：http：//www.jobcn.com/hr/News_content.jsp？ID=164642）

2. 激励的技巧

要让激励达到最终的效果，除了要选择有效的激励方法之外，还需要采用相应的技巧，才能收到最佳效果。一般采用的激励技巧主要有以下四种。

（1）先教后用激励。在做某件事之前，要先打好基础，以得到他人的认同，往往会事半功倍。在施以激励之前，也必须先对人员进行启发、教育，使他们明白要求和规则，这样在采用激励方法时，他们才不至于感到突然，尤其是对于处罚就不会感到冤枉。所以，最好的管理方法是启发，而不是惩罚。

（2）公平激励。"人不患寡而患不均"，因此，要保证激励制度的顺利执行，一定要做到不唯亲、不唯上、不唯己、只唯实，公平相待。在激励过程中，无论是奖励还是惩罚，都要公平公正，这样，能使人感到心理平衡，心情舒畅，从而极大地调动员工的积极性。

（3）适时激励。适时激励就是要注意激励的时效性，当发现员工有突出表现或巨大进步时，采取当机立断的方式予以肯定，往往会促使后续行为的强化与超越。

（4）适度激励。激励标准有个适度性问题，保持了这个度，就能使激励对象乐此不疲地努力工作。反之，如果激励对象的行为太容易达到被奖励和被处罚的界限，那么，这套激励方法就会使激励对象失去兴趣，达不到激励的目的，所以说："赏罚不准则众不威"。

◆ **阅读材料**

零成本或低成本激励下属的 N 个菜单

1. 真诚地说一声"您辛苦了！"
2. 真诚地说一声"谢谢您！"
3. 真诚地说一声"你真棒！"
4. 由衷地说一声"这个主意太好了！"
5. 有力地拍一拍下属的肩膀（女性注意）
6. 一个认可与信任的眼神

7. 一次祝贺时忘情的拥抱
8. 一阵为分享下属成功的开怀大笑
9. 写一张鼓励下属的便条或感谢信
10. 及时回复一封下属的邮件
11. 一条短信的祝福和问候
12. 一次无拘无束的郊游或团队聚会
13. 一个证书、一枚奖章、一朵鲜花、一颗真诚的心
……

复习与练习

一、重点概念

领导　领导方式　领导艺术　指挥　协调　沟通　激励

二、复习思考

1. 领导的含义和作用是什么？领导者的影响力主要来自哪些方面？
2. 什么是领导方式和领导艺术？如何理解领导艺术？
3. 什么是指挥？如何实现有效指挥？
4. 什么是激励？激励的过程与机理是什么？
5. 什么是沟通？如何实现有效沟通？
6. 沟通的类型有哪些？各自有何特点？

三、案例分析

选举风波

齐山市帐篷厂拥有300多名职工，连续4年利润超百万元。从初创的艰难起步，到现在达到并保持了同行业中的领先水平，这一成绩主要应归功于副厂长兼党委书记王展志的努力，因为厂长身体长期不佳，基本上不管事。

王展志现年50岁，年富力强，在轻工行业工作了20多年，在领导和同事中间留下了踏实肯干的印象。两年前，他被调任为齐山市帐篷厂副厂长，实际上挑起了负责全厂的重任。上任之初，他狠抓产品质量，勇创品牌，很快就打开了局面。在目前国有企业普遍不景气的情况下，他意识到设备落后是本厂发展的最大障碍，遂四处筹集资金500万，准备引进新的生产设备。与此同时，他还采取措施完善职工的生产、生活设施，改善职工的劳动条件。

一年前，厂长去世。主管单位齐山市轻工总公司认为帐篷厂的基础较好，王厂长又在企业界影响较大，决定在帐篷厂试点民选厂长。经过征询厂领导的意见，并在车间和班组进行了摸底，总公司又于3月14日招标答辩前，特地选择了一位声望一般的工会主席和另一名副厂长作为"陪选"的候选人。3月14日，总公司领导信心十足，邀请了同行业准备试点的企业进行观摩，还通知几家新闻媒体进行采访，以扩大试点影响。

进行完竞选演说之后，王展志的心情是舒坦而平静的。对这次选举他十分有把握，以为这是板上钉钉的，在场的总公司领导也满意地和他握手致意。

然而，宣布民主投票的结果时，却是如此出人意料：250名职工参加投票，三名候选人均不足20票，其余均为投外国明星、国内名人的废票。竞选委员会宣布本次投票暂停。事后了解得知，青年职工绝大多数是弃权或乱投。

是王厂长真的不胜任工作，还是职工中有其他的选择？总公司领导高度重视这个情况。第二天下午，总公司党委书记张得胜同公司干部处处长等几位同志一齐前往帐篷厂。

王展志受到的打击是沉重的，他准备写辞职报告。车间的工作基本上都停了，轮班的工人坐着小声议论；一些女工则干脆拿出了毛线织毛衣；工人都在等这件事的最终结果。张得胜等人去职工宿舍打牌，边打边与轮休的工人聊天，很快事情的脉络就比较清楚了。

青年职工说，王厂长的确不容易，每天总是最早到厂，最迟离开，真正是一心扑在事业上，把厂子当作自己的家。但他工作方法简单，态度生硬，主观武断，碰到员工有错误的地方就大发脾气。他一天到晚都在忙着厂务，从不与下属沟通，不去了解员工的需要，职工虽然也知道王厂长是一心为了厂子，但在情感上很难与王厂长产生共鸣。有些职工由于受过王厂长的过火批评，意见很大，经常背地里发牢骚，这种人在青年职工中有一定影响。然而由于中层干部基本上都是由王厂长亲自提拔，他们对王厂长相当敬畏，所以员工的意见很难通过中层干部反馈到达王厂长那里。另外总公司由于帐篷厂效益独树一帜，因而从各方面都相当支持王厂长。王厂长在企业界由基层干到高层，对管理工厂很有自己的一套，各种规章制度、计划组织都严格而合理，职工的牢骚只能在私下场合引起喝彩，他们也不敢进行消极怠工。职工认为这次选举是一个绝好的发表意见的机会，能引起总公司的关注，并希望能换一个工作作风不一样的厂长。

张得胜认为这样一个勤勤恳恳的优秀厂长，却得到这样的评价，在当前的形势下，这样的同志已不适合再当厂长。经过研究，初步决定将其平调到总公司担任行政职务。

（资料来源：百度文库，http：//zhidao.baidu.com/question/129172600.html）
请根据上面的案例，分析以下问题。

（1）王展志的领导行为属于哪种领导方式？
（2）为什么王展志会在干部与职工中得到两种截然不同的评价？
（3）结合本案例，谈谈沟通在企业管理日常工作中的重要性，并说明应该如何与员工沟通？
（4）如果你是王展志，并继续担任厂长，你会采取什么样措施指挥下属的行动？

伯乐难留良马

助理工程师黄大佑，一个名牌大学高才生，毕业后工作已8年，于4年前应聘到一家大厂工程部负责技术工作。由于他工作诚恳负责，技术能力强，很快就成为厂里有口皆碑的"四大金刚"之一，名字仅排在厂技术部主管陈工之后。然而，工资却同仓库管理人员不相上下，夫妻俩加上小孩，一家三口尚住在来时的那间平房。对此，他心中时常有些不平衡。

李厂长，一个有名的识才老厂长，"人尽其才，物尽其用，货畅其流"的孙中山先生名言，在各种公开场合不知被他引述了多少遍，实际上他也是这样做的。4年前，黄大佑调来报到时，门口用红纸写的"热烈欢迎黄大佑工程师到我厂工作"几个不凡的颜体大字，是李厂长亲自吩咐人事部主任落实的，并且交代要把"助理工程师"的"助理"两字去掉。这确实使黄大佑当时工作更卖力。

两年前，厂里有指标申报工程师，黄大佑属于有条件申报之列，但名额却让给一个没有文凭、工作平平的同志。他想问一下厂长，谁知，他未去找厂长，厂长却先来找他了："黄工，你年轻，机会有的是"。去年，他想反映一下工资问题，来这里工作的一个目的不就是想得到高一点的工资，提高一下生活待遇吗？但是几次想开口，都没有勇气讲出来。因为厂长不仅在生产会上表扬他的成绩，而且，曾记得，有几次外地人来取经，李厂长当着客人的面赞扬他："黄工是我们厂的技术骨干，是一个有创新的……"哪怕厂长再忙，路上相见时，总会拍拍黄工的肩膀说两句，诸如"黄工，干得不错"，"黄工，你很有前途"。这的确让黄大佑兴奋，"李厂长确实是一个伯乐"。此言不假，前段时间，他还把一项开发新产品的重任交给他呢，大胆起用年轻人，然而……

最近，厂里新建好了一批职工宿舍，听说数量比较多，黄大佑决心要反映一下住房问题，谁知这次李厂长又先找他，还是像以前一样，笑着拍拍他的肩膀："黄工，厂里有意培养你入党，我当你的介绍人。"他又不好开口了，结果家没有搬成。

深夜，黄大佑对着一张报纸的招聘栏出神。第二天一早，李厂长办公桌面上放着一张小纸条："李厂长：您是一个懂得使用人才的好领导，我十分敬佩您，但我决定走了。黄大佑于深夜"

（资料来源：http：//bbs.kaoyan.com/viewthread.php？tid=270385）

请根据上面的案例，分析以下问题。

（1）根据马斯洛的理论，住房、评职称、提高工资和入党对于黄大佑来说分别属于什么需要？

（2）根据公平理论，黄大佑的工资和仓库管理员的不相上下，是否合理？

四、技能训练

实训项目5-1 领导艺术

【实训目标】

(1) 培养学生初步决策的能力。

(2) 培养学生初步用人和授权的能力。

【实训内容与要求】

分组讨论：假如你是某公司的CEO，现在公司要组建一个新的领导班子。

(1) 组建评选领导委员会，制定评选条件、程序及考核标准。

(2) 根据考核标准，确定候选人。

(3) 由CEO最终根据具体工作岗位确定合适的人选。

(4) 由各小组派一名代表对评选条件、程序及考核标准进行情况介绍。

【实训成果】

每组撰写一份领导班子建设的规划书，请对怎样组建好领导班子提出实质性建议和意见。

【实训考核与评价】

（1）各小组选派一名代表进行班级交流发言，教师根据发言内容对小组成绩打分。

（2）教师根据各小组提交的规划书进行打分。

（3）将上述各项得分综合为本次实训成绩。

实训项目 5-2　校园模拟指挥

【实训目标】

（1）培养学生现场指挥的能力。

（2）培养学生应变能力。

【实训内容与要求】

（1）根据设定的管理情境，由学生分组即时进行指挥。

（2）管理情境为：凌晨1点多钟，男生宿舍三楼的卫生间上水管突然爆裂，此时楼门和校门已经关闭，人们都沉睡在梦中，只有邻近的几个宿舍的学生惊醒。水不断地从卫生间顺着东西走廊涌出，情况非常紧急，假如你身处其中，如何利用你的指挥能力化险为夷。

【实训成果】

根据管理情境进行分组讨论，然后各小组分别进行现场指挥表演。

【实训考核与评价】

（1）每组进行现场指挥表演，其他组给予评价打分。

（2）教师根据各小组的现场指挥进行评价打分。

（3）将上述两项评价得分综合为本次实训成绩。

实训项目 5-3　建立有效激励机制

【实训目标】

（1）培养学生通过不同的沟通手段和方法排除沟通障碍的能力。

（2）培养学生组织协调的初步能力。

（3）加强学生对激励机制的分析和运用能力。

【实训内容及要求】

（1）阅读案例："兔王的难题"。

兔王的难题

南山坡住着一群兔子。在蓝眼睛兔王的精心管理下，兔子们过得丰衣足食，其乐融融。可是最近一段时间，外出寻找食物的兔子带回来的食物越来越少。为什么呢？兔王发现，原来是一部分兔子在偷懒。

兔王发现，那些偷懒的兔子不仅自己怠工，对其他的兔子也造成了消极的影响。那些不偷懒的兔子也认为，既然干多干少一个样，那还干个什么劲呢？也一个一个跟着偷起懒来。于是，兔王决心要改变这种状况，宣布谁表现好谁就可以得到他特别奖励的胡萝卜。

一只小灰兔得到了兔王奖励的第一根胡萝卜，这件事在整个兔群中激起了轩然大波。兔王没想到反响如此强烈，而且居然是效果适得其反的反响。

有几只老兔子前来找他谈话，数落小灰兔的种种不是，质问兔王凭什么奖励小灰兔？兔王说："我认为小灰兔的工作表现不错。如果你们也能积极表现，自然也会得到奖励。"

于是，兔子们发现了获取奖励的秘诀。绝大多数的兔子都认为，只要善于在兔王面前表现自己，就能得到奖励的胡萝卜。那些老实的兔子因为不善于表现，总是吃闷亏。于是，日久天长，在兔群中竟然盛行起一种变脸式（当面一套背后一套）的工作作风。许多兔子都在想方设法地讨兔王的欢心，甚至不惜弄虚作假。兔子们勤劳朴实的优良传统遭到了严重打击。

为了改革兔子们弄虚作假的弊端，兔王在老兔子们的帮助下，制定了一套有据可依的奖励办法。这个办法规定，兔子们采集回来的食物必须经过验收，然后可以按照完成的数量得到奖励。

一时之间，兔子们的工作效率为之一变，食物的库存量大有提高。

兔王没有得意多久，兔子们的工作效率在盛极一时之后，很快就陷入了每况愈下的困境。兔王感到奇怪，仔细一调查，原来在兔群附近的食物源早已被过度开采，却没有谁愿意主动去寻找新的食物源。

有一只长耳朵的大白兔指责他唯数量论，助长了一种短期行为的功利主义思想，不利于培养那些真正有益于兔群长期发展的行为动机。

兔王觉得长耳兔说得很有道理，他开始若有所思。有一天，小灰兔素素没能完成当天的任务，他的好朋友嘟嘟主动把自己采集的蘑菇送给他。兔王听说了这件事，对嘟嘟助人为乐的品德非常赞赏。

过了两天，兔王在仓库门口刚好碰到了嘟嘟，一高兴就给了嘟嘟双倍的奖励。此例一开，变脸游戏又重新风行起来。大家都变着法子讨好兔王，不会讨好的就找着兔王吵闹，弄得兔王坐卧不宁、烦躁不安。有的说："凭什么我干得多，得到的奖励却比嘟嘟少？"有的说："我这一次干得多，得到的却比上一次少，这也太不公平了吧？"

时间一长，情况愈演愈烈，如果没有高额的奖励，谁也不愿意去劳动。可是，如果没有人工作，大家的食物从哪里来呢？兔王万般无奈，宣布凡是愿意为兔群做贡献的志愿者，可以立即领到一大筐胡萝卜。布告一出，报名应征者好不踊跃。兔王心想，重赏之下，果然有勇夫。

谁也没有料到，那些报名的兔子之中居然没有一个如期完成任务。兔王气急败坏，跑去责备他们。他们异口同声地说："这不能怨我呀，兔王。既然胡萝卜已经到手，谁还有心思去干活呢？"

（2）以小组为单位，根据所学知识，对上面的案例进行讨论分析。

① 兔王应如何与兔子们进行沟通交流，了解兔群的思想动态。

② 兔王应如何协调兔群内部的关系。

③ 兔王应如何建立有效的激励机制。

【实训成果】

各小组针对此案例进行讨论，编写发言提纲并为兔王设计一种有效激励机制的方案。

【实训考核与评价】

（1）小组长根据组员讨论表现打分。

（2）选派一名代表进行班级交流发言，教师根据发言内容对小组成绩打分。

（3）教师根据各小组提交的管理方案进行打分。

（4）将上述各项评估得分综合为本次实训成绩。

第6单元

控 制

学习目标

1. 知识目标

(1) 明确控制的概念,掌握控制的类型。
(2) 熟悉控制的原理,掌握有效控制的要领和过程。
(3) 掌握行为控制、预算控制和非预算控制的方法。

2. 能力目标

(1) 能根据控制的一般原理,进行管理控制过程的分析。
(2) 能根据管理问题的性质和情况,选择适当的控制方法。
(3) 能运用控制的方法实施具体的管理控制。

导入案例

好的内部控制可以避免出现危机

作为国内房企标杆的××公司,已经站在了风口浪尖,逐步暴露的债务危机,已经让普通人不寒而栗。两万亿的债务,是什么概念?全国年GDP的2%。那么,究竟是什么原因导致××公司陷入债务危机呢?主要有三方面的原因。(1) 疯狂拿地,欲壑难平;(2) 偏离主业,四处出击;(3) 三条红线,雪上加霜。国家政策监管,给房地产贷款划了三条红线,即资产负债率不得大于70%、净负债率不得大于100%、现金短债必须大于1。这三条红线直接让依靠银行信贷玩滚雪球游戏的××公司,彻底失去了继续玩下去的机会。××公司不仅仅是踩了一条红线,而是三条红线都踩到了,这样的话,想大规模从银行拿到贷款就亮起了红灯,完全不可能了,并且以前的贷款也要赶紧偿还。拿不到贷款,资金链就会断裂,加上还要偿还以前的债务,那更是雪上加霜,于是问题就暴露出来,危机也随之而来。出现危机的原因就在于缺乏一套合理的控制机制。

可见,任何公司都必须有严格的监督控制制度,才能保证其业务的正常运营,失去了这一点,企业随时都有出现危险的可能。

6.1 控制概述

6.1.1 控制的概念

所谓控制，就是按照计划标准来衡量所取得的成果并纠正所发生的偏差，以确保计划目标实现的活动或过程。

企业在开展生产经营活动中，由于受外部环境和内部条件变化的影响，实际执行结果与预期目标不完全一致的情况是时常发生的。对管理者来讲，重要的问题不是工作有无偏差，或者是否可能出现偏差，而在于能否及时发现已出现的偏差或预见到潜在的偏差，采取措施予以预防和纠正，以确保组织的各项活动能够正常进行，使组织预定的目标能够顺利实现。这就是管理控制职能，它是管理的一项基本职能，所有的管理者都应当承担控制的职责。

从广义上来讲，控制与计划相对应，控制是指除计划以外的所有保证计划实现的管理行为，包括组织、领导、监督、测量和调节等一系列环节；从狭义上来讲，控制是指继计划、组织、领导职能之后，按照计划标准衡量计划完成情况和纠正偏差，以确保计划目标实现的一系列活动。

> ◆ 相关链接
>
> **控制与其他管理职能的关系**
>
> 控制是管理的一项重要的职能，它与计划、组织、领导等基本管理职能相辅相成，共同构成管理的四个主要环节。计划提出了管理者追求的目标，组织提供了完成这些目标的结构、人员配备和责任，领导提供了指挥和激励的环境，而控制则提供了有关偏差的信息以及确保与计划相符的纠偏措施。控制以计划、组织、领导等职能为基础，并对其有着积极的影响。
>
> 1. 控制与计划的关系
>
> 控制工作是指按计划、标准来衡量所取得的成果并纠正所发生的偏差，以保证计划目标的实现。如果说管理的计划工作是谋求一致、完整而又彼此衔接的计划方案，那么，管理的控制工作则是使一切管理活动都能按计划进行。
>
> 计划和控制是一个问题的两个方面。计划是基础，它是用来评定行动及其效果是否符合需要的标准。计划越明确、全面和完整，控制的效果也就越好。控制职能使管理工作成为一个闭环系统。在多数情况下，控制工作既是一个管理过程的终结，又是一个新的管理过程的开始，它使计划的执行结果与预定的计划目标相符合，并为计划提供信息。
>
> 2. 控制与组织的关系
>
> 组织职能是通过建立一种组织结构框架，为组织成员提供一种适合默契配合的工作环境。因此，组织职能的发挥不但为计划的贯彻执行提供了合适的组织结构框架，为控制职能的发挥提供了人员配备和组织机构，而且组织结构的确定实际上也就规定了组织

中信息联系的渠道，为组织的控制提供了信息系统。如果目标的偏差产生源于组织上的问题，则控制的措施就要涉及组织结构的调整、组织中的权责关系和工作关系的重新确定等方面。

3. 控制与领导的关系

领导职能是通过领导者的影响力来引导组织成员为实现组织的目标而做出积极的努力，这意味着领导职能的发挥影响组织控制系统的建立和控制工作的质量，反过来，控制职能的发挥又有利于改进领导者的领导工作，提高领导者的工作效率。

总而言之，控制工作中的纠偏措施可能涉及管理的各个方面，要把那些不符合要求的管理活动引回到正常的轨道上来。

（资料来源：清华大学．管理学电子版．北京：清华大学出版社，2004.）

6.1.2 控制的作用

1. 控制是保证组织目标、计划顺利实现的重要手段

组织的目标和计划，是对组织未来一定时期内的努力方向和行动步骤的描述，而现代组织面临的环境大都复杂多变，为了使目标、计划适应变化了的环境，保证组织目标、计划更好地实现，组织就必须通过控制来及时了解环境变化的程度和原因，从而对原定计划和目标采取有效的调整和修正的措施。

2. 控制是协调组织内部关系，保证每一项具体工作顺利进行的重要工具

随着组织规模的日益庞大，活动内容日益复杂，每一个组织要实现自身目标，都要从事一系列艰巨、复杂的工作，涉及各个部门。因此，组织不仅要制定明确的目标并进行总目标分解，而且在实施过程中还要进行大量的组织协调工作。为了避免本位主义，使各部门活动紧密围绕组织目标，保证每一项具体活动或工作的顺利进行，组织就必须对各部门及其活动进行大量的控制工作。

3. 控制是组织发现错误，纠正错误的有效工具

任何组织在其发展过程中，都不可避免地会犯一些错误，控制是对实际活动的反馈。通过控制，管理者可以及时发现失误；通过对产生偏差的原因分析，可以使管理者明确问题之所在，从而采取措施纠正偏差。因此，控制是改进工作、推动工作不断前进的有效工具。

控制贯穿于管理的各个方面，与其他管理职能之间存在着密切的关系。计划、组织、领导职能是控制的基础，控制要以计划为依据，有组织、有领导地进行；反之，控制是计划、组织、领导有效进行的必要保证，离开了适当的控制，计划、组织、领导可能流于形式，得不到实效。

◆相关链接

控制的必要性

斯蒂芬·罗宾斯曾这样描述控制的作用："尽管计划可以制定出来，组织结构可以调整得非常有效，员工的积极性也可以调动起来，但是这仍然不能保证所有的行动都按计划执行，不能保证管理者追求的目标一定能达到。"根本原因就在于管理职能中的最后一个环节，即控制。控制是保证一个组织的目标实现而采取的各种必要的活动所不可缺少的措施。如果没有有效的控制系统，一个社会、一个组织就会杂乱无章，就会离开正确的轨道。通过控制，既可检验各项工作是否按预定计划进行，并检验计划的正确性和合理性，又可调整行动或计划，使两者协调一致。由于理想的状态不可能成为企业管理的现实，故无论计划制定得如何周密，由于各种各样的原因，人们在执行计划的活动中总是会或多或少地出现与计划不一致的现象。所以管理控制就有其必要性了，主要由下述原因所决定。

1. 环境的变化

如果企业面对的是一个完全静态的外部环境，其中各个影响企业活动的因素永不发生变化，例如市场供求、产业结构、技术水平等，那么，企业管理人员便可以年复一年、日复一日地以相同的方式组织企业经营，工人可以以相同的技术和方法进行生产作业，因而，不仅控制工作，甚至管理的计划职能都将成为完全多余的东西。

事实上，这样的静态环境是不存在的，企业的外部环境每时每刻都在发生着变化。这些变化必然要求企业对原先制定的计划进行调整，从而对企业经营的内容作相应的调整。

2. 管理权力的分散

只要企业经营达到一定规模，企业主管就不可能直接地、面对面地组织和指挥全体员工的活动。时间与精力的限制要求他委托一些助手代理部分管理事务。由于同样的原因，这些助手也会再委托其他人帮助自己工作，这便是企业管理层次形成的原因。为了使助手们有效地完成受托的部分管理事务，高一级的主管必然要授予他们相应的权限。因此，任何企业的管理权限都制度化或非制度化地分散在各个管理部门和层次。企业分权程度越高，控制就越有必要。控制系统可以提供被授予了权力的助手的工作绩效的信息和反馈，以保证授予他们的权力得到正确的使用，促使这些权力组织的业务活动符合计划与企业目的的要求。如果没有控制，没有为此而建立的相应的控制系统，管理人员就不能检查下级的工作情况，即使出现权力不负责任的滥用或活动不符合计划要求等情况，管理人员也无法发现，更无法采取及时的纠正行动。

3. 工作能力的差异

企业制定了全面完善的计划，经营环境在一定时期内也相对稳定，对经营活动的控制也仍然是必要的。这是由不同组织成员的认识能力和工作能力的差异所造成的。完善计划的实现要求每个部门的工作严格按计划的要求来协调地进行。然而，由于组织成员是在不同的时空进行工作的，他们的认识能力不同，对计划要求的理解也不同；即使每个员工都能完全正确地理解计划的要求，但由于工作能力的差异，他们的实际工作结果也可能在质和量上与计划要求不符。某个环节可能产生的这种偏离计划的现象，会对整个企业活动造成冲击。因此，加强对这些成员的工作控制是非常必要的。

(资料来源：清华大学.管理学电子版.北京：清华大学出版社，2004.)

6.1.3 控制的类型

（1）根据控制在管理过程中的时间点不同，可以将控制分为事后控制、事中控制（同期控制）和事前控制（预先控制）。

① 事后控制。事后控制也称为反馈控制，是一种在工作结束之后进行的控制。事后控制的特点是把注意力集中在工作的结果之上，通过对前一阶段工作的总结，对比标准进行测量、比较、分析和评价，发现存在的问题，并以此作为改进下一次工作的依据。

事后控制的缺陷：损失已经造成、存在时间滞后问题。

② 事中控制。事中控制也称为同期控制、同步控制或现时控制，是一种在工作进行之中同步进行的控制，其特点是在工作进行过程中，一旦发生偏差，马上予以纠正。事中控制的目的是及时纠正工作中发生的偏差，改进本次而非下次工作活动的质量。事中控制是一种主要为基层管理人员所采用的控制方法。

③ 事前控制。事前控制也称为预先控制或前馈控制，是一种在工作开始之前进行的控制，其特点是能在偏差发生之前就告知管理者，使其一开始就采取各种预先防范措施，预防或尽可能地减少偏差的出现，从而把偏差带来的损失降到最低程度。预先控制的目的是在开始之前就将问题的隐患排除掉，做到"防患于未然"。

（2）根据控制的结构不同，可以将控制分为分散控制和集中控制。

① 分散控制。分散控制的特点是由若干分散的控制机构来共同完成组织的总目标。在这种控制方式中，各种决策及控制指令通常是由各局部控制机构分散发出的，各局部控制机构主要是根据自己的实际情况，按照局部最优的原则对各部门进行控制。分散控制适应结构复杂、功能分工较细的组织。

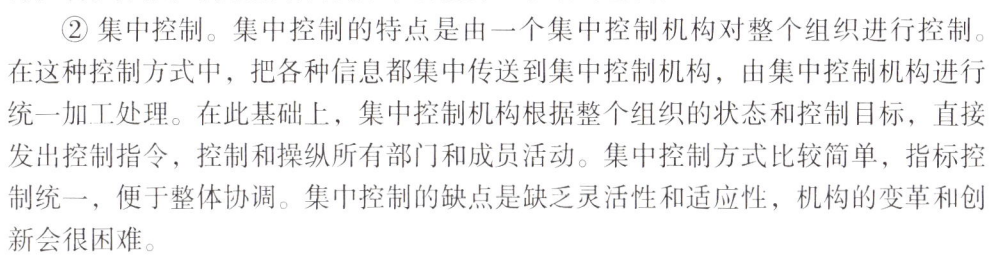

② 集中控制。集中控制的特点是由一个集中控制机构对整个组织进行控制。在这种控制方式中，把各种信息都集中传送到集中控制机构，由集中控制机构进行统一加工处理。在此基础上，集中控制机构根据整个组织的状态和控制目标，直接发出控制指令，控制和操纵所有部门和成员活动。集中控制方式比较简单，指标控制统一，便于整体协调。集中控制的缺点是缺乏灵活性和适应性，机构的变革和创新会很困难。

（3）根据整个组织控制活动的来源不同，可以将控制分成正式组织控制、群体控制和自我控制三种类型。

① 正式组织控制。正式组织控制是由管理人员设计和建立起来的一些机构或人员来进行控制，组织可以通过规划指导成员的活动，通过审计监督来检查各部门或各个成员是否按规定进行活动，并提出具体更正措施和建议意见。

② 群体控制。群体控制基于群体成员的价值观念和行为准则进行控制，它是由非正式组织自发发展起来和维持的。群体控制可能有利于达成组织目标，也可能给组织带来危害，所以要对其加以正确引导。

③ 自我控制。自我控制即个人有意识地按某一行为规范进行活动。这种控制的成本低、效果好。自我控制要求上级给下级以充分的信任和授权，还要把个人活动与报酬、提升和奖励联系起来。

(4) 根据组织控制所使用的手段不同，可以将控制分为直接控制和间接控制。

① 直接控制。直接控制是指主要通过行政命令的手段对被控制对象直接进行控制的形式。实现直接控制的关键是对实施控制的人员的精心选择和有针对性地进行培养。

② 间接控制。间接控制通常是指不对运行过程直接干预，而是通过间接的手段来引导和影响运行过程，从而达到控制目的的一种控制形式。

6.2 控制过程与有效控制

6.2.1 控制的过程

控制是根据计划的要求，设立衡量绩效的标准，然后把实际工作结果与预定标准相比较，以确定组织活动中出现的偏差及其严重程度，在此基础上，有针对性地采取必要的纠正措施，以确保组织资源的有效利用和组织目标的圆满实现。不论控制的对象是新技术的研究与开发，还是产品的加工制造、市场营销宣传、企业的人力条件、物质要素、财务资源，控制的过程都包括三个基本环节的工作：确立标准、衡量绩效、纠正偏差。

控制的过程如图 6-1 所示。

1. 确立标准

标准是人们检查和衡量工作及其结果（包括阶段结果与最终结果）的规范。制定标准是控制进行的基础，没有一套完整的标准，衡量绩效或纠正偏差就失去了客观依据。

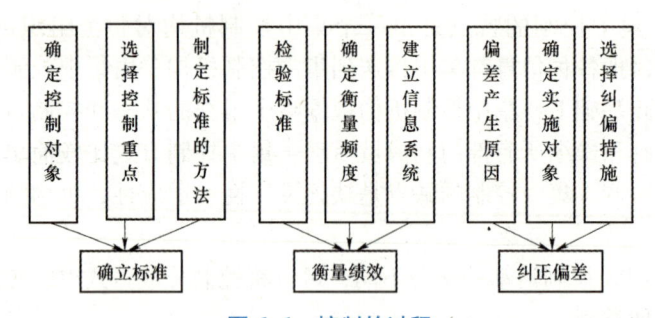

图 6-1 控制的过程

1）确定控制对象

标准的具体内容涉及需要控制的对象，经营活动的成果是需要控制的重点对象。控制工作的最初始动机就是要促进企业有效地取得预期的活动结果，因此，要分析企业的预期结果。这种分析可以从盈利性、市场占有率等多个角度来进行。确定了企业活动需要的结果类型后，要对它们加以明确的、尽可能定量的描述，也就是说，要明确需要的结果在正常情况下希望达到的状况和水平。

如果要保证企业取得预期的结果，必须在结果最终形成以前进行控制，纠正与预期成果的要求不相符的活动。因此，需要分析影响企业经营结果的各种因素，并把它们列为需要控制的对象。一般来说影响企业在一定时期经营成果的主要因素有以下三个方面。

（1）一是关于环境特点及其发展趋势的假设。企业在特定时期的经营活动是根据决策者对经营环境的认识和预测来制定计划和安排的。如果预期的市场环境没有出现，或者企业外部发生了某种无法预料的变化，那么原来计划的活动就可能无法继续进行，从而难以为组织带来预期的结果。因此，制定计划时所依据的对经营环境的认识应作为控制对象，列出"正常环境"的具体标志或标准。

（2）二是资源投入。企业经营成果是通过对一定资源的加工转换得到的，没有或缺乏这些资源，企业经营就会成为无源之水、无本之木。投入的资源不仅会在数量和质量上影响经营活动按期、按量、按要求进行，从而影响最终的物质产品，而且其取得费用会影响生产成本，从而影响经营的盈利程度。因此，必须对资源投入进行控制，使之在数量、质量以及价格等方面符合预期经营成果的要求。

（3）三是组织的活动。输入到生产经营中的各种资源不可能自然形成产品，企业经营成果是通过全体员工在不同时间和空间上利用一定技术和设备对不同资源进行不同内容的加工劳动才最终得到的。企业员工的工作质量和数量是决定经营成果的重要因素，因此，必须使企业员工的活动符合计划和预期结果的要求。为此，必须建立员工的工作规范、各部门和员工在各个时期的阶段成果标准，以便对他们的活动进行控制。

2）选择控制重点

企业无力也无必要对所有成员的所有活动进行控制，只能在影响经营成果的众多因素中选择若干关键环节作为重点控制对象。

3）制定标准的方法

控制的对象不同，为它们建立标准的方法也不一样。一般来说，企业可以使用的建立标准的方法有以下三种。

（1）一是统计性标准。统计性标准也叫历史性标准，是以分析反映企业经营在历史上各个时期状况的数据为基础来为未来活动建立的标准。这些数据可能来自本企业的历史统计，也可能来自其他企业的经验。据此建立的标准，可能是历史数据的平均数，也可能是高于或低于平均数的某个数。

利用本企业的历史性统计资料为某项工作确定标准，具有简便易行的好处。但是，据此制定的工作标准可能低于同行业的卓越水平，甚至低于平均水平。这种条件下，即使企业的各项工作都达到了标准的要求，也可能造成劳动生产率的相对低下，制造成本的相对高昂，从而造成经营成果和竞争能力劣于竞争对手。为了克服这种局限性，在根据历史性统计数据制定未来工作标准时，应充分考虑行业的平均水平，并研究竞争企业的经验。

（2）二是根据评估建立标准。实际上，并不是所有工作的质量和成果都能用统计数据来表示，也不是所有的企业活动都保存着历史统计数据。对于新从事的工作，或对于统计资料缺乏的工作，可以根据管理人员的经验、判断和评估来为之建立标准。利用这种方法来建立工作标准时，要注意利用各方面管理人员的知识和经验，综合多方的判断，给出一个相对先进合理的标准。

（3）三是工程标准。严格地说，工程标准也是一种用统计方法制定的控制标准，不过它不是对历史性统计资料的分析，而是通过对工作情况进行客观的定量分析来进行的。比如，机器的产出标准是其设计者计算的正常情况下的最大产出量；工人操作标准是劳动研究人员在对构成作业的各项动作和要素的客观描述与分析的基础上，经过消除、改进和合并而确定的标准作业方法；劳动时间定额是利用秒表测定的受过训练的普通工人以正常速度按照标准操作方法对产品或零部件进行某个（些）工序的加工所需的平均必要时间。

◆ **管理故事**

小和尚应该如何撞钟？

有一个小和尚担任撞钟一职，半年下来，觉得无聊至极，"做一天和尚撞一天钟"而已。有一天，住持宣布调他到后院劈柴挑水，原因是他不能胜任撞钟一职。小和尚很不服气地问："我撞的钟难道不准时、不响亮？"住持耐心地告诉他："你撞的钟虽然很准时、也很响亮，但钟声空泛、疲软、没有感召力。钟声是要唤醒沉迷的众生，因此，撞出的钟声不仅要洪亮，而且要圆润、浑厚、深沉、悠远。"

本故事中的住持犯了一个常识性管理错误，小和尚撞的钟不符合要求，是由于住持没有提前公布工作标准造成的。如果小和尚进入寺院的当天就明白撞钟的标准和重要性，他也不会被调离。

管理启示：工作标准是员工的行为指南和考核依据。缺乏工作标准，往往导致员工的努力方向与公司整体发展方向不统一，造成大量的人力和物力资源浪费。因为缺乏参照物，时间久了员工容易形成自满情绪，导致工作懈怠。工作标准的制定应尽量做到数字化，要与考核联系起来，注意可操作性。

（资料来源：http：//www.smtbbs.com/html/board25/topic13484.htm）

2. 衡量绩效

企业经营活动中的偏差如能在产生之前就被发现，则可指导管理者预先采取必要的措施以求避免，这种理想的控制和纠偏方式虽然有效，但其现实可能性不是很高。然而并非所有的管理人员都有远见卓识，同时也并非所有的偏差都能在产生之前被预见。在这种限制条件下，最满意的控制方式应是必要的纠偏行动能在偏差产生以后迅速采取。为此，要求管理者及时掌握反映偏差是否产生，并能判定其严重程度的信息。用预定标准对实际工作成效和进度进行检查、衡量和比较，就是为了提供这类信息。

为了能够及时、准确地提供能够反映偏差的信息，同时又符合控制工作在其他方面的要求，管理者在衡量工作成绩的过程中应注意下面三个问题。

1）通过衡量成绩，检验标准的客观性和有效性

衡量工作成效是以预定的标准为依据的。利用预先制定的标准去检查各部门在各个阶段的工作，这本身也是对标准的客观性和有效性进行检验的过程。

检验标准的客观性和有效性，是要分析通过对标准执行情况的测量能否取得符合控制需要的信息。在为控制对象确定标准的时候，人们可能只考虑了一些次要的因素，或只重视了一些表面的因素，因此，利用既定的标准去检查人们的工作，有

时并不能达到有效控制的目的。比如,衡量职工出勤率是否达到了正常水平,不足以评价劳动者的工作热情、劳动效率或劳动贡献;分析产品数量是否达到计划目标,不足以判定企业的盈利程度;计算销售人员给顾客打电话的次数和花费在推销上的时间,不足以判定销售人员的工作绩效。在衡量过程中对标准本身进行检验,就是指出能够反映被控制对象的本质特征,从而确定最适宜的标准。要评价员工的工作热情,可以考核他们提供有关经营或技术改造合理化建议的次数;评价他们的工作效率,可以计量他们提供的产品数量和质量;分析企业的盈利程度,可以统计和分析企业的利润额及其与资金、成本或销售额的相对百分比;衡量推销人员的工作绩效,可以检查他们的销售额是否比上年或平均水平高出一定数量等。

由于企业中许多类型的活动难以用精确的手段和方法加以衡量,建立标准也就相对困难。因此,企业可能会选择一些易于衡量,但并不反映控制对象特征的标准。比如,科研人员和管理人员的劳动效果,并不总能用精确的数字表示出来,有关领导可能根据研究小组上交研究报告的数量和质量来判断其工作进展,或根据科室是否整齐划一、办公室是否挂满了各种图表来判断管理人员的工作努力程度。然而,根据这些标准去进行检查,得到的可能是误导信息。比如,科研人员用更多时间去撰写数量更多、结构更严谨的报告,而不是将这些精力真正花在科研上;管理人员花更多的精力去制作和张贴更漂亮的图表,而不是用这些时间去扎扎实实地进行必要的管理工作。

衡量过程中的检验就是要辨别并剔除这些不能为有效控制提供必要信息、容易产生误导作用的不适宜标准。

2)确定适宜的衡量频度

控制过多或不足都会影响控制的有效性。这种"过多"或"不足",不仅体现在控制对象和标准数目的选择上,而且表现在对同一标准的衡量次数或频度上。对影响某种结果的要素或活动过于频繁的衡量,不仅会增加控制的费用,而且可能引起有关人员的不满,从而影响他们的工作态度;而检查和衡量的次数过少,则可能使许多重大的偏差不能及时发现,从而不能及时采取措施。

以什么样的频度,在什么时候对某种活动的绩效进行衡量,取决于被控制活动的性质。例如,对产品的质量控制常常需要以小时或以日为单位进行,而对新产品开发的控制则可能只需以月为单位进行就可以了。需要控制的对象可能发生重大变化的时间间隔是确定适宜的衡量频度所需考虑的主要因素。

管理人员经常在他们方便的时候,而不是在工作绩效仍"在控制中"进行衡量。这种现象必须避免,因为这可能导致行动的迟误。

3)建立信息管理系统

负有控制责任的管理人员只有及时掌握反映实际工作与预期工作绩效之间偏差的信息,才能迅速采取有效的纠正措施,不精确、不完整、过多或延误的信息将会严重地阻碍他们的行动。通常,并不是所有的衡量绩效工作都是由主管直接进行的,有时需要借助专职的检测人员。然而,管理人员所接收的信息通常是凌乱的、彼此孤立的,并且难免混杂着一些不真实、不准确的信息。因此,应该建立有效的信息管理网络，通过分类、比较、判断、加工，提高信息的真实性和清晰度，并将杂乱的信息变成有序的、系统的、彼此紧密联系的信息，并使反映实际工作情况的信息适时地传递给适当的人员，使之能与预定标准相比较，及时发现问题。

这个网络还应能及时将偏差信息传递给被控制活动有关的部门和个人，以使他们及时知道自己的工作状况，为什么错了，以及需要怎样做才能更有效地完成工作。建立这样的信息管理系统，不仅更有利于保证预定计划的实施，而且能防止基层工作人员把衡量和控制视作上级检查工作、进行惩罚的手段，从而避免产生抵触情绪。

3. 纠正偏差

利用科学的方法，依据客观的标准，通过对工作绩效的衡量，可以发现计划执行中出现的偏差。纠正偏差就是在此基础上，分析偏差产生的原因，制定并实施必要的纠正措施。这项工作使控制过程得以形成闭环，并将控制与管理的其他职能相互联系起来；通过纠偏，使组织计划得以遵循，使组织机构和人事安排得到调整，使领导活动更加完善。为了保证纠偏措施的针对性和有效性，必须在制定和实施纠偏措施的过程中注意下列三个问题。

1）找出偏差产生的主要原因

并非所有的偏差都可能影响企业的最终成果。有些偏差可能反映了计划制定和执行工作中的严重问题，而另一些偏差则可能是一些偶然的、暂时的、局部性因素引起的，不一定会对组织活动的最终结果产生重要影响。因此，在采取纠正措施以前，必须首先对反映偏差的信息进行评估和分析。首先，要判断偏差的严重程度，是否足以构成对组织活动效率的威胁，从而值得去分析原因，采取纠正措施；其次，要探寻导致偏差的主要原因。

纠正措施的制定是以对偏差原因的分析为依据的。同一偏差可能是由不同的原因造成。比如，销售利润的下降既可能是因为销售量的降低，也可能是因为生产成本的提高。前者既可能是因为市场上出现了技术更加先进的新产品，也可能是由于竞争对手采取了某种竞争策略，或是企业产品质量下降；后者既可能是原材料、劳动力消耗和占用数量的增加，也可能是由于购买价格的提高。不同的原因要求采取不同的纠正措施。因此要通过评估反映偏差的信息，分析影响因素，透过表面现象找出造成偏差的深层原因，在众多的深层原因中找出最主要者，为纠偏措施的制定指导方向。

2）确定纠偏措施的实施对象

如果偏差是由于绩效的不足而产生的，管理人员就应该采取纠偏行动。他们可以调整企业的管理战略，也可改变组织结构，或通过更完善的选拔和培训计划，或更改领导方式。但是，在一些情况下，需要纠正的可能不是企业的实际活动，而是组织这些活动的计划或衡量这些活动的标准。大部分员工没有完成劳动定额，可能不是由于全体员工的抵制，而是定额水平太高；承包后企业经理的兑现收入可高达数十万元，可能不是由于经营者的努力数倍于工人，而是由于承包基数不恰当或确定经营者收入的挂钩方法不合理；企业产品销售量下降，可能并不是由于质量劣化或价格不合理，而是由于市场需求的饱和或周期性的经济萧条。在这些情况下，首先要改变的不是或不仅是实际工作，而是衡量这些工作的标准或指导工作的计划。

预定计划或标准的调整是由两种原因决定的：一是原先的计划或标准制定得不科学，在执行中发现了问题；二是原来正确的标准和计划，由于客观环境发生了预料不到的变化，不再适应新形势的需要。负有控制责任的管理者应该认识到，外部环境发生变化以后，如果不对预先制定的计划和行动准则进行及时的调整，那么，即使内部活动组织得非常完善，企业也不可能实现预定目标。比如消费者的需求偏好转移，这时，企业的产品质量再高，功能再完善，生产成本、价格再低，依然不可能找到销路，不会给企业带来期望利润。

3) 选择恰当的纠偏措施

针对产生偏差的主要原因，就需要制定改进工作或调整计划与标准的纠正方案。纠偏措施的选择和实施过程中要注意以下三个方面。

(1) 使纠偏方案双重优化。纠正偏差，不仅在实施对象上可以进行选择，而且对同一对象的纠偏也可采取多种不同的措施。是否采取措施，要视采取措施纠偏带来的效果是否大于不纠偏的损失而定，如果纠偏行动的费用超过偏差带来的损失的话，有时最好的方案也许是不采取任何行动。这是纠偏方案选择过程中的第一重优化。第二重优化是在此基础上，通过对各种经济可行方案的比较，找出其中追加投入最少、解决偏差效果最好的方案来组织实施。

(2) 充分考虑原先计划实施的影响。由于对客观环境认识能力的提高，或者由于客观环境本身发生了重大变化而引起的纠偏需要，可能会导致对原先计划与决策的局部甚至全局的否定，从而要求企业活动的方向和内容进行重大的调整。这种调整有时被称为"追踪决策"，即"当原有决策的实施表明将危及决策目标的实现时，对目标或决策方案所进行的一种根本性修正"。

追踪决策是相对于初始决策而言的。初始决策是所选定的方案尚未付诸实施，没有投入任何资源，客观对象与环境尚未受到人的决策的影响和干扰，因此是以零为起点的决策。进行重大战略调整的追踪决策则不然，企业外部的经营环境或内部的经营条件已经由于初始决策的执行而有所改变，是"非零起点"。因此，在制定和选择追踪决策的方案时，要充分考虑到伴随着初始决策的实施已经消耗的资源，以及这些消耗对客观环境造成的种种影响。

(3) 注意消除人们对纠偏措施的疑虑。任何纠偏措施都会在不同程度上引起组织的结构、关系和活动的调整，从而会涉及某些组织成员的利益，不同的组织成员会因此而对纠偏措施持不同态度，特别是纠偏措施属于对原先决策和活动进行重大调整的追踪决策时。虽然一些原先反对初始决策的人会幸灾乐祸，甚至夸大原先决策的失误，反对保留其中任何合理的成分，但更多的人对纠偏措施持怀疑和反对的态度。原先决策的制定者和支持者因害怕改变决策标志着自己的失败，从而会公开或暗地里反对纠偏措施的实施；执行原决策、从事具体活动的基层工作人员则会对自己参与的已经形成的或开始形成的活动结果怀有感情，或者担心调整会使自己失去某种工作机会，影响自己的既得利益，而极力抵制任何重要的纠偏措施的制定和执行。因此，控制人员要充分考虑到组织成员对纠偏措施的不同态度，特别是要注意消除执行者的疑虑，争取尽可能多的人理解、赞同和支持纠偏措施，以避免在纠偏方案的实施过程中可能出现的人为障碍。

◆ 管理故事

一滴焊料的意义

一滴焊料实在不起眼，然而"石油大王"洛克菲勒却曾为之做起了文章。一次，洛克菲勒视察美孚石油公司一个包装出口石油的工厂，发现包装每只油罐用40滴焊料。他注视良久，对工人说："你有没有试过用38滴焊料生产？"经过当场试验，用38滴焊料不行，偶尔油罐有滴油的现象，但用39滴焊料滴封的却没有一只油罐漏油。于是，洛克菲勒当即决定，39滴焊料是美孚石油公司各工厂的统一规格。

可别小瞧这一滴焊料，聚滴成河，聚沙成塔，日积月累，便是一大笔财富。而更为重要的，从中可以看出，"石油大王"从严管理、节俭治业的精神。

中国有句古话：成由节俭败由奢。居家过日子如此，办企业搞建设又何尝不是如此。经营和管理是事业成功的双翼，缺一不可。在企业深化改革、建立现代企业制度的关口，精于管理，杜绝跑、冒、滴、漏，减少内耗，显得尤为重要。

然而，有一些企业往往只注重经营，而忽略了管理，只想到创业却忘记了"守业"。好大喜功，大手大脚，一掷千金，毫不足惜。即使生产销售形势再好，也只是狗熊掰苞米，掰一只，丢一只，到头来，竹篮打水一场空。一滴焊料虽小，却蕴藏着"大管理"。

管理启示：关键的控制点主要是指那些能直接影响计划能否实现，实施效果能否达到要求的，能否按期完成及直接影响成本的因素。控制关键点能把主管人员有限的精力投入到对计划的执行并完成有举足轻重的关键问题上，因此尽可能地选择关键点，能使控制工作更有成效。

（资料来源：http://www.doc88.com/p-90291617040.html）

6.2.2 有效控制的要领

控制的目的是保证企业活动符合计划的要求，以有效地实现预定目标。但是，并不是所有的控制活动都能达到预期的目的。为此，有效的控制应从以下四个方面把握。

1. 适时控制

企业经营活动中产生的偏差只有及时采取措施加以纠正，才能避免偏差的扩大，或防止偏差对企业不利影响的扩散。及时纠偏，要求管理人员及时掌握能够反映偏差产生及其严重程度的信息。如果等到偏差已经非常明显，且对企业造成了不可挽回的影响后，反映偏差的信息才得到收集，那么，即使这种信息是非常系统、绝对客观、完全正确的，也不可能对纠正偏差带来任何指导作用。纠正偏差的最理想方法应该是在偏差未产生以前，就注意到偏差产生的可能性，从而预先采取必要的防范措施，防止偏差的产生。

预测偏差的产生，虽然在实践中有许多困难，但在理论上是可行的，即可通过建立企业经营状况的预警系统来实现。人们可以为需要控制的对象建立一条警戒线，反映经营状况的数据一旦超过这个警戒线，预警系统就会发出警报，提醒人们采取必要的措施防止偏差的产生和扩大。

2. 适度控制

适度控制是指控制的范围、程度和频度要恰到好处。适度控制要注意以下三个方面的问题。

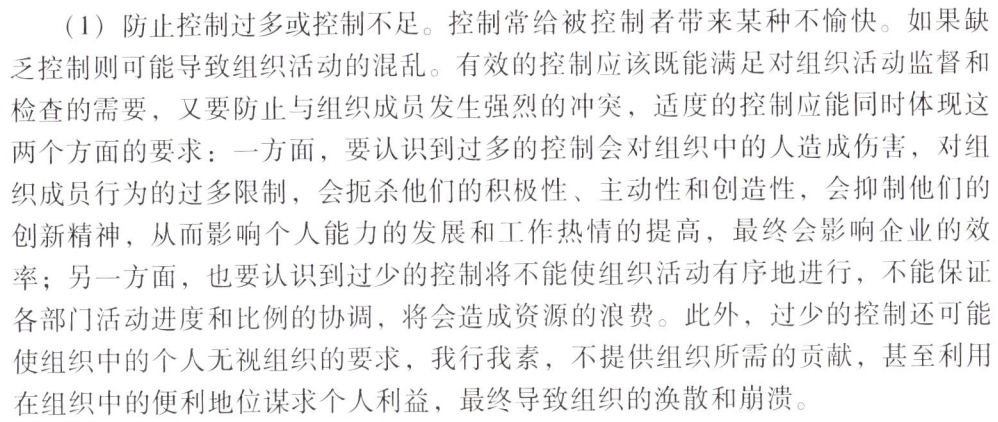

（1）防止控制过多或控制不足。控制常给被控制者带来某种不愉快。如果缺乏控制则可能导致组织活动的混乱。有效的控制应该既能满足对组织活动监督和检查的需要，又要防止与组织成员发生强烈的冲突，适度的控制应能同时体现这两个方面的要求：一方面，要认识到过多的控制会对组织中的人造成伤害，对组织成员行为的过多限制，会扼杀他们的积极性、主动性和创造性，会抑制他们的创新精神，从而影响个人能力的发展和工作热情的提高，最终会影响企业的效率；另一方面，也要认识到过少的控制将不能使组织活动有序地进行，不能保证各部门活动进度和比例的协调，将会造成资源的浪费。此外，过少的控制还可能使组织中的个人无视组织的要求，我行我素，不提供组织所需的贡献，甚至利用在组织中的便利地位谋求个人利益，最终导致组织的涣散和崩溃。

控制程度适当与否，要受到许多因素的影响，判断控制程度或频度是否适当的标准，通常要随活动性质、管理层次以及下属受培训程度等因素而变化。此外，企业环境的特点也会影响人们对控制严厉程度的判断。在市场疲软时期，为了共渡难关，部分职工会同意接受比较严格的行为限制，而在经济繁荣时期则希望工作中有较大的自由度。

（2）处理好全面控制与重点控制的关系。任何组织都不可能对每一个部门、每一个环节中的每一个人在每一时刻的工作情况进行全面的控制。由于存在对控制者再控制的问题，这种全面控制甚至会造成组织中控制人员远远多于现场作业者的现象。

适度控制要求企业在建立控制系统时，利用一定的分析法和例外原则等工具找出影响企业经营成果的关键环节和关键因素，并据此在相关环节上设立预警系统或控制点，进行重点控制。选择关键控制点是一条比较重要的控制原则，有了这类标准，主管人员便可以管理一大批下属，从而扩大管理幅度，达到节约成本和改善信息沟通的效果，同时，也使主管人员以有限的时间和精力做出更加有成效的业绩。

（3）使花费一定费用的控制得到足够的控制收益。任何控制都需要一定费用，衡量工作成绩，分析偏差产生的原因，以及为了纠正偏差而采取的措施，都需支付一定的费用；同时，任何控制，由于纠正了组织活动中存在的偏差，都会带来一定的收益。

3. 客观控制

控制工作应该针对企业的实际状况，采取必要的纠偏措施，或促进企业活动沿着原先的轨道继续前进。因此，有效的控制必须是客观的、符合企业实际的。客观的控制源于对企业经营活动状况及其变化的客观了解和评价。为此，控制过程中采用的检查、测量的技术和手段必须能正确地反映企业经营时空上的变化程度和分布状况，准确地判断和评价企业各部门、各环节的工作与计划要求的相符或相背离程度，这种判断和评价的正确程度还取决于衡量工作成效的标准是否客观和恰当。为此，企业还必须定期检查过去规定的标准和计算规范，使之符合现时的要求。另外，由于管理工作带有许多主观成分，因此，对一名下属人员的工作是否符合计划要求，不应不切实际地加以主观评定。只要是凭主观来控制的地方，都会影响对业绩的判断。没有客观的标准、态度和准确的检测手段，人们对企业实际工作就不易有一个正确的认识，从而难以制定出正确的措施，进行客观的控制。

4. 弹性控制

企业在生产经营过程中经常可能遇到某种突发的无法抗拒的变化，这些变化使企业计划与现实条件严重背离。有效的控制系统应在这样的情况下仍能发挥作用，维持企业的运营，也就是说，应该具有灵活性或弹性。

弹性控制通常与控制的标准有关。比如说，预算控制通常规定了企业各经营单位的主管人员在既定规模下能够用来购买原材料或生产设备的经营额度。这个额度如果规定得绝对化，那么一旦实际产量或销售量与预测数发生差异，预算控制就可能失去意义。经营规模扩大，会使经营单位感到经费不足；而销售量低于预测水平，则可能使经费过于宽绰，甚至造成浪费。有效的预算控制应能反映经营规模的变化，应该考虑到未来的企业经营可能呈现出不同的水平，从而为标志经营规模的不同参数值规定不同的经营额度，使预算在一定范围内是可以变化的。

弹性控制有时也与控制系统的设计有关。通常组织的目标并不是单一的，而是多重目标的组合。由于控制系统的存在，人们为了避免受到指责或是为了使业绩看起来不错，会故意采取一些行动，从而直接影响一个特定控制阶段内信息系统所产生的数据。例如，如果控制系统仅仅以产量作为衡量依据，则员工就会忽略质量，如果衡量的是财务指标，那么员工就不会在生产指标上花费更多时间。因此采取多重标准可以防止工作中出现做表面文章的现象，同时也能够更加准确地衡量实际工作和反映组织目标。

一般地说，弹性控制要求企业制定弹性的计划和弹性的衡量标准。

除此之外，一个有效的控制系统还应该站在战略的高度，抓住影响整个企业行为或绩效的关键因素。有效的控制系统往往集中精力于例外发生的事情，即例外管理原则，凡已出现过的事情，皆可按规定的控制程序处理，第一次发生的事例，需投入较大的精力。

◆ 相关链接

行为控制中的阻力

1. 人们反对控制的原因

不管一个组织的控制系统是多么有效，总会有人反对或抵制组织的控制。人们为什么会反对甚至抵制组织的控制呢？其主要原因有以下四个方面。

(1) 过分的控制。有的组织企图对组织内所有的一切都进行严格的控制，结果是引起组织成员的普遍不满。一个组织对员工应何时上班、何时吃中饭、何时下班作一些控制是必要的，但若对员工上厕所的次数和时间都进行控制，恐怕就有点过分了。如果一个组织对员工增加一些额外的无理控制，那么矛盾就可能会激化。一般地，人们越是感到控制过分，反对和抵制控制的情绪也就越剧烈。

(2) 不恰当的控制点。即使不是面面俱到的控制，如果控制点选择不当，也会遭到反对和抵制。如：有的组织只注意产品的数量而不注重质量，有的大学只强调教师出论著的多少而忽视教学等，都可能会引起人们对控制的反感。

(3) 不公平的报酬。有时人们反对控制是因为管理者未能根据考评的结果给予公平的奖惩。如果考评归考评，奖惩归奖惩，人们就会觉得这样的考评是没有必要的。例如，当两个同等规模和类型的部门在年终结束时，一个部门的行政费用尚有 5 000 元结余，另一个部门则超支 3 000 元。在这种情况下，若管理者在决定这两个部门第二年的预算时，给予的行政费用相同，均为 30 000 元，其中前一个部门的 30 000 元包括上度节余的 5 000 元在内，后一个部门的 30 000 元则已扣除上年度的 3 000 元赤字。这样会使人感到前者因去年的节余受到了惩罚，后者则反而因上年的赤字受到了奖励，很明显，人们对这样的预算往往会持反对或抵制态度。

(4) 责任制度问题。效率高的控制系统往往都明确地规定各人的工作职责，若职责不明，就容易被一部分人钻空子，因为组织中常常有一部分人不坚守岗位好好工作。当制度不明时，这些人一旦在自己的工作中出了问题，就会千方百计地推卸自己的责任，反对和抵制组织对自己的控制。

2. 抵抗控制的方式

当人们反对控制时，常常会以下列四种方式表现出来。

(1) 对抗某项制度。例如，企业的部门经理们经常会虚报预算，以预防其所在部门的经费被削减。员工们如果不喜欢组织的某条规定，就往往会玩点儿小花招，一味死抠它的字眼为自己辩护，却根本不顾那条规定的用意。例如，当操作人员不喜欢公司的安全预防措施时，就会以不折不扣地按相关条文办事为借口而故意放慢工作速度，以此迫使管理者修改条文。

(2) 提供片面的或错误的信息。无论是经理还是员工，向上汇报自己的工作失误总不是件令人愉快的事，因此，有的信息会被故意拖延，汇报时遮遮盖盖，甚至修改得面目全非。

(3) 制造控制的假象。当向上级汇报工作时，人们常说的一句话就是"一切正常"，而事实上可能存在着很多的问题。

(4) 故障怠工与破坏。假如管理者把有些标准定得不合理，员工们会以故障怠工的方式来进行对抗。而管理人员为了证明某一套控制方法不灵，就会有意地制造混乱，弄出一大堆问题。

3. 管理者的对策

管理者要分析抵制和反对控制的原因，采取一定的方法，如建立记录备查制度，通过目标管理，以及使尽可能多的人参与控制等方式建立有效的控制系统，来处理对控制的抵制和反对。

(资料来源：清华大学. 管理学电子版. 北京：清华大学出版社，2004.)

6.3 控制的方法

6.3.1 行为控制

控制最终是通过人来实现的。除非控制能使人们改变行为,否则控制难以奏效。虽然控制的标准来自组织的目标和计划,但是只有当相关的管理人员或操作人员由于实行了控制而使其工作做得更好时,控制才算是有效的。因此,要使控制真正发挥作用,就必须认识和了解控制将会对人们的行为产生怎样的影响,以便促使人们对控制作出积极的反应。

1. 行为控制的影响因素

人们对标准的确立、业绩的衡量以及各种纠偏措施的反应实际上取决于各自的具体情况,并没有一个统一的标准。一个人对他的上级的印象、对工作的喜爱程度、自我实现的机会等都将影响他对控制活动的反应。一般情况下,人们对控制活动的不同反应,主要取决于以下四个方面的原因。

(1)组织目标的接受程度。本质上说,控制活动就是要推动人们向某一目标和方向花更多的精力,但是组织成员对同一目标的认识和接受程度却是千差万别的;而且,如果组织目标是多重的,那么情况就会更加复杂。因而,目标的接受程度,特别是组织目标与组织成员个人需要的重合程度,就会直接影响到人们对控制活动的反应状况。

(2)标准的合理化水平。经常出现的情况是,一个人可能会同意某一目标,但仍不愿接受某种控制,原因在于有关工作成效的标准定得不合理,而且特别容易让人产生不满的是标准本身的变化不断。标准的合理化水平也取决于其执行情况,执行中应考虑到那些超出人们力所能及范围之外的事件也会影响实际工作绩效,如果生硬地执行标准,只需一两件"不公平"的处理就会引起人们对控制的持续厌恶。另外,标准的合理化水平也会受到控制频度的影响,大多数人可以承受对其工作的某些控制,但当他的工作受到各种报表和标准的检查越来越多时,情况就会发生变化,人们就会有种受压迫的感觉,从而形成对标准合理性的质疑。

(3)衡量业绩是否恰当。当人们对业绩的衡量过程缺乏应有的信任时,控制也有可能引起不同部门间的冲突,进而促使人们对控制作出消极的反应。在控制活动涉及许多部门和人员的利益的情况下,保持业绩衡量的公正性,并注意不要因为控制工作而损害部门间的合作精神就显得非常重要。可以说,业绩衡量的恰当与否最直接地影响组织成员对控制的持续反应。

(4)来自组织传统的压力。人们对控制的反应也部分地取决于谁在试图实行控制,以及这种控制是否"合法",而组织活动中控制的"合法性"基础主要来自组织长期形成的正式或非正式的传统,也即组织的"社会结构"。一旦一个组织建立起其"社会结构",人们就将对何种控制行动是"合法"的这一问题非常敏感。在实施控制过程中,如果控制被人们认为是不合法的,就会引起强烈的反对。

2. 行为控制的要领与方法

在组织运行过程中，不管人们对控制的反应如何，控制都是不可缺少的。为了使控制工作更为有效，就必须关注人们对控制的反应行为，尽量减少人们对控制的消极态度，促使人们对控制的积极态度，这也正是行为控制原理所要解决的问题。为了促使人们对控制的积极反应，一般应从以下四个方面着手考虑。

（1）保持一种不带偏见的控制观。在控制过程中经常出现这种情况，一旦控制牵涉两个或两个以上的人时（特别是在纠正偏差的阶段），控制者往往会做出动感情的反应，会从个人身上查找和思考人们为什么这样做，这种倾向可能在控制者和被控制者两方面都存在。这种情况的存在就要求控制者必须学会采取一种客观的、不动感情的方法来分析问题产生的原因和寻找解决方案。当然，这也并非要求控制者对个人感情无动于衷，而只是强调控制者既要注意既定目标，也要考虑达到目标所必需的行动，控制者应该知道，控制只是发现问题的手段，使用这些手段的目的在于寻求解决办法，而不是责备人。

（2）鼓励下属参与制定标准。参与在使人们接受制定的目标、行动的标准和衡量业绩的方法等方面是非常有帮助的。当一个人真正地参与了制定组织目标、计划和标准时，他常常会在心理上觉得介入了该项工作，并由于对该项工作有了更充分了解，变得愿意承担责任。因此，鼓励下属参与制定标准，是诱发人们对控制的积极反应的一项重要措施。

（3）运用"事实控制"，而不用主管的、权威的控制。所谓"事实控制"是指任何纠正偏差的控制行动都应是根据某一特定环境中的事实提出来，而不应是根据某一位负责监督的管理人员的权威或压力提出来。在很多情况下，使用详细的控制图和来自高层管理的压力，往往只能使工作绩效比平时稍好一些，并不足以达到理想的控制目标；而如果让人们充分了解实际情况，并对事实的要求做出反应，控制效果会好得多。更重要的是，运用事实控制还可以避免由于权威或压力控制所导致的紧张情绪和不满，调动人们的工作热情。

（4）在实施控制中应对个人需求和组织"社会结构"的压力具有敏感性。既然控制的"合法性"基础在于组织的"社会结构"，而且个人需求又直接影响人们对控制的反应，那么，在诱发人们对控制的积极反应时就必须对个人需求的变化以及组织"社会结构"的压力保持高度敏感，尽量使控制行动与个人需求和"社会结构"相适应。

◆ **相关链接**

行为控制手段

在实践中，管理者常常用以下行为控制的手段增大员工按期望的方式行事的可能性。

（1）甄选。即识别和雇佣那些价值观、态度和个性符合管理当局期望的人。

（2）目标。即使员工接受组织的具体目标，以目标指导和限制员工的行为。

（3）职务设计。即通过职务设计，明确规定员工可从事的任务、工作的节奏、人们之间的相互作用以及类似的活动。

（4）定向。即向员工明确规定何种行为可接受和何种行为不可接受。

(5) 直接监督。即通过监督人员的亲临现场直接监督,限制员工的行为和迅速发现偏离标准的行为。

(6) 培训。即通过正式培训计划向员工传授期望的工作方式。

(7) 传授。即通过老员工以非正式和正式的传授活动向新员工传递"该知道和不该知道"的规则。

(8) 正规化。即以正式的规则、政策、职务说明书和其他规章制度规定可接受的行为和禁止的行为。

(9) 绩效评估。即采用各项评价指标考评绩效,使员工以正确的方式行事。

(10) 组织报酬。即以报酬手段来强化和鼓励期望行为并消除不期望行为。

(11) 组织文化。即通过组织文化的创建来引导和规范员工的行为。

(资料来源:清华大学.管理学电子版.北京:清华大学出版社,2004.)

6.3.2 预算控制

1. 预算的含义

预算是一种用数字编制来反映组织在未来某一个时期的综合计划,可以简单地理解为预算是计划的数量体现,即用数字来表明预期的结果。它预估了组织在未来时期的经营收入或现金流量,也限定了各项活动的资金、人员、材料、设施、能源等方面的支出额度。

2. 预算控制的含义

预算控制是指通过编制预算并根据预算规定的收入和支出标准为基础,来检查、监督和控制组织各个部门的活动,在活动过程中比较预算和实际的差距及原因,以保证各种活动或各个部门在充分达成既定目标的过程中对资源的利用,从而使费用支出受到严格有效的约束。例如表 6-1 所示企业的预算控制体系。

表 6-1 企业的预算控制体系

组织层次	控制的内容
公司层次	◇利润 ◇在行业中的位置 ◇方针 ◇组织结构 ◇销售 ◇采购 ◇财务 ◇研究与发展
分公司层次	◇产出 ◇原材料和人工成本 ◇产品质量
运作层次	◇人工标准 ◇原材料标准 ◇间接变动成本 ◇废品
职能层次	◇销售:产品、广告、赊销、销售人员、产品组合 ◇采购:质量、成本、存货 ◇财务:现金、应收账款和应付账款、资本支出、资本结构 ◇研究与开发:纯理论和应用型、新产品、降低成本、单个项目 ◇人事:选拔和培训、激励、工资和奖金

> ◆ 课程思政
>
> **新中国成立 70 年来财政体制和预算管理改革成就**
>
> （http://www.mof.gov.cn/zhuantihuigu/70znzt/ggcz/201912/t20191206_3436679.htm）
>
> 思考：中国财政预算改革的成绩有哪些？

新中国成立70年来财政体制和预算管理改革成就

以上控制项目大部分都是可以数字化的。通过编制预算，有助于改进计划工作，更有效地确定目标和拟定标准。但是，预算的最大价值还在它有助于改进协调和控制工作。当为组织的各个职能部门都编制了预算时，就为协调组织的活动奠定了基础。同时，由于对预期结果的偏离将更容易被查明和评定，预算也为控制工作中的纠正措施奠定了基础。预算可以导致更好地计划和协调，并为控制提供基础。此外，要使预算对主管人员具有指导和约束作用，预算就必须反映组织的机构状况。只有充分按照各部门业务工作的需要来制定，协调并完善计划，才有可能编制一个足以作为控制手段的分部门预算。将各种计划缩略为一些确切的数字，有助于主管人员清楚地看到哪些资金将由谁来使用，将由哪些单位使用，并涉及哪些费用开支计划、收入计划和以实物表示的投入量和产出量计划。主管人员明确了这些情况，就可以放手地授权下属，以便他在预算的限度内去实施计划。

3. 预算控制的内容

不同的组织、同一组织的不同时期，由于活动的不同，预算表中的项目会有所差异。一般来说，企业组织的预算内容主要包括以下五个方面。

（1）收入预算。它表现为一定形式的销售预算，是在销售预测基础上编制的。一般来说是通过分析企业过去的销售情况、目前和未来的市场需求特点以及发展趋势，在比较竞争对手与本企业实力的基础上来确定的。

（2）支出预算。支出预算主要包括：直接材料预算、直接人工预算和附加费用预算。直接材料预算是根据实现销售收入所需要的产品的种类与数量，以及为了生产这些产品所需要的原材料的数量与种类来确定的。直接人工预算是在预计生产的产品或者提供的服务所需要的劳动人员的种类与数量后得出的直接成本，即经济学中的可变成本。附加费用预算是除去直接材料和直接人工后企业行政管理、营销宣传、人员推销、销售服务、固定资产折旧等所耗费的企业成本，它与第一部分的直接材料预算构成经济学上的不变成本。

（3）现金预算。现金预算是对企业未来生产与销售活动汇总现金的流入与流出进行预测，通常由财务部门编制。它只包括那些实际包含在现金流程中的项目。至于那些赊销的收入、赊购的支出以及实际上需要今后逐年分摊的费用则全不列入其中。所以，它只是反映企业在未来活动中的实际现金流量和流程，而不能反映企业的资产负债情况。

（4）资金支出预算。资金支出预算是一种长期预算。它的内容包括：用于更新改造或扩充包括厂房、设备在内的生产设施的支出；用于增加品种、完善产品性能或改进工艺的研究与开发的支出；用于提高职工的管理队伍素质的人事培训与开展支出；用于广告宣传、寻找顾客的市场发展支出等。

(5) 资产负债预算。资产负债预算是对企业会计年度末期的财务状况进行的预测。它通过将各部门和各项目的分项预算汇总在一起，表明如果企业的各种业务活动达到预先规定的标准，那么在年度末期企业资产与负债会呈现的情况。比如，通过分析流动资产的流动债务比率，可能发现企业未来的财务安全性不高，偿债能力不强，从而要求企业在资金的筹措方式以及筹措来源等方面作出相应的调整。

4. 预算控制的方法

1) 弹性预算

弹性预算是指以预算期间可能发生的多种业务量水平为基础，分别确定与之相应的费用数额而编制的、能适应多种业务量水平的费用预算。由于这种预算可以随着业务量的变化而反映各该业务量水平下的支出控制数，具有一定的伸缩性，因而称为"弹性预算"。弹性预算一般用于弹性成本预算和弹性利润预算。

弹性预算的具体编制步骤如下。

(1) 选择和确定与预算内容相关的业务量计量标准和范围，如产销量、材料消耗量、直接人工小时、机器工时和价格等。

(2) 计算、确定各经济变量之间的数量关系，预测计划期或预算期可能达到的各种经营活动业务量。

(3) 计算各种业务量的财务预算数额，并以列表、图示或公式等方式来表示。弹性预算方法实际上仅指出变动成本所具有的弹性。

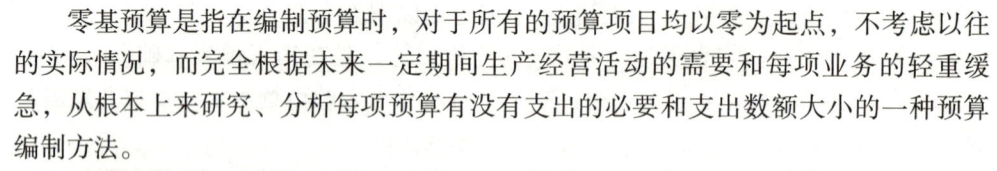

2) 零基预算

零基预算是指在编制预算时，对于所有的预算项目均以零为起点，不考虑以往的实际情况，而完全根据未来一定期间生产经营活动的需要和每项业务的轻重缓急，从根本上来研究、分析每项预算有没有支出的必要和支出数额大小的一种预算编制方法。

零基预算的具体编制步骤如下：

一是划分和确定基层预算单位。企业里各基层业务单位通常被视为能独立编制预算的基层单位。

二是编制本单位的费用预算方案。由企业提出总体目标，然后各基层预算单位根据企业的总目标和自身的责任目标出发，编制本单位为实现上述目标的费用预算方案，在方案中必须详细说明提出项目的目的、性质、作用，以及需要开支的费用数额。

三是进行成本—效益分析。基层预算单位按下达的"预算年度业务活动计划"，确认预算期内需要进行的业务项目及其费用开支后，管理层对每一个项目的所需费用和所得收益进行比较分析，权衡轻重，区分层次，划出等级，挑出先后。基层预算单位的业务项目一般分为三个层次：第一层次是必要项目，即非进行不可的项目；第二层次是需要项目，即有助于提高质量、效益的项目；第三层次是改善工作条件的项目。进行成本—效益分析的目的在于判断基层预算单位各个项目费用开支的合理程度、先后顺序以及对本单位业务活动的影响。

四是审核分配资金。根据预算项目的层次、等级和次序，按照预算期可动用的资金及其来源，依据项目的轻重缓急次序，分配资金，落实预算。

五是编制并执行预算。资金分配方案确定后，就制定零基预算正式稿，经批准后下达执行。执行中遇到偏离预算的地方要及时纠正，遇到特殊情况时要及时修正，遇到预算本身有问题时要找出原因，总结经验加以提高。

5. 预算控制的局限性

（1）只能帮助企业控制那些可以用货币计量的活动，不能对那些不能计量的企业文化、企业形象的改善加以重视。

（2）编制预算通常参照上期的预算项目和标准，从而会忽视本期活动的实际需要。

（3）在企业的外部环境不断变化中，编制收入和支出的预算有时不合时宜。

（4）对于项目预算和部门预算一般限制了费用的支出，使得主管在活动中精打细算，不可超支，因此不能做任何其他想做的事情。

◆ 相关链接

编制预算的要点

（1）编制预算之前，要进行市场调研，充分了解行业及竞争对手的状况。

（2）编制预算时，为保证实现企业的总目标，应制定切实可行的编制程序、修改预算的方法及预算执行情况的分析等。采购预算在执行过程中，有时会出现情况的变化，所以有必要进行适当的修订。比如商店实行减价或者折价后，就需要增加销售额的部分，商店库存临时新增加的促销商品，就需要从预算中减少新增商品的金额。

（3）确立恰当的假定。市场总是在不断地变化当中的。

（4）每项预算应尽量做到具体化、数量化。

（5）应强调预算的广泛参与性。

编制采购预算时应避免的问题

（1）避免预算过繁过细。

（2）避免预算目标与企业目标相脱离。

（3）避免一成不变。

6.3.3 非预算控制

除了预算控制方法以外，管理控制工作中还采用了许多不同种类的控制手段和方法，统称为非预算控制，主要有以下六种。

1. 视察

视察是一种传统的、直接的控制方法，它的基本作用就在于获得第一手的信息。对企业而言，作业层（基层）的主管人员通过视察，可以判断出产量、质量的完成情况，设备的运转情况和劳动纪律的执行情况等；职能部门的主管人员通过视察，可以了解到工艺文件是否得到了认真贯彻，生产计划是否按预定进度执行，劳动保护等规章制度是否被严格遵守，以及生产过程中存在哪些偏差和隐患等；上层主管人员通过视察，可以了解到组织的方针、目标和政策是否深入人心，可以发现

非预算控制

职能部门的情况报告是否属实以及员工的合理化建议是否得到认真对待，还可以从与员工的交谈中了解他们的情绪和士气等。

2. 报告

报告是控制对象用来向控制者全面地、系统地阐述计划的进展情况、存在的问题及原因、已经采取了哪些措施、收到了什么效果、预计可能出现的问题等的一种重要方式。

控制报告的主要目的是提供一种如有必要，即可用作纠正措施依据的信息。对控制报告的基本要求是必须做到：适时、突出重点、指出例外情况、尽量简明扼要。通常，运用报告进行控制的效果，取决于控制者对报告的要求。管理实践表明，控制者对控制对象应当向他报告什么缺乏明确的要求。随着组织规模及其经营活动规模的日益扩大，管理也日益复杂，而控制者的精力和时间是有限的，因此，定期的情况报告也就越发显得重要。

负责实施计划的上层控制者需要掌握的情况，可归纳为以下四个方面。

（1）投入程度。控制者需要确定他本人参与的程度；他需要逐项确定他应在每项计划上花费多少时间，应介入多深。

（2）进展情况。控制者需要获得哪些应由他向上级或向其他有关单位（部门）汇报的有关计划进展的情况。

（3）重点情况。控制者需要在向他汇报的材料中挑选哪些应由他本人注意和决策的问题。

（4）全面情况。控制者需要掌握全盘情况，而不能只是了解一些特殊情况。

3. 比率分析法

对企业而言，对经营活动中的各种不同度量之间的比率分析，是经常采用的控制方法。

1）财务比率

企业的财务状况综合地反映着企业的生产经营情况。通过财务状况的分析可以迅速地、全面地了解一个企业资金来源和资金运用的情况；了解企业资金利用的效果以及企业的支付能力和清偿债务的能力。常用的财务分析比率有：资本金利润率、销售利润率、营业收入利税率、成本费用利润率、流动比率、流动比率、速动比率、应收账款周转率、存货周转率。

◆ 相关链接

财务分析常用比率

对企业财务状况和经营成果的分析主要通过比率分析实现。常用的财务比率衡量企业三个方面的情况，即偿债能力、营运能力和盈利能力。

2）经营比率

财务比率是衡量一个企业生产经营状况和财务状况的综合指标。除此以外，还有一些更直接的比率，可以用来进一步说明企业的经营情况。这些比率称为经营比率，常用的有以下三种。

（1）市场占有率。市场占有率又称市场份额，指的是企业的主要产品在该种产品的市场销售总额中所占的比重。对大公司来说，这是一个最重要的经营比率，是应当为之奋斗和捍卫的目标。因为只有取得了稳定的市场占有率，企业才能在激烈的市场竞争中取胜，才能获得可观的利润。而市场占有率的下降，是一个企业开始衰败的最显著特征。值得引起注意的问题是，市场占有率的下降，可能被销售额的缓慢增长所掩盖。例如，当一家公司在一个增长率为10%的市场中，年销售额增加5%，说明它的市场占有率在下降。

（2）相对市场占有率。当缺乏总的市场规模的统计资料时，可以采用相对市场占有率作为衡量的指标。常用的相对市场占有率指标有两种：一种是某公司的销售量与该公司所在市场中占领先地位的前三名竞争对手销售量总和的百分比；另一种是与最大的公司销售量的百分比。

（3）投入—产出比率。用作控制度量的投入—产出比率，是对投入利用效能的直接测量标准。在投入方面，有工资及资金、实用工时、生产能力、主要原材料、能源等指标；在产出方面，有产品产量、销售量、销售收入、工业总产值等指标。每项投入指标都能够同产出的任何一项指标对应成一对比率，以衡量某一方面的经营或管理效果和效率。例如，工业总产值比工时总数（或工作日总数）为时（或日）劳动生产率；能源消耗量与工业总产值之比为产值能耗率等。

4. 盈亏分析法

所谓盈亏分析，就是根据销售量、成本和利润三者之间的相互依赖关系，对企业的盈亏平衡点和盈利情况的变化进行分析的一种方法，又称"量、本、利"分析。它既是一种决策与计划方法，也是很有用的控制方法。

5. 审计控制

审计控制是对反映组织资金运动过程及其结果的会计记录及财务报表进行审核、鉴定，以判断组织有关的经济活动的真实、合法和效益，从而为控制和管理组织活动提供依据。根据审查的内容和主体不同，可将审计划分为：由外部机构进行的外部审计；由内部专职人员对组织财务控制系统进行全面评估的内部审计；由外部和内部审计人可能会员共同对管理政策及其绩效进行评估的管理审计。

1）外部审计

外部审计是指由外部机构（国家审计机关或社会审计机构）选派的审计人员对组织的财务报表及其反映的财务状况进行独立的评估。

外部审计人员通过抽查组织的基本财务记录，来检查财务报表及其反映的资产与负债的账面情况是否与组织的真实情况相符。它是对组织内部弄虚作假、欺骗行为的一个重要而系统的检查，从而迫使组织自觉控制自己的行为。外部审计的优点是由独立于被审计单位以外的审计机构所进行的，可以不受任何干涉地独立行使审计监督权，因而能够比较客观公正地对被审计单位或案件做出正确的评价，得到社会的信任。但外部审计人员可能会由于不了解组织内部的结构、业务活动特点，以及组织内部人员的不配合，因而增加了审计工作的难度。

2）内部审计

内部审计是由组织内部的机构或由财务部门的专职人员来独立进行的审计。

内部审计是组织管理控制的一个重要手段，它提供了检查现有控制程序和方法能否有效地保证达成既定目标和执行既定政策的手段。根据对现有控制系统有效性的检查，内部审计可以提供有关改进组织政策、工作程序和方法的对策建议，促进组织目标的实现。当然，它也有自身的缺陷，因为内部审计不仅要搜集信息，而且要解释信息，并指出事实与计划的偏差所在，所以要很好地完成这一工作必须对审计人员进行充分的技能训练。

3）管理审计

管理审计是以组织的管理活动为审计检查的内容，对其组织机构、计划、决策的科学性、可行性、效益性等进行审核检查，从而评价其管理素质的审计行为。

相对于外部审计和内部审计，管理审计的对象和范围更广，它是一种对组织所有管理工作及其绩效进行全面系统地评价和鉴定的方法。管理审计虽然也可以由组织内部的有关部门进行，但为了保证某些敏感领域得到客观评价，组织通常聘请外部专家来进行。

6. 质量控制

质量控制是为达到质量要求所采取的质量作业技术和活动的总称，或者说，质量控制是为了通过监视质量形成过程，消除质量环节上所有阶段引起不合格或不满意效果的因素，以达到质量要求，获取经济效益而采用的各种质量作业技术和活动。在企业里，质量控制活动主要是企业内部的生产现场管理，是指为达到和保持质量而进行控制的技术措施和管理措施方面的活动。20世纪80年代，随着国际竞争的加剧和顾客期望值的提升，许多企业采用全面质量管理的方法来控制质量，把质量观念渗透到企业的每一项活动中，以实现持续的改进。全面质量管理具有以下四个基本特征。

（1）全过程的质量管理。全过程的质量管理即质量管理不仅仅在生产过程，而且应"始于市场，终于市场"，从产品设计开始，直至产品进入市场，以及售后服务等，质量管理都应贯穿其中。

（2）全企业的质量管理。质量管理不仅仅是质量管理部门的事情，它和全企业各个部门都密切相关，因为产品质量是做出来的，不是检验出来的，故每项工作都与质量相关。

（3）全员的质量管理。每个部门的工作质量，决定于每个职工的工作质量，所以每个职工都要保证质量，为此，由职工成立很多质量小组，专门研究在部门或工段的质量问题。

（4）全面科学的质量管理方法。全面质量管理一般分为以下四个阶段。第一个阶段称为计划阶段，又叫P阶段（Plan）。这个阶段的主要内容是通过市场调查、用户访问、国家计划指示等，摸清用户对产品质量的要求，确定质量政策、质量目标和质量计划等。第二个阶段为执行阶段，又称D阶段（Do）这个阶段是实施P阶段所规定的内容，如根据质量标准进行产品设计、试制、试验，其中包括计划执行前的人员培训。第三个阶段为检查阶段，又称C阶段（Check）。这个阶段主要是在计划执行过程中或执行之后，检查执行情况是否符合计划的预期结果。最后一个阶段为处理阶段，又称A阶段（Action）。这个阶段主要是根据检查结果，采取相应的措施。

复习与练习

一、重点概念
控制　反馈控制　直接控制　预算　预算控制　审计控制

二、复习思考
1. 简述控制的作用。
2. 简述控制的过程。
3. 简述有效控制的要领。
4. 简述预算控制的作用及局限性。
5. 对于一所学校而言，你认为该如何采用前馈控制来识别其教师岗位的最佳人选？
6. 你能否举出现实中运用前馈控制的例子？

三、案例分析

安全事故发生后

桂林机务段是隶属于铁道部柳州铁路局的一个基层单位，拥有职工1 300多人，担负着柳州—永州区段的列车牵引任务。该段有两大主要车间：运用车间和检修车间。运用车间负责76台内燃机车的牵引任务，共有正副司机700多人。检修车间负责全段机车的检修任务，共有职工200多人。

段长张广明毕业于上海交通大学，在该段工作近30年。2004年11月3日，全段实现了安全运输生产8周年，其成绩在全局名列前茅，因此段长召开了全段庆功大会，并请来了局里的主要领导。可是会开到一半，机务处打电话给局长：桂林机务段司机由于违反运输规章，造成冒进信号的险性事故。庆功会被迫停开，局长也阴沉着脸离开会场。

其实段长早感觉到存在许多安全隐患，只是由于该段安全天数较高，因此存在着麻痹思想。他连夜打电话通知各部门主任，查找本部门的安全隐患，第二天召开全段中层干部会议，要求各主任会上发言。

第二天，会议在严肃的气氛中召开。

段长首先发言："这次发生险性事故主要责任在我，本人要求免去当月的工资和奖金，其他段级领导每人扣400元，中层干部每人扣200元。另外，我宣布原主管安全的副段长现分管后勤，他的职务暂时由我担任。"

随后，各段长进行发言。

运用车间主任说："这次事故虽然主要是由于司机严重违反规章操纵所致。其实车间一直努力制止这种有章不循的现象，但效果一直不明显。主要问题是：① 司机一旦出车，将会离开本单位，这样车间对司机的监控能力就会下降；司机能否完全按章操纵，基本上依靠其自觉程度，而司机的素质目前还没有达到这种要求。② 车间共有管理干部和技术干部20多名，我们也经常要求干部到现场，但由于司机人数较多，并且机车的利用率很高，因此对司机的监控具有很大的随意性和盲目性。③ 干部中好人现象严重。干部上车跟乘时，即使发现司机有违章操纵行为，也会替其隐瞒，使司机免于处罚。"

检修车间主任说:"这次事故虽然不是由于机车质量造成的,但是检修车间还是存在很多安全隐患。首先,职工队伍不稳定,业务骨干时有跳槽。因为铁路局是按照机修车间定员160人发工资,而检修车间现员230人左右,超员近70人,这样摊到我们头上的工资就很少了,这是职工不稳定的主要原因。"

检修车间主任继续说:"火车提速后,对机车的质量要求更高,而我段的机车检修水平目前还达不到这种要求。第一,机车的检修作业标准较为过时,缺乏合理性、实用性、可控性。工人按此标准,劳动效率不高,而且漏检漏修现象时有发生。第二,车间的技术人员多是刚毕业的大学生,虽然有理论知识基础,但解决实际技术问题的能力不强。第三,对发生率较高的机车故障难题一直没有解决好。"

段长说:"两位主任讲得都很好,将我段管理上存在的一些弊病都找出来了,会后各有关部门要针对这些弊病迅速制定整改措施。我相信,只要我们共同努力,工作的被动局面会很快扭转的。"

(资料来源:http://blog.tianya.cn/blogger/post_show.asp?BlogID=783111&PostID=8171119)

请根据上面的案例,分析以下问题。
(1) 事故发生后段长的一系列做法说明了什么?
(2) 对会上两位主任的发言中所提到的难题,有什么解决办法?

格雷格厂长的目标与控制

格雷格担任这家工厂的厂长已一年多时间了。他刚看了工厂有关今年实现目标情况的统计资料。厂里各方面工作的进展出于意料之外,他为此而气得说不出一句话来。记得他任厂长后第一件事是亲自制定工厂一系列工作的计划目标。具体地说,他要解决工厂的浪费问题,要解决职工超时工作的问题,要减少废料的运输费用问题。他具体规定:在一年内要把购买原材料的费用降低10%~15%;把用于支付工人超时的费用从原来的11万美元减少到6万美元,要把废料运输费用降低3%。他把这些具体目标告诉了下属有关方面的负责人。

然而,他刚看过的年终统计资料却大出他的意料。原材料的浪费比去年更严重,原材料的浪费率竟占总额的16%;职工超时费用亦只降到9万美元,远没达到原定的目标。运输费用也根本没有降低。

他把这些情况告诉负责生产的副厂长,并严肃批评了这位副厂长。而副厂长则争辩说:"我曾对工人强调过要注意减少浪费的问题,我原以为工人也会按我的费用作了最大的努力,只对那些必须支付的款项才支付。"而负责运输方面的负责人则说:"我对未能把运输费用减下来并不感到意外,我已经想尽了一切办法。我预测,明年的运输费用可能要上升3%~4%。"

在分别与有关方面的负责人交谈之后,格雷格又把他们召集起来布置新的要求,他说:"生产部门一定要把材料的费用降低10%,人事部门一定要把职工超时费用降到7万元;即使是运输费用要提高,但也绝不能超过今年的标准。这就是我们明年的目标。我到明年再看你们的结果!"

(资料来源:http://sxy.lytu.edu.cn/jpkc/glx/ArticleShow.asp?ArticleID=171)

请根据上面的案例,分析以下问题。

(1) 谁应该对目标未实现负责?

(2) 格雷格厂长犯了什么样的错误?他制定的新目标能否实现?

(3) 怎样才能实现格雷格厂长的目标?

摆 梯 子

在某集团生产车间的一个角落,因工作需要,工人需要爬上爬下,因此,甲放置了一个梯子,以便上下。可由于多数工作时间并不需要爬上爬下,反而屡有工人被梯子所绊倒,幸亏无人受伤。于是管理者乙叫人换来一个活动梯子,用时,就将梯子支上;不用时,就把梯子合上并移到拐角处。由于梯子合上竖立太高,屡有工人碰倒梯子,还有人受伤。为了防止梯子倒下砸着人,管理者丙在梯子旁写了一个小条幅:请留神梯子,注意安全。

一晃几年过去了,再也没有发生梯子倒下砸着人的事。一天,外商来谈合作事宜。他们注意到这个梯子和梯子旁的小条幅,驻足良久。外商有一位专家熟悉汉语,他提议将小条幅修改为:不用时,请将梯子横放。很快,梯子边的小条幅就改过来了。

(资料来源:http://blog.tianya.cn/blogger/post_show.asp?BlogID=783111&PostID=8171119)

根据上面的案例,回答以下问题。

1. 通过本案例,最能说明的是( )。

A. 越是高层管理者,控制职能越重要

B. 越是基层管理者,控制职能越重要

C. 无论管理层次高低,控制职能都很重要

D. 很多外国企业能成功,主要是善于行使控制职能

2. 属于事前控制的有( )。

A. 甲 B. 乙 C. 丙 D. 外方一位专家

3. 属于事后控制的有( )。

A. 甲 B. 乙 C. 丙 D. 外方一位专家

4. 控制效率最高的是( )。

A. 甲 B. 乙 C. 丙 D. 外方一位专家

5. 本案例给我们的最重要的一个启示是( )。

A. 控制过程也是一个不断学习过程

B. 事前控制的效果一般好于事后控制

C. 控制并非是投入越大,取得收益越多

D. 事前控制的成本一般高于事后控制

四、技能训练

实训项目6-1 麦当劳公司的控制系统分析

【实训目标】

(1) 掌握并会运用控制的要领与主要方法。

（2）掌握控制系统的构成要素与作用。

【实训内容与要求】

（1）认真阅读下面的案例材料，先以小组为单位进行讨论，然后以班级为单位讨论。

（2）在班级讨论的基础上，每名学生针对讨论内容，写出书面分析报告，上交教师评分之后存档。

（3）讨论下列三个题目。

① 麦当劳提出的"质量超群，服务优良，清洁卫生，货真价实"口号如何反映它的公司文化？以这种方式来概括一个组织或公司的文化，具有哪些特色或不足？

② 麦当劳公司所创设的管理控制系统，具有哪些基本构成要素？

③ 该控制系统是怎样促进麦当劳公司全球扩张战略的实现？

麦当劳公司的控制系统

麦当劳公司以经营快餐闻名遐迩。麦当劳金色的拱门许诺：每个餐厅的菜单基本相同，而且"质量超群，服务优良，清洁卫生，货真价实"。它的产品、加工和烹制程序乃至厨房布置，都是标准化的，经严格控制的。它撤销了在法国的第一批特许经营权，因为他们尽管盈利可观，但未能达到在快速服务和清洁方面的标准。

麦当劳的各分店都由当地人所有和经营管理。鉴于在快餐饮食业中维持产品质量和服务水平是其经营成功的关键，因此，麦当劳公司在采取特许连锁经营这种战略开辟分店和实现地域扩张的同时，就特别注意对各连锁店的管理控制。如果管理控制不当，使顾客吃到不对味的汉堡包或受到不友善的接待，其后果就不仅是这家分店将失去这批顾客及其周围人光顾的问题，还会影响到其他分店的生意，乃至损害整个公司的信誉。为此，麦当劳公司制定了一套全面、周密的控制办法。

麦当劳公司主要是通过授予特许权的方式来开辟连锁分店。其考虑之一，就是使购买特许经营权的人在成为分店经理人员的同时也成为该分店的所有者，从而在直接分享利润的激励机制中把分店经营得更加出色。特许经营使麦当劳公司在独特的激励机制中形成了对其扩展中的业务的强有力控制。麦当劳公司在出售其特许经营权时非常慎重，总是通过各方面调查了解后挑选那些具有卓越经营管理才能的人作为店主，而且事后如发现其能力不符合要求则撤回这一授权。

麦当劳公司还通过详细的程序、规则和条例规定，使分布在世界各地的所有麦当劳分店的经营者和员工们都遵循一种标准化、规范化的作业。麦当劳公司对制作汉堡包、炸土豆条、招待顾客和清理餐桌等工作都事先进行翔实的动作研究，确定各项工作开展的最好方式，然后再编成书面的规定，用以指导各分店管理人员和一般员工的行为。公司在芝加哥开办了专门的培训中心——汉堡包大学，要求所有的特许经营者在开业之前都接受为期一个月的强化培训。回去之后，他们还被要求对所有的工作人员进行培训，以使公司的规章条例得到准确地理解和严格地贯彻执行。

为了确保所有特许经营分店都能按统一的要求开展活动，麦当劳公司总部的管理人员还经常走访、巡视世界各地的经营店，进行直接的监督和控制。例如，有一次巡视中发现某家分店自行主张，在店厅里摆放电视机和其他物品以吸引顾客，这种做法因与麦当劳的风格不一致，立即得到了纠正。除了直接控制外，麦当劳公司还定期对各分店的经营业绩进行考评。为此，各分店要及时提供有关营业额和经营成本、利润等方面的信息，这样总部管理人员就能把握各分店经营的动态和出现的问题，以便商讨和采取改进的对策。

麦当劳公司的另一个控制手段是，在所有经营分店中塑造公司独特的组织文化，这就是大家熟知的"质量超群，服务优良，清洁卫生，货真价实"口号所体现的文化价值观。麦当劳公司的共享价值观建设，不仅在世界各地的分店，在上上下下的员工中进行，而且还将公司的一个主要利益团体——顾客，也包括进这支建设队伍中。麦当劳的顾客虽然被要求自我服务，但公司特别重视满足顾客的要求，如为他们的孩子们开设游戏场所、提供快乐餐和组织生日聚会等，以形成家庭式的氛围，这样既吸引了孩子们，也增强了成年人对公司的忠诚度。

（资料来源：http://www.vcdpickup.com/1/case40.htm）

【实训成果】

麦当劳公司的控制系统分析报告。

【实训考核与评价】

教师根据学生的讨论情况和书面分析报告进行考核与评价，综合给出实训成绩。

实训项目6-2　企业控制系统调研分析

【实训目标】

（1）增强学生对控制类型的理解，明确控制过程运作的具体内容。

（2）提升学生对企业控制问题的分析能力。

【实训内容与要求】

（1）把全班同学按照5～6人分成小组，每个组确定1个负责人。由小组负责人组织本组成员，实际访问一家当地企业或通过网上搜集企业案例，了解企业控制系统的相关内容。

（2）总结该企业的控制类型，分析该公司的控制过程和主要环节。

（3）联系实际，分析该企业在控制方面的优点和不足，针对存在的问题，提出自己的改进意见。

（4）以小组为单位，写出调研报告。

（5）以小组为单位，制作PPT在全班进行讲解交流，教师做出评语。

【实训成果】

（1）企业控制系统调研报告。

（2）企业控制系统交流PPT。

（3）实训小结。

【实训考核与评价】

教师根据学生的任务完成情况进行考核与评价，给出实训成绩。

第 7 单元

管理创新

学习目标

1. 知识目标

（1）理解管理创新的概念。
（2）明确创新的类型与特征。
（3）掌握管理创新的内容、过程及组织。
（4）熟悉企业管理创新的路径。
（5）了解中国企业管理创新的趋势。

2. 能力目标

（1）能根据管理创新的知识对相关管理问题进行分析评价。
（2）能按照创新思维的方法，编写创意方案。

导入案例

图书馆搬家

大英图书馆老馆年久失修，换个地方新建了一个图书馆。新馆建成后，要把老馆里的书搬到新址去。这本来是一个搬家公司的活儿，没什么好策划的，把书装上车，拉走，摆放到新馆即可。

问题是按预算需要 350 万英镑，图书馆里没有这么多钱。眼看着雨季就到了，如果不马上搬家，这损失就大了。怎么办？馆长想了很多方案，但一筹莫展。

正当馆长苦恼的时候，一个馆员问馆长苦恼什么？馆长把情况和这个馆员介绍了一下。几天之后，馆员找到馆长，告诉馆长他有一个解决方案，不过仍然需要 150 万英镑。馆长十分高兴，因为图书馆有这么多钱。"快说出来！"馆长很着急。馆员说："好主意也是商品，我有一个条件。""什么条件？"馆长更着急了。"如果把 150 万全花尽了，那全当成我给图书馆做贡献了，如果有剩余，图书馆把剩余的钱给我。""那有什么问题？350 万我都认可了，150 万以内剩余的钱给你，我马上就能做主！"馆长很坚定地说。"那咱们签订个合同？"馆员意识到发财的机会来了。合同签订了，不久实施了馆员的新搬家方案。花 150 万英镑？连零头都没用完，就把图书馆给搬了。

原来，图书馆在报纸上发出了一条惊人的消息："从即日起，大英图书馆免费、无限量向市民借阅图书，条件是从老馆借出，还到新馆去。"

（资料来源于网络）

> **案例启示**
> 搬迁图书馆，我们总是习惯性地考虑要按部就班地完成整理打包、分类登记、搬运等一系列任务，从而需要一笔不菲的搬迁费用，这样我们就陷入了一种习惯性思维而不能自拔。在这个故事中，馆员的方案让人眼前一亮：原来换一种方式思考能帮助我们节省一大笔开销。那么在生活中，我们又忽视了多少创新的机会，而只是满足于让自己在陈旧的思维中周而复始、事倍功半。

7.1 认识创新

创新可以改变世界，人类发展的历史正是一部不断创新的历史。一些新兴的企业利用创新迅速崛起为业界大佬，并且制定业内的游戏规则。比尔·盖茨曾经说过："创新不仅是降低成本、开拓新市场的需要，更是将公司做大做强的唯一选择。"微软就是在他的带领下，靠着产品的不断更新换代、软件用途的不断开发，才把其他竞争者远远地甩在了身后。

7.1.1 创新的内涵

1. 创新的概念

创新，是指以新思维、新发明和新描述为特征的一种活动或过程，是人们在改造自然和改造社会过程中，方法、手段和结果的质的飞跃。这种质的飞跃是在社会经济的发展过程中，人和物的结合，凝结了科技进步，表现为发明（具有新颖性、创造性和实用性的科学技术创造）、发现（经过探索和试验，人们对未知事物或规律的揭示，包括科学事实的发现、科学定律的发现和科学理论的建立三个层次）、革新（体现技术发展连续性和技术发展的渐进性）、开发（技术发明的推广和应用），如图7-1所示。

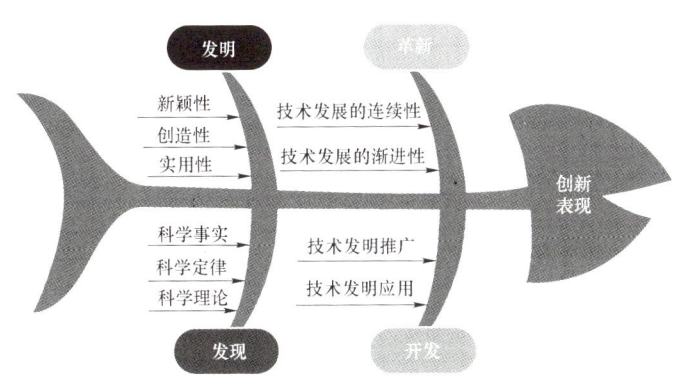

图 7-1 创新表现

创新是人类特有的认识能力和实践能力，是人类主观能动性的高级表现形式，是推动民族进步和社会发展的不竭动力。

我国很早就有创新的思想和论述，《大学》中有"苟日新，日日新，又日新"，《诗经·大雅》中有"周虽旧邦，其命维新"，就是强调做人要有不断革新和积极进取的精神取向。但一开始，创新一词仅指社会制度方面的革新与改造，随着社会的发展和西方自然科学的引进，创新的内涵和外延不断扩展，终于涵盖到从自然科学到社会科学的一切领域。

经济学家熊彼特所著的《经济发展概论》中提出：创新是指把一种新的生产要素和生产条件的"新结合"引入生产体系。它包括5种情况：

（1）开发一种新产品或提高一种产品的质量；
（2）采取一种新的生产方法；
（3）开发一个新的市场；
（4）获得一种原料或半成品的新来源；
（5）实行一种新的企业组织形式。

熊彼特认为：创新的关键是对生产要素进行重新组合，能否为企业带来超额利润是检验创新成功与否的标准，创新是一种过程。

2. 创新的特征

从以上不同角度的创新概念界定中，可以清晰地概括出创新的主要特征：

（1）变革性。创新是创造性的活动，内含有"第一次"的意义，是历史上从未有过的。本质是突破传统、突破常规。创造出来的新事物是创新，在原有基础上的改进和变革也是创新，创新既可以是"无中生有"，也可以是"有中生新"。

（2）能动性。创新是创新者发挥主观能动性，自觉进行认知世界和改造世界的实践活动，是人类社会独有的现象。只有纳入人的主观意识指导下的活动，才是创新活动；只有凝结了人们的目的和意识的成果才是创新成果。

（3）价值性。创新是人们开创出的能产生一定经济或社会效益的，有一定积极意义的新思想、新事物。所以，能否创造价值是创新的重要评价尺度。

（4）相对性。创新是一个相对的概念，其价值的估量与时间、空间有关。同样的事物在今天看来是创新，在明天看来就可能是追随，创新必须在一定范围内具有领先性。

7.1.2 创新的类型

创新的类型很多，我们可以按照创新的内容、创新的思维方式等对其进行分类。

1. 按创新的内容分类

根据创新的内容将创新分为知识创新、产品创新、工艺创新、管理创新、制度创新、文化创新等。

1）知识创新

知识创新是指通过科学研究（主要指基础研究），获得新的基础科学和技术科学知识的过程。科学研究是知识创新的主要活动和手段，知识创新的目的是通过认识自然现象、揭示自然规律来创立新学说、创造新方法、积累新知识。

知识创新和其他创新的关系，就像根叶和果实的关系。根叶茂盛而不开花结果的树没有多少使用价值，但是累累硕果归根结底来自于根叶吸收的水分和制造的养料。

2）产品创新

创造某种新产品或对某一产品的功能进行创新。产品创新又可分为全新产品创新和改进产品创新。全新产品创新是指产品用途及其原理有显著的变化；改进产品创新是指在技术原理没有重大变化的情况下，基于市场需要对现有产品所做的功能上的扩展和技术上的改进。比如：现代生活中，人工打扫卫生又脏又累，常常存在清扫不到的死角。即使使用智能扫地机器人，也仍然存在无规律、胡乱游走和漏扫等缺陷。于是，一位哥伦比亚大学的学生在智能扫地机器人的基础上发明了全新概念的清洁机器人 Mab。Mab 机器人从蜂巢获得灵感，能释放出 908 个微型机器人同时进行全方位立体无死角清扫。

◆ 资料链接

美国有个穷画家，非常勤奋，每天都要进行创作，因此画室里到处都是草稿纸，于是经常不是找不到铅笔，就是找不到橡皮擦，为此耽误了不少时间，也破坏了不少创作灵感。画家非常恼火，有一天实在无法忍受了，就突然产生了一个想法：把橡皮和铅笔绑在一起！

不过，随便绑一块橡皮还是不太方便，头重脚轻。于是，他连画也不画了，着手解决两个问题：首先，橡皮多了太重，少了又不够用，到底多少比较合适呢？其次，用什么方法固定更方便？最后，他终于想出了一个好办法：用一块薄铁皮将橡皮包在铅笔的一头，这就是今天我们见到的带橡皮的铅笔。为此，他申请了专利。不久，一家著名的铅笔公司用 55 万美元的巨款买下了这个专利，一个穷画家成了发明家和大富翁。

(资料来源于网络)

3）工艺创新

工艺创新是指改善或变革产品的生产技术及流程。工艺创新和产品创新都是为了提高企业的社会经济效益，但二者途径不同，方式也不一样。产品创新侧重于活动的结果，而工艺创新侧重于活动的过程；产品创新的成果主要体现在物质形态的产品上，而工艺创新的成果还可以表现在各种生产要素的结合方式上；产品创新的生产者主要是为用户提供新产品，而工艺创新的生产者也是创新的使用者。比如：18 世纪 70 年代瓦特改良了蒸汽机，但是由于蒸汽机汽缸等精密零件的加工精度达不到要求，无法推广应用，一直到汽缸镗床出现，解决了精密汽缸的加工工艺，使蒸汽机的大批量生产成为可能，才使蒸汽机这个新产品进入实用阶段，从而引发了第一次产业革命。

◆ 资料链接

3D 打印技术出现在 20 世纪 90 年代中期，实际上是利用光固化和纸层叠等技术的最新快速成型装置。它与普通打印工作原理基本相同，打印机内装有液体或粉末等"打印材料"，与计算机连接后，通过计算机控制把"打印材科"一层层叠加起来，最终把计算机上的蓝图变成实物。3D 打印技术是以数字化、人工智能化及新型材料应用为特征的生产制造方式，其特点是打印时间短、成本低、产品千变万化，特别是一些结构复杂的高精尖产品，其优势备加突出。3D 打印技术应用领域十分广泛，包括产品设计、科学研究、建筑、医疗、制造业、航天、珠宝首饰、个性化饰品等方面，甚至被称为是第三次工业革命的标志。

(资料来源于网络)

4）管理创新

管理创新是指改善或创造更好的组织环境和制度，将改善后的管理要素引入企业管理系统以更有效地实现组织目标的活动。

5）制度创新

制度创新是指人们在现有的生产和生活环境下，通过创设新的、更能有效激励人们行为的制度和规范体系，来实现社会的持续发展和变革。制度创新的核心内容是社会政治、经济和管理等制度的革新，其直接结果是激发人们的创造性和积极性，促使新的知识和社会资源的合理配置，产生新的社会财富，最终推动社会进步。

◆ 资料链接

广东自贸区发布"制度创新最佳案例"

2017 年 4 月 20 日，中国（广东）自由贸易试验区挂牌满三周年。

三年中，广东自贸区金融开放创新成绩惊人。此次发布的十大"制度创新"最佳案例中，有九个属全国首创。例如，CEPA 框架下率先放宽金融机构外资持股比例上限、首创全国首单美元结算的跨境船舶租赁资产交易等。

而在贸易便利化领域，包括"全国率先推出商事主体电子证照卡""国内率先探索企业设立审批制度改革""全国首创跨境电子支票缴税、V-Tax 远程可视自助办税系统""借助'微警认证'在微信签发全国首张身份证'网证'"在内的多项创新，广东均位于全国前列。

(资料来源于网络)

6）文化创新

文化创新是在继承前人文化遗产精华的基础上，结合实践和时代的要求，综合人民群众精神文化生活需要，所进行的文化上的超越和创造。文化在交流的过程中传播，在继承的基础上发展，文化发展的实质，就在于文化创新；文化创新，是社会实践发展的必然要求之一。

2. 按创新的思维方式分类

根据创新的思维方式可以将创新分为原始创新和模仿创新。

1）原始创新

原始创新是指基于前所未有的重大科学发现、技术发明、原理性技术等的出现，产业界发生的技术创新。原始创新意味着在研究开发方面，特别是在基础研究和高技术研究领域取得独有的发现或发明，并取得商业化的成功。原始创新是最根本的创新，是最能体现智慧的创新，是对人类文明进步做出领先贡献的最为重要的体现形式。

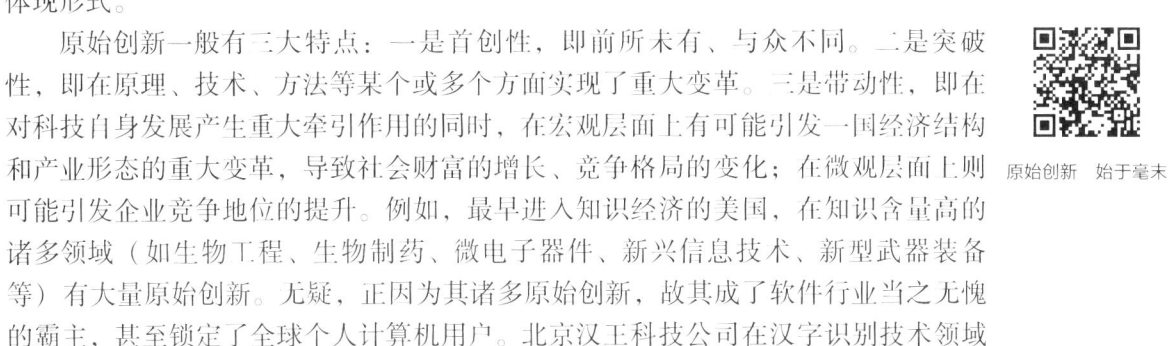

原始创新一般有三大特点：一是首创性，即前所未有、与众不同。二是突破性，即在原理、技术、方法等某个或多个方面实现了重大变革。三是带动性，即在对科技自身发展产生重大牵引作用的同时，在宏观层面上有可能引发一国经济结构和产业形态的重大变革，导致社会财富的增长、竞争格局的变化；在微观层面上则可能引发企业竞争地位的提升。例如，最早进入知识经济的美国，在知识含量高的诸多领域（如生物工程、生物制药、微电子器件、新兴信息技术、新型武器装备等）有大量原始创新。无疑，正因为其诸多原始创新，故其成了软件行业当之无愧的霸主，甚至锁定了全球个人计算机用户。北京汉王科技公司在汉字识别技术领域有诸多原始创新，故其成为中国汉字识别领域领先的国家级创新型企业。

一个国家或企业要想有更多的自主创新，至少应具备以下条件：一是要有足够高的研发投入；二是要建立一套有效的激励自主创新的制度化机制和营造社会文化氛围；三是要通过法制化的机制来保护自主创新实现者的精神利益和物质利益。现在我国实施了自主创新战略，将自主创新分为原始创新、消化吸收再创新、集成创新，并为此出台了一系列政策和法律、法规，以激励自主创新。

2）模仿创新

多数情况下，模仿创新是在率先创新者已有创新成果基础上的"模仿"，甚至是在他人已有成果基础上的改进。模仿创新也是一种学习过程，是创新能力不断积累和提高的过程，有助于提高创新的起点和水平。例如，第二次世界大战后，日本用40年时间发展成为经济发达国家，就是在发达国家已有技术基础上，结合市场需求和本国实际再创造，创造了模仿创新赶超先进国家的范例。

模仿创新至少有两种方式。一种是完全模仿，即对市场上现有产品的仿制。一项新技术从诞生到市场饱和需要一定的时间，创新产品投放市场后还存在一定的市场空间，这就使得模仿有机可乘、有利可图，故不少企业的创新是从模仿开始的。另一种是模仿后再创新。即在学习他人技术后，通过创新而超过他人的创新成果。此类情况要求模仿者首先掌握被模仿产品的技术诀窍，再进行产品功能、外观和性能等方面的改进，使产品更具市场竞争力。

模仿创新的优势在于可节约大量研发及市场培育费用，回避新产品市场成长初期的不稳定性，降低市场开发的风险。但模仿创新者难免在技术上受制于人，因为模仿者是新技术的跟随者，有可能受到技术领先者的技术壁垒和市场壁垒以及法律制度方面的障碍，且新技术也并不总是能够轻易被模仿的。特别是随着业界知识产权保护意识的不断增强、专利制度的不断完善，要获得效果显著的新技术也是不容易的。

原始创新与模仿创新的特点如表7-1所示。

表 7-1　原始创新与模仿创新的特点

原始创新	首创性	突破性	带动性
模仿创新	技术上的跟随性	市场上的跟随式开拓性	"看中学"的积累性

为什么要创新

企业家要从经营者转向创新者

7.1.3　创新的意义

创新是一个民族进步的灵魂，是一个国家兴旺发达的不竭动力，也是中华民族最深沉的民族禀赋。在激烈的国际竞争中，唯创新者进，唯创新者强，唯创新者胜。

当今国际社会是一个飞速发展的时代，创新精神显得尤为重要。只有拥有创新精神的国家，才能让自己立于世界强国之林。

市场是无情的，竞争是残酷的，只有坚持创新，个人才能体现价值，企业才能获得优势，国家才能繁荣富强。

◆ 资料链接

走在世界前列的港珠澳大桥

伶仃洋海天一色，烟波浩渺，港珠澳大桥碧海虹飞，连接三地。想当年，"零丁洋里叹零丁"，看今朝，"伶仃洋上望复兴"，伶仃洋见证了一个东方大国的复兴与自信。"非常了不起"的赞誉，是习总书记对港珠澳大桥建设克服世界级难题、创下世界之最的高度肯定，更是习总书记对"世界之最"纪录背后所反映出的我国自主创新能力的高度赞赏。

（资料来源于网络）

思政园地

港珠澳大桥是国家工程、国之重器，它集成了世界上最先进的管理技术和经验，克服了许多世界级难题，创下了多项世界之最，该桥被业界誉为桥梁界的"珠穆朗玛峰"，被英媒《卫报》称为"现代世界七大奇迹"之一，也是中国从桥梁大国走向桥梁强国的里程碑之作，它不仅代表了中国桥梁先进水平，更体现了中国综合国力的提升和坚持自主创新能力的中国智慧。港珠澳大桥的建设奇迹启示我们中国的伟大事业基于创新，我国要大力实施创新驱动发展战略，续写更多创新领域并跑、领跑的神话。

创新在新发展理念中排第一位，习总书记在《深入理解新发展理念》这篇文章中，纵论古今，旁征博引，用《荷马史诗》中"阿喀琉斯之踵"这个人们耳熟能详的典故以及大量历史事例，深刻阐明了创新对于国家和民族前途命运的决定性意义，强调创新能力不强是我国这个经济大块头的"阿喀琉斯之踵"。

经过多年努力，我国创新能力明显提高，正在由过去的跟跑为主，逐步地转向更多领域中并跑、领跑。但从总体上看，创新能力依然是我国经济社会发展的一大短板，关键核心技术受制于人的局面尚未根本改变。面对人口、资源、环境等方面越来越大的压力，拼投资、拼资源、拼环境的老路已经走不通。

新路在哪里？就在创新这个第一动力上。基于对创新与发展关系的深刻把握，习总书记把创新摆在国家发展全局的核心位置，提出一系列重要论断，作出一系列重大部署。总书记2013年在欧美同学会成立100周年庆祝大会上指出，"在激烈的国际竞争中，唯创新者进，唯创新者强，唯创新者胜"；2018年在中国科学院第十九次院士大会、中国工程院第十四次院士大会上强调，"关键核心技术是要不来、买不来、讨不来的"，必须"掌握在自己手中"；2019年在第二届"一带一路"国际合作高峰论坛开幕式上再次强调，"创新就是生产力，企业赖之以强，国家赖之以盛"。习总书记对"创新"念兹在兹，大声疾呼，强力推动。

7.2　管理创新概述

计划、组织、领导、控制是管理的"维持职能"，其任务是保证系统按预定的方向和规则运行。但是，管理是在动态环境中进行的，仅维持是不够的，还必须通过不断地调整系统活动的内容和目标，以适应环境的变化，这就需要运用管理的"创新职能"。

管理创新

7.2.1　管理创新的内涵

1. 管理创新的概念

管理创新是指组织形成创造性思想并将其转换为有用的产品、服务或作业方法的过程。具体地说，管理创新是指组织把新的管理要素（如新的管理方法、新的管理手段、新的管理模式等）或要素组合引入组织管理系统以更有效地实现组织目标的创新活动。

2. 管理创新的特征

1）创新的不确定性

一是市场的不确定性，主要是不易预测市场未来需求的变化，外界因素如经济环境、消费者的偏好都会对市场变化产生影响。当出现根本性创新时，市场方向无从确定，也就无法确定需求。计算机刚出现时，有人估计全美国只有几十台的需求，这显然同实际情况相差万里。1990年，第一部手机在中国投入使用，有关部门大胆预测，2000年中国的手机用户将达到80万户，但实际上，中国的手机用户在2000年的时候达到了8 700万户。市场不确定性的来源，还可能是不知道如何将潜在的需要融入创新产品中去，以及未来产品如何变化以反映用户的需要。当存在创新竞争者时，市场的不确定性还指创新企业能否在市场竞争中战胜对手。

二是技术的不确定性，主要是如何用技术来体现、表达市场中消费者需要的特征；能否设计并制造出可以满足市场需要的产品和工艺。有不少产品构思，按其设计的产品，要么无法制造，要么制造成本太高，因此，这种构思和产品都没有什么商业价值。新技术与先行技术系统之间的不一致性也是一个重要的不确定性来源。

三是战略的不确定性，主要是针对重大技术创新和重大投资项目而言。它指一种技术创新的出现使已有投资与技能过时的不确定性，即难以判断它对创新竞争基础和性质的影响程度，以及面临新技术潜在的重大变化时企业如何进行组织适应与投资决策。当重大技术创新出现时，战略不确定性常常因严重的战略性决策失误而导致产业竞争领先地位的交替。

2）创新的风险性

创新可能成功，也可能失败，这种不确定性就构成了创新的风险。因此，在创新过程中，只准成功、不许失败的要求，实际上是不切实际的。在实践中，只能通过科学的设计与严格地实施，来尽量降低创新的风险。

3）创新的被排斥性

创新活动常常受到来自各方面的排斥、压力和抵制。习惯于原有生活方式和思维方式的人们往往不欢迎任何改动和变革。形象地说，创新恐惧症已成为现代组织，包括企业、学校、政府的一种通病。在一种特定的社会环境中，对于公司最高管理层的人们，往往存在着无数条理由使他们希望这个环境能够延续下去。因为在这种情况下，没有麻烦，没有威胁，也没有紧迫感，一切都显得平平稳稳。不过，这也意味着任何一项新产品的创新就其本质而言，都是一场推进创新力量和排斥、抵制创新力量之间的较量。而管理者所面临的挑战就是如何在这些力量中间保持平衡。另外，人们应该对华而不实的或仅仅是象征意义的新产品的创新，以及与新产品战略目标不相一致的新产品持抵制态度，这种抵制不应受到阻挠。

4）创新的复杂性

创新过程就像一条链条。认为只要增加上游基础研究的投入就可以直接增加下游的新技术、新产品的产出。但在实际经济活动中，创新有许多起因和知识来源，可以在研究、开发、市场化和扩散等任何阶段发生。创新是诸多因素之间一系列复杂的、综合的相互渗透而共同作用的结果，创新不是一个独立的事件，而是由许多小事组成的一个螺旋式上升的轨迹，是一个复杂的系统过程。

5）创新的时效性

企业创新一般总是从产品创新开始的。一种新的市场需求总是表现为产品需求，因而，在创新初期，企业的创新活动主要是产品创新。一旦新产品被市场接受，随之而来的是企业把注意力集中在过程创新上，其目的是降低生产成本、改进品质、提高生产效率。当产品创新和过程创新进行到一定程度时，企业的创新注意力会逐渐转移到市场营销创新上，目的是提高产品的市场占有率。在这些创新重点的不同时间段上，还会伴随着组织创新。当新产品投放市场一定时间后又会被更新的产品所代替，这种替代也使得创新具有时效性。

6）创新的动态性

事物是发展变化的，由于组织的外部环境和内部环境在不断发生变化，因此，决定了创新能力的创新要素也都要进行动态调整，从而使组织的创新能力不断积累、不断提高。从企业间的竞争来看，随着企业创新的扩散，企业竞争优势将会消失，这就要不断推动新的一轮又一轮的创新，以便不断确立企业的竞争优势。因此，创新绝不是静止的，而是动态的。不同时期组织的创新内容、方式、水平是不同的。从企业发展的总趋势看，前一时期低水平的创新，总是要被后一个时期的高水平创新所替代。创新活动的不断开发和创新水平的不断提高，正是推动企业发展的动力。

> **管理案例**
>
> 鹦鹉的悲哀
>
> 一只口齿伶俐的鹦鹉，在城市学唱了几首流行歌曲，就飞回森林举行演唱会。第一天演出，引起了强烈的轰动，赞誉声、掌声，不绝入耳，门票收入也相当可观。第二天演唱，同样也受到了欢迎。鹦鹉陶醉了，认为自己就是天才的歌唱家。
>
> 昔日好友画眉婉言相劝："你的歌喉的确很优美，不过，你应该再学唱几首新歌，不然观众会厌倦的。"鹦鹉洋洋自得地说："有这几首歌，我就可以红一辈子。"画眉说："总有一天你会明白，安于现状迟早是要被淘汰的。"
>
> 鹦鹉不屑一顾地哼了一声，怀抱鲜花，在众多歌迷的拥护下，去前台接受记者的采访。半个月后，尽管鹦鹉唱得十分投入，但观众却寥寥无几，崇拜她的那帮歌迷也不知去向。
>
> 管理启示：创新是一个组织永续发展的不竭动力。只有创新，才能永远立于不败之地，否则，安于现状迟早要遭淘汰。
>
> （资料来源：王新宏．现代管理学[M]．天津：天津大学出版社，2008．）

7.2.2 管理创新的内容

企业管理创新是一项复杂的系统工程。从系统的观点来看，企业管理创新是指企业的管理者不断根据市场和社会变化，利用新思维、新技术、新方法、新机制，创造一种新的更有效的资源组合范式，以适应和创造市场，促进企业管理系统综合效益的不断提高，达到以尽可能少的投入获得尽可能多的综合效益的目的的具有动态反馈机制的全过程管理。企业管理创新主要包括以下10个方面的内容。

1. 管理理念创新

管理理念是指管理者或管理组织在一定的哲学思想支配下，由现实条件决定的经营管理的感性知识和理性知识构成的综合体。一定的管理观念必定受到一定社会的政治、经济、文化的影响，是企业战略目标的导向、价值原则，同时管理观念又必定折射在管理的各项活动中。为了尽快适应现代社会的需要，企业应结合自身条件，不断地创新自己的经营管理理念。

创新理念

> **管理案例**
>
> 不同的营销理念
>
> 有两家制鞋商分别派出销售人员去某岛推销自己的产品。甲厂派出的推销员到了岛上以后，迅速发回一份电报，强调鞋制品在该岛无任何市场，因为岛上居民无一人穿鞋，并表明自己亦将迅速归厂。而另一家厂商的推销员则迅速发电，要求企业立即寄来大批货物，因为该岛有着非常巨大的市场潜力，且目前尚无其他厂家参与竞争，原因是当地的人都没有鞋穿。显然，对同一客观现实的不同认识将给两家企业带来不同的市场和发展机会。当然，上述第二家企业要充分开发该市场，还需在岛民消费观念的改变上进行必要的示范、宣传以及劝导。
>
> 管理启示：面对同样的市场，不同的理念产生不同的思路。企业要立于不败之地，就需要不断地进行观念创新。
>
> （资料来源于网络）

为实现理念的创新我们必须要做以下转变：管理绩效的评价标准要从是否遵循长官意志转变为综合效益的完成量；管理的内容要从管理方式是否需要强化、管理形式是否需要更加严格转向岗位职责、工作流程、规章制度的科学性和有效性以及对于资金、人才、时间、物质的使用效率的实质性控制；管理方式要从家长专断型的随意管理转向基于广泛咨询的、遵循决策程序的科学管理，从事无巨细的越级干预到注重决策和预算的权责明确的层级管理；管理的机制要从对企业员工的形式化约束转向建立互动式自我教育与激励型行为规范；管理的目的要从单纯完成企业利润目标转向对内维持和谐稳定的一致性、对外增强持续不断的适应性；管理的心态也要从追求一劳永逸转向动态和持续创新。凡此种种，都是从小生产意识向社会化大生产管理理念的革命性转变。管理理念的创新重在用新的策划、新的技巧、新的形式打破陈旧平衡，敢于标新立异，贵在围绕社会效益、眼前利益和长远利益，形成管理特色。

2. 企业战略创新

经营战略是对企业长远发展的全局性谋划。企业经营战略大体可分为三个层次：总体战略、经营单位战略和职能部门战略。企业的管理者应树立"战略随着环境走，能力跟着战略行"的观念，采取战略分析、战略制定、战略选择、战略实施等步骤，通过采用SWOT法对企业经营收益、风险、利润相关者的反应、市场前景等做出评价，并领导、组织、管理好经营战略创新的过程。

3. 企业组织创新

任何组织机构，经过合理的设计并实施后，都不是一成不变的。它们就像生物的机体一样，必须随着外部环境和内部条件的变化而不断地进行调整和变革，才能顺利地成长、发展，避免老化和死亡。应用行为科学的知识和方法，把人的成长和发展希望与组织目标结合起来，通过调整和变革组织结构及管理方式，使其能够适应外部环境及组织内部条件的变化，从而提高组织活动效益的过程，就是所谓的组织创新。

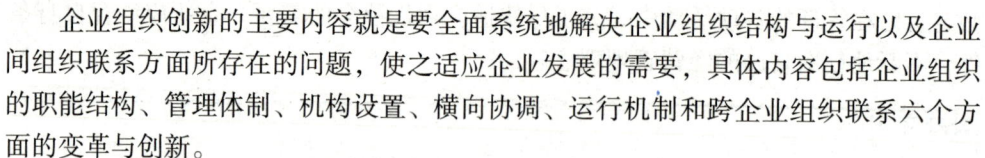

企业组织创新的主要内容就是要全面系统地解决企业组织结构与运行以及企业间组织联系方面所存在的问题，使之适应企业发展的需要，具体内容包括企业组织的职能结构、管理体制、机构设置、横向协调、运行机制和跨企业组织联系六个方面的变革与创新。

1）职能结构的变革与创新

职能结构的变革与创新要解决的主要问题包括以下两个方面。第一，走专业化的道路，分离由辅助作业、生产与生活服务、附属机构等构成的企业非生产主体，发展专业化社会协作体系，精干企业生产经营体系，集中资源强化企业核心业务与核心能力。第二，加强生产过程之前的市场研究、技术开发、产品开发以及生产过程之后的市场营销、用户服务等过去长期薄弱的环节，同时加强对信息、人力资源、资金与资本等重要生产要素的管理。

2）管理体制（组织体制）的变革与创新

管理体制是指以集权和分权为中心，全面处理企业纵向各层次特别是企业与二级单位之间权利和责任关系的体系，亦称为企业组织体制。其变革与创新要注意以下三个问题。

第一,在企业的不同层次,正确设置不同的经济责任中心,包括投资责任中心、利润责任中心、成本责任中心等,消除因经济责任中心设置不当而造成的管理过死或管理失控的问题。

第二,突出生产经营部门(俗称一线)的地位和作用,管理职能部门(二线)要面向一线,对一线既管理又服务,根本改变管理部门高高在上,对下管理、指挥监督多而服务少的传统结构。

第三,作业层(基层)实行管理中心下移。作业层承担着作业管理的任务,这一层次在较大的企业中,还可分为分厂、车间、工段、班组等若干层次。可以借鉴国外企业的先进经验,调整基层的责权结构,将管理重心下移到工段或班组,推行作业长制,使生产现场发生的问题,由最了解现场的人员在现场迅速解决,从组织上保证管理质量和效率的提高。

3) 机构设置的变革与创新

考虑横向上的每个层次应设置哪些部门,部门内部应设置哪些职务和岗位,怎样处理好其相互之间的关系,以保证彼此间的配合协作。改革方向是推行机构综合化,在管理方式上实现每个部门对其管理的物流或业务流,能够做到从头到尾、连续一贯的管理,达到物流畅通、管理过程连续。具体做法就是把相关性强的职能部门归并到一起,做到一个基本职能设置一个部门、一个完整流程设置一个部门。其次是推行领导单职制,即企业高层领导尽量少设副职,中层和基层基本不设副职。

4) 横向协调的变革与创新

横向协调的变革与创新有以下三个措施。第一,自我协调、工序服从制度。实行相关工序之间的指挥和服从。第二,主动协作、工作渗透的专业搭接制度。在设计各职能部门的责任制时,对专业管理的接洽部和边界处,有意识地安排一些必要的重叠和交叉,有关科室分别享有决定、确认、协助、协商等不同责权,以保证同一业务流程中的各个部门能够彼此衔接和协作。第三,对大量常规性管理业务,在总结先进经验的基础上制定制度标准,大力推行规范化管理制度。这些标准包括管理过程标准、管理成果标准和管理技能标准。

5) 运行机制的变革与创新

运行机制的变革与创新包括建立企业内部的"价值链",上下工序之间、服务与被服务的环节之间,用一定的价值形式联结起来,相互制约,力求降低成本、节约费用,最终提高企业整体效益。改革原有自上而下进行考核的旧制度,按照"价值链"的联系,实行上道工序由下道工序考核、辅助部门由主体部门评价的新体系。

6) 跨企业组织联系的变革与创新

前面几项组织创新内容,都是属于企业内部组织结构及其运行方面的内容,除此之外,还要考虑企业外部相互之间的组织联系问题。重新调整企业与市场的边界,重新整合企业与市场之间的优势资源,推进企业间组织联系的网络化,这是新世纪企业组织创新的一个重要方向。

4. 管理目标创新

管理目标创新是指企业提出有别于竞争者的，他人认为不可能达到的，更能体现企业经营意义的，并且能使企业获得持续利益的目标体系。

知识经济时代的到来导致了企业经营目标的重新定位。其原因有三个：一是企业管理观念的革命，要求企业经营目标重新定位；二是企业内部结构的变化，促使企业必须重视非股东主体的利益；三是企业与社会的联系日益密切、深入，社会的网络化程度大大提高，企业正成为这个网络中重要的联结点。因此，企业经营的社会性越来越突出，从而要求企业高度重视自己的社会责任，全面修正自己的经营目标。

◆ **管理故事**

蜜蜂与苍蝇的目标追求

有两个美国科学家做过一个有趣的实验。他们在两个玻璃瓶里各装进 5 只苍蝇和 5 只蜜蜂，然后将玻璃瓶的底部对着有亮光的一方，而将开口朝向暗的一方。过了几个小时之后，科学家发现，5 只苍蝇全都在玻璃瓶后端找到了出路，爬了出来，而那 5 只蜜蜂则全都撞死其中。

为什么会出现这样的现象呢？其原因就是蜜蜂的行为具有教条性、理论性，蜜蜂用它们的经验来认定：有光源的地方才是出口；而苍蝇的行为具有探索性、实践性，它们在被碰撞后知道回头，知道另想办法，甚至不惜向后看。

管理启示：正确的目标，需要不断地摸索和创新。

（资料来源于网络）

---

5. 管理制度创新

制度是组织运行方式、管理规范等方面的一系列的原则规定。制度创新是从社会经济角度来分析企业系统中各成员间的正式关系的调整和变革。企业具有完善的制度创新机制，才能保证技术创新和管理创新的有效进行。如果旧的、落后的企业制度不进行创新，就会成为严重制约企业发展的桎梏。

制度创新　打造国际一流营商环境

6. 管理方式创新

管理方式指管理方法和管理形式，它是企业资源整合过程中所使用的工具。管理方式是否有效，直接影响着企业资源的有效配置。一种新的管理方式能提高生产效率，或使人际关系协调，或更好地激励员工，这些都将有助于企业资源的有效整合，并达到企业既定目标。

管理方式创新既可以是单一性的管理方式创新，如库存管理法、ABC 管理法、物料需求计划等，也可以是综合性的管理方式方法创新，如制造资源计划、全面质量管理、准时化生产方式、计算机集成制造系统、企业资源计划等。

概括起来，管理方式创新主要包括以下五种情况：采用一种新的管理手段；实行一种新的管理模式；提出一种新的资源利用节约措施；采用一种更有效的业务流程；创设一种新的工作方法等。

7. 管理模式创新

所谓管理模式，是指基于整体的一整套相互联系的观念、制度和管理方式的总称。这个整体可以是一个国家、一个地区、一个企业乃至企业内的整个具体管理领域。在企业层次上产生的一整套相互联系的观念、制度和管理方式方法，就形成了企业管理模式，如集成管理、危机管理、企业再造等。同样在企业内的某个领域所产生的一整套相互联系的观念、制度和管理方式方法就形成了领域管理模式，如生产管理模式、财务管理模式、人事管理模式等。显然，管理模式既有宏观管理模式也有微观管理模式，既有整体管理模式也有局部管理模式，它是一个非常宽泛的概念。但是不管哪一种管理模式，相互联系的管理方式方法都是构成管理模式的基础，离开具有可操作性的一系列管理方式方法，管理模式就不能称之为模式，只能是一种管理理念或思路。

张瑞敏：互联网时代的管理模式创新探索

管理模式既是管理创新的条件，也是管理创新的结果。一般来说，管理模式创新具体包括以下三个方面：企业管理的综合性创新；企业中某一管理领域中的综合性创新；管理方式、方法和管理手段的综合性创新等。

8. 商业模式创新

商业模式，是指企业价值创造的基本逻辑，即企业在一定的价值链或价值网络中如何向客户提供产品和服务、并获取利润。通俗地说，商业模式就是企业是如何赚钱的。

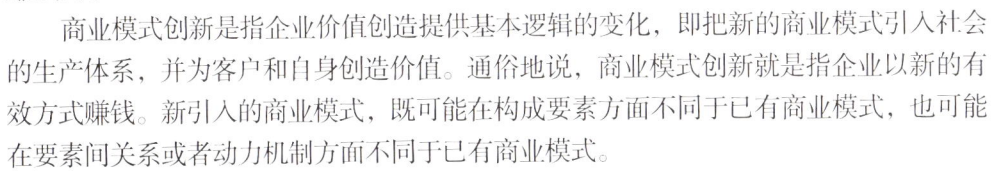

商业模式

商业模式创新是指企业价值创造提供基本逻辑的变化，即把新的商业模式引入社会的生产体系，并为客户和自身创造价值。通俗地说，商业模式创新就是指企业以新的有效方式赚钱。新引入的商业模式，既可能在构成要素方面不同于已有商业模式，也可能在要素间关系或者动力机制方面不同于已有商业模式。

商业模式创新

商业模式创新是对企业的基本经营方式或盈利模式进行变革。一般而言，有四种方法：改变收入模式，改变企业模式，改变产业模式和改变技术模式。近年来，特别是在"互联网+"的新形势下，基于互联网思维的商业模式创新层出不穷，商业模式创新风起云涌，新的商业模式不仅改变着企业的盈利模式，也在改变着人们的传统观念的思维方式，成为推动社会创新的重要力量。

商业模式如何创新

9. 企业文化创新

企业文化创新是指为了使企业的发展与环境相匹配，根据本身的性质和特点形成体现企业共同价值观的企业文化，并不断创新和发展的活动过程。企业文化创新的实质在于企业文化建设中突破与企业经营管理实际脱节的僵化的文化理念和观点的束缚，实现向贯穿于全部创新过程的新型经营管理方式的转变，面对日益深化、日益激烈的国内外市场竞争环境，越来越多的企业不仅从思想上认识到创新是企业文化建设的灵魂，是不断提高企业竞争力的关键，而且逐步深入地把创新贯彻到企业文化建设的各个层面，落实到企业经营管理的实践中。

文化创新

◆ **管理故事**

海尔企业的文化创新

1984年，海尔还是一个亏损高达147万元的弱小企业，经过十几年的发展，海尔如今已成为国内外知名的电器集团！尽管海尔近乎超常规的发展有各方面的缘由，但海尔的走出困境、走向辉煌、走向成功，与实施独特的企业文化密切相关。这个独特的企业文化就是著名的"斜坡球体论"（海尔定律），即企业如同爬坡的球体，受到来自市场竞争和内部职工惰性而形成的压力，如果没有一个止动力，它就会下滑，这个止动力就是内部基础管理，在此基础上，海尔倡导"敬业报国，追求卓越"的企业精神和"迅速反应，马上行动"的工作作风，坚持"用户永远是对的"的经营理念，并把创中国的世界名牌作为海尔的发展目标，从而使海尔逐步形成了个性鲜明的企业文化，使爬坡的球体不仅有了"止动力"，而且有了向上的牵引力，而正是有了"止动力"和"牵引力"，或者说是有了基础管理和企业文化的完美结合，海尔才发展成今天的海尔。

管理启示：没有优秀的企业文化，就不会有卓越的企业。

（资料来源于网络）

经济竞争的最高层次是文化竞争。而文化具有传承性，由旧文化转型为新文化，一方面必须重新整合赋予旧的企业文化以新的内涵；另一方面，必须紧紧盯住世界企业文化创新的趋势。在企业进行文化创新的过程中需注意以下三点：

（1）企业文化应该是有个性的，不仅不同行业的企业文化应该各具特色，而且同一行业的企业文化也应有所不同。

（2）在一定意义上讲，企业文化是企业管理的全部内容，所以不能把企业文化作狭义理解。企业职工要自觉进行企业文化意识培养，实现自身文化革命，成为企业文明的代表。

（3）过去的企业文化模式，它们都产生于过去的社会环境和经济基础，并不能代表现在和未来的企业文化模式。对于日趋人道化社会和人性化的产品发展方向，企业必须寻找更高形态的企业理念和企业文化模式。就这个意义上讲，企业必须拥有最高尚的人格理想、最高级的社会理想和最道德的行为理想，企业应该成为新文化的开拓者。

10. 管理环境创新

环境是企业经营的土壤，同时也制约着企业的经营。环境创新不是指企业为适应外界变化而调整内部结构的活动，而是指通过企业积极的创新活动去改造环境，去引导环境朝着有利于企业经营的方向变化。例如，通过企业的公关活动，影响政府政策的制定；通过企业的技术创新，影响社会技术进步的方向。

就企业而言，市场创新是环境创新的主要内容。市场创新是指通过企业的活动去引导消费，创造需求。人们一般认为新产品的开发是企业创造市场需求的主要途径。其实，市场创新的更多内容是通过企业的营销活动来进行的，即在产品的材料、结构、性能不变的前提下，或通过市场的地理转移，或通过揭示产品新的物理使用价值，来寻找新用户，再通过广告宣传等促销活动，来赋予产品以一定的心理使用价值，影响人们的某种消费行为，诱导、强化消费者的购买动机，增加产品的销售量。

7.2.3 管理创新的方法

1. 头脑风暴法

头脑风暴法是美国创造工程学家 A. F. 奥斯本在 1940 年发明的一种创新方法。这种方法是通过一种别开生面的小组畅谈会，在较短的时间内充分发挥群体的创造力，从而获得较多的创新设想。当一个与会者提出一个新的设想时，这种设想就会激发小组内其他成员的联想。当人们被卷入"头脑风暴"的洪流之后，各种各样的构想就像燃放鞭炮一样，点燃一个，引爆一串。这种方法的规则有：不允许对别人的意见进行批评或反驳，任何人不作判断性结论。鼓励每个人独立思考，广开思路，提出的改进设想越多越好，越新越好。允许相互之间的矛盾。集中注意力，针对目标，不私下交谈，不干扰别人的思维活动。可以补充和发表相同的意见，使某种意见更具说服力。参加会议的人员不分上下级，平等相待。不允许以集体意见来阻碍个人的创造性设想。参加会议的人数不超过 10 人，时间限制在 20 分钟～1 小时。

这种方法的目的在于创造一种自由奔放的思考环境，诱发创造性思维的共振和连锁反应，产生更多的创造性思维。讨论 1 小时能产生数十个乃至几百个创造性设想，适用于问题较单纯，目标较明确的决策。

这种方法在运用中的发展，又有"反头脑风暴法"，做法与"头脑风暴法"相反，对一种方案不提肯定意见，而是专门挑毛病、找矛盾。它与"头脑风暴法"一反一正可以互相补充。

"头脑风暴法"四个原则

管理案例

"头脑风暴"帮忙解决难题

有一年，美国北方格外寒冷，大雪纷飞，电线上积满冰雪，大跨度的电线经常被积雪压断，严重影响通信。过去，许多人试图解决这一问题，但都未能如愿。后来，电信公司经理应用奥斯本发明的头脑风暴法，尝试解决这一难题。有人提出设计一种专用的电线清雪机，有人想到用电热来化解冰雪，也有人建议用震荡技术来清除积雪，还有人提出能否带上几把大扫把，乘直升机去扫电线上的积雪。对于这种"坐飞机扫雪"的设想，大家尽管觉得滑稽可笑，但在会上也无人提出批评。相反，有一位工程师在百思不得其解时，听到用飞机扫雪的想法后，大脑突然受到冲击，一种简单可行且高效率的清扫方法冒了出来。

他想，每当大雪过后，出动直升机沿着积雪严重的电线飞行，依靠高速旋转的螺旋桨产生的气流将电线上的积雪扇落。他马上提出"用直升机扇雪"的新设想，顿时又引起其他与会者的联想，有关用直升机除雪的主意一下子又多了七八条。不到一个小时，与会的 10 名技术人员共提出 90 多条新设想。

会后，公司组织专家对设想进行分类论证，专家们认为设计专用的清雪机，采用电热或电池震荡等方法清理电线上的积雪，在技术上虽然可行，但研制费用大，周期长，一时难以见效。那种因"坐直升机扫雪"激发的几种设想，倒是一种大胆的新方案，如果可行，将是一种既简单又高效的好办法。经过现场试验，发现用直升机扇雪真的有效果，一个久悬未决的难题，终于在头脑风暴中得到了巧妙的解决。

(资料来源于网络)

2. 综摄法

这是美国人哥顿在 1952 年发明的一种开发潜在创造力的方法。它是以已知的东西为媒介，把毫不关联、互不相同的知识要素结合起来创造出新的设想，也就是摄取各种产品和知识，综合在一起创造出新的产品或知识，故名综摄法。这样可以帮助人们发挥潜在创造力，打开未知世界的窗口。

综摄法有两个基本原则：一是异质同化，即"变陌生为熟悉"。这实际上是综摄法的准备阶段，是指对待不熟悉的事物要用熟悉的事物、方法、原理和已有的知识去分析对待它，从而提出新设想。二是同质异化，即"变熟悉为陌生"，这是综摄法的核心，是指对熟悉的事物、方法、原理和知识，用不熟悉的态度去观察分析，从而启发出新的创造性设想。

3. 逆向思考法

这种方法是顺向思维的对立面。逆向思维是一种反常规、反传统的思维。顺向思维的常规性、传统性，往往导致人们形成思维定式，是一种从众心理的反映，因而往往成为一种思维"框框"，阻碍着人们创造力的发挥。这时如果转换一下思路，用逆向法来考虑，就可能突破这些"框框"，取得出乎意料的成功。

> **管理案例**
>
> **歪宗美食店**
>
> 我们可能见过很多"正宗美食"的店，那你有没有见到过"歪宗"的店面呢。有一家美食店就叫作"歪宗美食店"，这个店名用到了逆向思维，引起了很多人的关注，大家纷纷到该店用餐，结果发现该店的饭菜比正宗的店还要好吃，因此，生意兴隆。
>
> 管理启示：管理中利用逆向思考法，可以给企业带来意想不到的利润。
>
> （资料来源于网络）

4. 检核表法

这种方法适用于绝大多数类型与场合，因此又被称为"创造方法之母"。它是用一张一览表对需要解决的问题逐项进行核对，从各个角度诱发多种创造性设想，以促进创造发明、革新或解决工作中的问题。实践证明，这是一种能够大量开发创造性设想的方法。

检核表法是一种多渠道的思考方法，包括以下一些创造技法：迁移法、引入法、改变法、添加法、替代法、缩减法、扩大法、组合法和颠倒法。它启发人们缜密地、多渠道地思考问题和解决问题，并广泛运用于创造、发明、革新和企业管理。它的要害是一个"变"字，而不把视线凝固在某一点或某一方向上。

5. 类比创新法

类比就是在两个事物之间进行比较，这个事物可以是同类的，也可以是不同类的，甚至差别很大，通过比较，找出两个事物的类似之处，然后再据此推出它们在其他方面的类似之处。因此类比创新法是一种富有创造性的发明方法，它有利于发挥人的想象力，从异中求同，从同中求异，产生新的知识，得到创新性成果。类比方法很多，有拟人类比法、直接类比法、象征类比法、因果类比法、对称类比法、综合类比法等。

6. 信息交合法

信息交合法是通过若干类信息在一定方向上的扩展与交合，来激发创造性思维，提出创新性设想。信息是思维的原材料，大脑是信息的加工厂，通过不同信息的撞击、重组、叠加、综合、扩散、转换，可以诱发创新性设想。正确运用信息交合法，必须注意抓好以下三个环节。

（1）收集信息。不少企业已设立专门机构来收集信息。网络化已成为当今企业收集信息的发展趋势。如日本三菱公司，在世界设置了115个海外办事处，约900名日本人和2 000多名当地职员从事信息收集工作。收集信息的重点放在收集新的信息，只有新的信息才能反映科技、经济活动中的最新动态、最新成果，这往往对企业有着直接的利害关系。

（2）简选信息，包含着核对信息、整理信息、积累信息等内容。

（3）运用信息。收集、整理信息的目的都是为了运用信息。运用信息，一要讲快，快才能抓住时机；二要交合，即这个信息与那个信息进行交合，这个领域的信息与那个领域的信息交合，把信息和所要解决的目标联系起来思考，以创造性地解决目标。信息交合可通过本体交合、功能拓展、杂交、立体动态四个原则进行交合。

总之，信息交合法就像一个"魔方"，通过各种信息的引入和各个层次的交换会引出许多系列的新信息组合，为创新对象提供了千万种可能性。

7. 模仿创新法

人类的创造发明大多是由模仿开始的，然后再进入独创。勤于思考就能通过模仿作出创造发明，当今有许多项目模仿了生物的一些特征，称之为仿生学。模仿不仅用于工程技术、艺术，而且也用于管理方面。

7.2.4　管理创新的过程与组织

1. 管理创新的过程

成功的创新一般包括四个环节，即寻找机会、提出构想、迅速行动、忍耐坚持这四个阶段。

1）寻找机会

创新是对原有秩序的破坏。原有秩序之所以要被打破，是因为其内部存在着或出现了某种不协调的现象，这些不协调对系统的发展造成了某种不利的影响。创新活动正是从发现和利用旧秩序内部的这些不协调现象开始的，可以说不协调为创新提供了契机。

旧秩序中的不协调既存在于企业的内部，又可能产生于企业的外部。就企业外部而言，有可能成为创新契机的变化主要有以下四个方面：一是技术的变化，可能影响企业相关资源的获取、生产设备及产品的技术水平；二是人口的变化可能影响劳动市场的供给和产品销售市场的需求；三是宏观经济环境的变化，迅速增长的经济背景可能给企业带来不断扩大的市场，而整个国民经济的萧条则可能降低企业产品需求者的购买能力；四是文化与价值观念的转变，可能改变消费者的消费偏好或劳动者对工作及其报酬的态度。

就企业内部来说，引发创新的不协调现象主要有以下两个方面：一是生产经营中的瓶颈，可能影响了劳动生产率的提高和劳动积极性的发挥，因而始终困扰着企业的管理人员。这种不协调环节的产生，既可能是某种材料的质地不够理想且始终找不到替代品，也可能是某种工艺加工方法的不完善，或是某种分配政策的不合理。二是企业意外的成功和失败。如派生产品的利润贡献不声不响地、出人意料地超过了企业的主营产品；老产品经过精心整顿改进后，结构更加合理、性能更加完善、质量更加优异，但并未得到预期数量的订单等，这些成功和失败，往往可以把企业从原先的思维模式中解放出来，从而成为企业创新的一个重要源泉。

2）提出构想

在敏锐地观察到了不协调的现象以后，还要透过现象研究原因，并据此分析和预测不协调的未来变化趋势，估计它们可能给企业带来的积极或消极的后果，并在此基础上，努力利用各种方法，消除不协调，使企业在更高层次实现平衡的创新构想。

◆管理故事

富翁故事

一个富翁即将退休。他指着一间空屋对三个儿子说："我给你们每人一万块钱，谁用这笔钱将此屋填满谁就是我的继承者。"大儿子买了一棵枝叶茂盛的树拖到屋里，占满了大半个房间；二儿子买了一大堆草放到屋子里，也占满了大半个房间；小儿子只花了几块钱买了一根蜡烛放到屋子里，晚上点燃，光明充满了房间。富翁对小儿子很满意，让他继承了财产。

管理启示：取得成功，需要恰当的方式，需要创造性和敏捷地思考问题的方法，只有这样才事半功倍，才能提高效率。

（资料来源于网络）

3）迅速行动

创新成功的秘密主要在于迅速行动。提出的构想可能还不完善，甚至可能很不完善，但这种并非十全十美的设想必须立即付诸实施才有意义。"没有行动的思想会自生自灭"，这句话对于创新思想的实践尤为重要，一味追求完美，以减少受讥讽、被攻击的机会，就可能坐失良机，把创新的机会白白地送给自己的竞争对手。

◆管理故事

猎人故事

两个猎人兄弟去打猎，他们发现天空飞来了一只肥肥的大雁。老大提弓准备射杀大雁，嘴中念念有词，射下来，咱们煮了吃。老二也提起弓要射，说不行，煮了不如蒸着吃。老大一听，放下弓说道：蒸着有什么好吃的，还是煮着吃啦！老二也放下弓，说一定要蒸着吃。于是哥俩就开始为到底是蒸着吃还是煮着吃吵了起来。看到事态这样发展下去不是个办法，最后哥俩商定还是煎了吃。在达成一致后，哥俩准备抬弓射大雁，却发现大雁不知飞向了何处。

管理启示：机会时不我待，稍纵即逝。成功的创新往往在于适时地抓住机会。

（资料来源于网络）

4）忍耐坚持

构想经过尝试才能成熟，而尝试是有风险的，不可能一击即中。创新过程是不断尝试、不断失败、不断提高的过程。因此，创新者在开始行动以后，为取得最终的成功，必须坚定不移地继续下去，绝不能半途而废，否则便会前功尽弃。

◆ 管理故事

居里夫人和镭

1896年，法国物理学家亨利·贝克勒发现了元素放射线。但是，他只是发现了这种线的存在，至于它的真面目，还是个谜。这引起了居里夫人极大的兴趣，她认为，这是个绝好的研究课题，就同丈夫彼埃尔商量。

"这个课题选得很好，"彼埃尔说，"不过，这是件艰巨的事情，困难也很多。""我知道，"她微笑着说，"不过不要紧，只要坚持不懈地努力，就一定会成功！"要研究放射性元素，需要一间宽敞的实验室。彼埃尔东奔西跑，最后才在他原来工作过的学校借到一间又寒冷又潮湿的小工作间。

为了得到镭，居里夫妇必须从沥青铀矿中分离出镭来。在一间简陋的窝棚里，居里夫人要把上千千克的沥青矿残渣，一锅锅地煮沸，还要用棍子在锅里不停地搅拌；要搬动很大的蒸馏瓶，把滚烫的溶液倒进倒出。就这样，经过3年零9个月锲而不舍地工作，1902年，居里夫妇终于从矿渣中提炼出0.1克镭盐，接着又初步测定了镭的原子量。

管理启示：科学研究需要坚持不断地努力，创新更是如此。

(资料来源于网络)

2. 管理创新活动的组织

对于管理者而言，他们不仅要根据创新的规律和特点要求，对自己的工作进行创新，而且更要组织下属进行创新。组织创新活动，要求管理者要为下属的创新活动提供条件、创造环境，从而把创新工作顺利完成。

(1) 正确理解和扮演"管理者"角色。管理人员一定要扮演好自己的角色。管理人员不是做好维持工作就可以了，更要根据内外部环境的变化做好创新工作。管理人员要自觉创新，并为下属创造宽松的创新环境。三星的领导就曾指出："除了妻子和儿女外，其他一切都要变"，其充分显示了管理者对创新的重视。

(2) 创造和促进创新的组织氛围。促进创新的最好方法是多做宣传，激发创新，使每一个人都奋发向上，努力进取，跃跃欲试，大胆尝试。要营造一种人人谈创新、时时想创新、无处不创新的组织氛围，使每个员工都认识到自己的工作不是简单的重复，而是要探索新的方法，找出新的程序。

(3) 制定有弹性的计划。如果想要将创新工作开展好，就必须使计划富有弹性。创新需要时间、物质条件、场所等方面的支持，如果缺少了这些，创新将失去土壤。管理者如果将其下属的工作日程安排得满满的，并且要求每一个部门在任何时间都严格地制定和执行严密的计划，这就会造成下属无法创新，所以，管理者制定的计划一定要有弹性。

(4) 正确对待失败。新飞集团的老总曾提出："允许失败，但不允许不创新。"创新的过程往往是一个充满着失败的过程，管理者要认识到只有勇于创新的人，才会遇到失败。永远不去尝试的人，是不会失败的。因此，管理者一定要认识到在创新的道路上失败是正常的，甚至是必需的。这样，他们才会正确对待员工的失败。当然允许失败，不是鼓励员工马马虎虎地工作，而是要他们在失败中吸取教训，为创新的成功铺好道路。

(5) 建立合理的奖惩制度。要激发并保持每个员工的创新热情，还必须建立合理科学的评价和奖惩制度。创新的原始动机也许是个人的自我实现和成就感的需要，但是如果创新得不到公正的评价和合理的奖酬，得不到组织和社会的承认，则继续创新的动力会渐渐失去。因此，要建立合理的奖惩制度，在奖惩方面，要注意物质奖励与精神奖励的结合，并且奖励不能视作"不犯错误的报酬"，而应是对特殊贡献，甚至是对希望做出特殊贡献的努力的报酬。同时，奖励制度要既能促进内部的竞争，又能保证成员间的合作。

◆ **资料链接**

2019年4月2日，由中国企业联合会、中国企业家协会主办的"2019年全国企业管理创新大会"在北京召开。会议以"深入推进管理创新，加快企业高质量发展"为主题，邀请政府有关部门领导和知名企业家、管理专家，就如何通过深入推进管理创新实现企业高质量发展等问题进行经验交流和研讨，同时发布和推广第二十五届全国企业管理现代化创新成果。其中，海尔"基于COSMOPlat工业互联网平台的大规模定制管理"获得一等奖。

全国企业管理创新大会是具有较大影响的全国性企业管理经验交流会议，自2003年起每年举行一届，得到了政府有关部门的大力支持和企业家、管理专家的积极参与。大会在总结和推广新时期中国企业管理创新经验、探讨企业改革和管理面临的突出问题、传播国内外先进管理理论和方法等方面发挥了重要作用。自1991年参与评选至今，海尔已7次斩获国家级企业管理现代化创新成果大奖，携带着时代的印记，为中国企业的转型发展提供了良好的借鉴意义。

会上，中国企业联合会、中国企业家协会会长王忠禹指出，中国企业管理体制的改革为管理创新提供了机遇条件，"我们从理念到思维、从组织到流程、从方式到手段、从领导到员工都要变革创新"。

(资料根据网络资源整理)

思政园地

从用户角度来说，COSMOPlat所代表的工业互联网创新实践，是众望所归的海内外最佳解决方案；通过COSMOPlat平台不断体验迭代和增值，实现了各行业生态物联，形成了星际生态圈，为世界创造一个引领的大规模定制模式，为国家贡献一个世界级工业互联网平台，实现全球中小企业高质量发展和转型升级。

抓住时代机遇的颠覆性创新才是最大的创新。现代企业要顺应时代发展潮流，主动创新，从以企业为中心到以用户为中心，积极践行国家智能制造战略，不断持续实现自身的转型升级。

7.3 企业管理创新

7.3.1 企业管理创新的作用

1. 提高企业经济效益

管理创新的目标是提高企业有限资源的配置效率,这种效率最终体现在企业经济效益的提高上。管理诸多方面的创新,有的是提高目前的效益,如生产组织优化创新,有的是提高未来的效益者,如战略创新与安排,都增加了企业实力和竞争力,有助于企业下一轮的发展。

2. 降低交易成本

在一个企业内把许多营业单位活动内部化所带来的利益,要等到建立起管理层级制以后才能实现,即管理层级制的创新,使得现代企业可以将原本在企业之外的一些营业单位活动内部化,从而节约企业的交易费用,降低交易成本。

3. 为企业的长期持续发展提供动力

管理创新的结果是为企业提供更有效的管理方式、方法和手段,形成新的管理层级制,"管理层级制一旦形成并有效地实现了它的协调功能后,层级制本身也就变成了持久性、权力和持续成长的源泉。"即管理层级制的这一创新不仅使层级制本身稳定下来,而且使企业发展的支撑架构稳定下来,这将有效地帮助企业长远的发展。

4. 提升企业竞争实力

企业通过管理创新,更新管理观念、改善组织结构、创新企业制度、采取新的管理方式方法,促使企业建立起有效的竞争机制,从而增强企业的市场竞争优势。

5. 提高企业环境适应能力

企业是一个开放系统,每时每刻都要与外界环境之间保持能量、信息和物质的交换,才能在动态发展中求得平衡,保持有序性。随着我国改革开放进程的深入,国内市场的进一步开放,企业与外界的联系更加密切,企业每时每刻都要受到各种外界力量的制衡。企业唯有在生存过程中不断创新与外界交互作用的方式,才能寻找到一个有利于自己的均衡点,赢得一个良好的外部环境。

7.3.2 企业管理创新的举措

1. 企业内部——人

(1) 提高自身创新能力。熊彼特指出,创新的主体是企业家。企业家是最具有创新能力和影响力的人,要推动企业管理创新,必须注重企业家队伍建设,具有创新精神的企业家必须具备这样的素质:一是创造性思维,善于洞察和想象,使管理工作有合理的前瞻性、科学性;二是风险意识,有远见、不怕失败、敢做超前性的工作,有不达目的誓不罢休的毅力;三是创新的技巧,在创造思维和不怕风险的同时,还必须有科学依据,有可行的操作措施;四是新时代的风格,面对知识经济的挑战,要善于学习,敢于实践,善于团结合作,尤其要善待创新失败者,永不满足，经常自我挑战。培养具有创新精神的企业家是实现企业管理创新的关键。

（2）建立有效的激励机制。激励是现代管理学的核心，对人力资源管理更具特殊意义。企业管理层应探索将多种形式的激励措施进行有效的组合，促进员工积极提高并发挥其工作能力。

① 目标激励。通过建立企业目标、部门目标和个人目标体系，激发员工为实现组织目标而努力完成个人目标，从而体现个人价值及其在组织中的地位和作用。目标激励有利于激发员工的进取意识、奉献精神，并在目标体系运行中不断提出新的目标，推动员工向更高的目标努力。

② 参与激励。通过合理化建议、员工与各级管理层对话等民主管理方式，给员工某种参与制定计划和进行决策的机会，使其感受到企业对自己的信任，使员工产生主人翁责任感。员工对于组织的信任往往心存感激，因而会努力提高自己的工作能力和绩效，不负组织的厚望。

③ 关怀激励。企业各级管理者通过对员工的体贴与关怀，使其工作和生活困难得到重视和有效解决，员工深感组织关怀的温暖，就会把企业当作大家庭，把企业当作自己为之奋斗的归属。现代企业的组织结构正由金字塔型向扁平化转变，企业仅靠职位的升迁、薪资的增加来激发员工的潜能，其效能是微弱的。因此，为每位员工提供成才的发展空间、帮助他们解决工作与生活中的困难，是不可忽视的人性化激励机制。

④ 认同激励。大多数人在取得一定成绩和进步后，需要得到同事、家庭和社会的承认，所以企业管理者应该在恰当的时间和恰当的场合，以祝贺、表彰、认可、示意等形式承认员工所获得的成就，从而满足员工的成就感，增强他们不断进取的积极性。

⑤ 物质奖励。物质奖励是现代企业最常用的激励方式，它对有能力并取得业绩的员工给予可折算为一定价值量货币的物质回报。

（3）推行全员创新。20世纪40年代，德国社会心理学家勒温提出了"团体动力"理论。他借用物理学中场的理论和力学理论，按动态和系统的观点来说明成员之间各种力量相互依赖和相互作用的关系。企业家的活动只是企业整个管理活动的一个重要部分，企业管理创新应当是以企业全体人员为主体的全员性创新。企业管理创新没有员工的理解、合作与参与，是无法取得成功的。团队精神是在共同努力完成组织目标的环境中，形成的心理上相互影响、思想上相互磨合、行为上相互示范、利益上相互依存而步调统一的精神境界。它可以营造和谐的工作氛围，凝聚分散的能量，培植员工对企业的依附感和归属感，为企业内部排除梗阻，开展外部工作增添后劲。

2. 企业外部——制度

（1）建立持续的创新机制。创新是企业发展的灵魂。创新包括产品创新、技术创新、文化创新和管理创新。其中，最重要的是管理创新，它不仅是管理模式的变革，而是要建立一种创新机制，为企业内员工的创新活动及成果提供激励和保障，提升企业持续的创造力。

① 创新机制必须面向市场。在市场经济条件下，企业的一切经营成果都要通

管理制度要创新

过市场来检验。企业的一切创新都要为企业创造效益、为顾客创造价值。为此，企业的一切创新也必须服从和服务于市场竞争的需要，使创新过程成为推动企业走向市场、成为市场竞争强者的过程。

② 激发员工的创新意识。培养员工的创造力是企业创新的内在基础，企业创新归根结底是企业成员的创新。培养员工的创造力是创建学习型组织的重中之重。因而，要通过共同远景和各种激励方式，让员工产生一种不断超越的内在需要，以最大限度地发挥自己创造潜能。

③ 领导的创新意识是创新的强大动力。领导者是企业的设计师和缔造者。只有领导者带头推行全新的管理理念，才能有助于企业内部环境创新环境的形成，使企业具备持续的创新能力，在激烈的竞争中处于不败之地。

④ 制度配套是创新的外在保障。创新要有宽松和和谐的环境，允许失败。企业在鼓励创新时，要在经费投入、有效激励等方面形成制度，唤起员工的创造欲望，充分发挥其想象力和创造力。

（2）提供良好的创新文化环境。先进的管理制度及技术之所以不能在多数企业中得到很快应用，主要是受企业内部权益关系的限制。法约尔曾言，企业中总是有一部分人想把自身利益凌驾于他人之上，这表明企业内部权益管理关系的调整是困难的，创新管理因此也有一定的难度。企业应充分考虑权益关系，提供良好的创新文化氛围，使员工有强烈的归属感、认同感，为企业的进步增添活力。

7.3.3 企业管理创新的误区

多数知识型或科技型企业都将创新视为企业的灵魂、视为企业发展的不竭动力，但创新不足是问题，盲目创新也是问题。事实上，创新对企业发展具有正反两方面的作用，创新需要管理，盲目的创新、过分的创新，可能意味着自杀。

企业管理创新可能存在的误区有以下几个方面：

1. 过快创新

过快创新是企业单纯追求技术推出速度而脱离市场节奏的一类创新。不给创新成果一段相对稳定的应用过程，总是在快速不断地推陈出新，更新换代，虽然满足了技术人员的创新欲望，但会造成创新的不经济。日本的汽车企业在 20 世纪 80 年代，就品尝过汽车换型过快（平均 3~4 年）、研发投入过多的教训。尽管赢得了局部竞争的胜利，但给企业背上了较重的财务包袱。相比而言，英特尔公司有节奏地推出新产品的策略，就是对创新进行有效管理的成功案例。CPU 从 286 到 586，又从奔 1 到奔 4，表面看来是按照摩尔定律进行的技术创新、产品换代，实质是对市场节奏的巧妙把握、对游戏规则的灵活掌握。企业应该以市场为导向而不能以技术为导向。创新是为客户服务的，而不是给客户找麻烦的。

不仅是技术，管理创新也会有过快的问题。深圳华为公司有针对性地提出"先僵化、再优化、后固化"的思路，就是为了尽量避免管理学习过程中过快创新可能带来的问题。

2. 过早创新

企业存在的理由是满足客户需要，但更高调和更激进的企业往往提出要"创造客户需求"。尽管俗话讲"买的不如卖的精",但是这种假定自己比客户聪明的想法亦有问题。比如,由于过于超前的技术或产品创新是为少数超前客户服务的,它可能导致短期内无法形成有效的、有规模的市场,美国铱星系统公司的失败即是典型案例。跟不上客户需求是问题,超越了客户需求同样是问题,正所谓"领先一步是先进,领先三步是先烈"。

过早创新产生的理由之一往往是强调所谓的长远目标或长期战略,而忽视了企业近期的生存需要,于是当欣赏新技术所描绘美好远景的人数过少时,创新可能会演变成"找死"的盲动主义。企业创新必须注意短期市场和长期市场的协调,"明天是美好的,但别在黎明前死去",活着才是硬道理。

企业创新必须以客户需求为导向。北京中关村流行的一句话很到位:"卖出去才是硬道理。"当企业陷入不得不批评竞争对手产品技术落后,不久就会被淘汰,而客户却不以为然的时候,就得反思企业是否偏客户需求导向了。

深圳华为公司可以说是非常崇尚技术创新的公司,但公司为自己确定的宏观商业模式是"产品发展的路标是客户需求导向,企业管理的目标是流程化组织建设",再次确认了走客户需求导向不走技术导向的成长之路。

3. 过度创新

过快和过早创新主要是从技术和产品角度看的,掉进这两个陷阱可能是因为竞争所致,与企业过强的技术导向有密切关系,但过度创新则与技术因素无关。

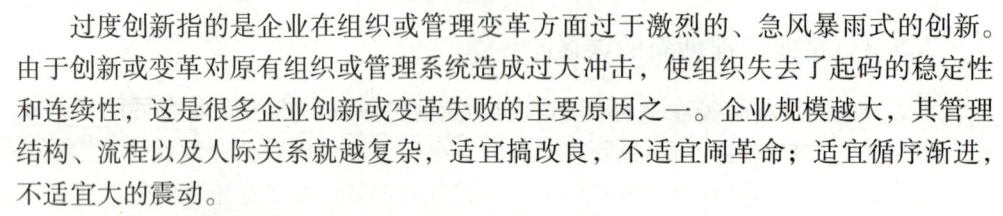

过度创新指的是企业在组织或管理变革方面过于激烈的、急风暴雨式的创新。由于创新或变革对原有组织或管理系统造成过大冲击,使组织失去了起码的稳定性和连续性,这是很多企业创新或变革失败的主要原因之一。企业规模越大,其管理结构、流程以及人际关系就越复杂,适宜搞改良,不适宜闹革命;适宜循序渐进,不适宜大的震动。

管理进步的标志之一就是流程化,流程化可以减少和避免随意性。在某种意义上,小企业怕超速扩张,大企业怕随意变革。

避免过度创新有一些原则可循。比如,衔接有序原则:防止变革过程中出现决策和责任真空,在新组织未完全建立前,旧的决策模式不完全消失,保障业务变革在有序中进行。继承发扬原则:反对"一朝天子一朝臣",反对新干部上台否认前任的管理,反对随意地破坏原有文化或管理的合理的内核以及与周边已形成的习惯性协调。评估论证原则:稳定发展时期不能提倡管理上的大胆探索,任何管理改进,都要以全局为目标来进行评估,任何变革都必须经相关委员会充分论证后批准等。

7.3.4 中国企业管理创新的趋势

既能独立自主创造,又能自由地将各种外部精华为我所用的"零度创新",在金融危机横扫全球之时,被中国企业不断践行,并取得了丰硕成果。中国企业的管理创新正呈现10大趋势。

1. 以供应链管理为核心整合管理活动

目前中国企业正从各部门体系的小利益范围中摆脱出来,管理活动前向、后向延伸与整合，提升组织和业务的整体性。这种以供应链管理为核心的延伸与整合发展所呈现的趋势是：朝着集中计划与分散执行相结合的模式发展，即基于事件反应时间、集成高新信息技术的管理模式；减少供应商的数量，精简供应链组织，使得供应链更为紧凑和简约；重视客户服务与客户满意度，注重客户对服务水平的感受；终端消费品市场以零售商为主导的供应链管理模式等。

2. 以业务流程管理为核心，让管理简单化

以业务流程为核心的管理强调企业组织为流程而定，突破部门职能分工界限，按照企业特定的目标和任务，把全部业务流程当作整体，将有关部门管理职能进行集成和组合，强调全流程绩效表现取代个别部门或个别活动的绩效，实现全过程、连续性的管理和服务。

这种管理方式弱化中间主管层次的领导作用，缩短过长的管理路线，建立管理中心下移的体制；实行业务流程的"顺序服从"关系，讲求的是流程上下环节的服从，流程内的成员互相合作和配合，流程各环节从对上级负责转换为追求下一流程环节的满意，组织单元之间的绝大多数工作衔接将按照确定的顺序及规则进行，不需要一个专门的控制、协调机构；注重流程过程时间的短和快，对流程内的各项活动进行合理、优化的定义和筛选，增强增值性活动设置，消除流程瓶颈。

3. 企业文化管理走向量化

企业竞争的硬性成本基本趋同，关键的影响因素变成了软成本，即企业文化成本——员工的情绪、投入、敬业精神、忠诚度等。

近年，企业文化管理开始从定性走向定量，但不是片面数据化，而是具体化和精细化。一方面，对企业的文化管理所表现出来的现状进行分析、评价量化，包括定序、定比、定量、定距等。另一方面，对照差距找到文化管理的短板，具体化和精细化管理策略。

4. 以业务营运为核心的战略化管理

这种管理方式要求企业具备更前瞻的眼光，勇于和善于预测，并积极构造战略架构；要求企业更关注核心能力发展和资源沉淀，必须从全国甚至全球、从产业的角度来考虑资源配置，以核心能力为龙头，在资金、人力资源、产品研发、生产制造、市场营销等方面进行有机整合；要求企业成为产业新标准或规则的制订者，在产业的核心竞争力方面领先，由市场份额、产品或服务的竞争转向对商业机会的竞合；要求企业不必过多考虑战略目标是否与企业资源相匹配，而是根据业务的战略规划创造性地通过各种途径来整合资源，从而为顾客创造价值。

5. 由单一功能应用转向集成应用

要通过信息化集成更好地将市场、经营、生产的各种信息打通，积极协调企业现有和将来的应用程序、数据及员工与合作伙伴之间的互动，以便实现对关键业务流程实时的有效管理。

目前国内真正具有应用集成示范效果的企业为数不多，但大多数 CIO 认为，集成应用是信息管理的主流方向，且侧重于以下几方面：

在理念方面，面向企业管理需求，解决集成与随需应变、领域专业应用与全面集成的矛盾，在分步应用与全面集成之间找到平衡；在应用实施方面，主要是实现

数据层面的集成，实现信息共享、消灭信息孤岛，部分信息管理先进的企业可以实现系统应用集成，使不同应用系统之间能够相互调用信息，但最理想层次的业务流程集成即通过流程把所有应用、数据管理起来，使之贯穿于众多应用系统、数据、用户和合作伙伴，则由于大多数企业缺乏相当的管理基础，这一层次的集成很难实现。

6. 由单一的管理功能转向管控与服务一体化

集成应用也带来信息管理模式的转变。过程数据的管理、调度指令的实时传送、计算机在线管理、资源优化管理等可以在业务节点和管控节点进行信息交换与共享，实现在线实时管控与服务。当然，这种管控与服务一体化更多地体现在业务性管理，如"三流一活动"的管控与服务，而对战略性决策管理和策略性举措管理还缺乏有效的应用。

7. 创新人才两极竞争

人才竞争更多的是理念性的诉求，但现在开始转向务实的知识管理和创新人才竞争。知识管理是对现有和潜在知识的获取、存储、学习、共享使用和创新的管理过程。通过知识管理，可以降低成本、提高效率，提高组织成员的素质和能力，从而提高组织的持续发展能力和企业核心竞争力，让企业拥有更高层次上的竞争力。

创新人才的竞争实质上是知识管理的延续，是超越现有和潜在的知识竞争。通过创新人才的开拓精神、永不满足的求知欲和强烈的竞争意识，能够提供解决问题的新知识和新技术，创造和设计新的知识管理，形成新的竞争力。

8. 由部门竞争转向企业整体策略层次竞争

随着市场不断成熟，由市场、销售部门主导的价格、品质等战术层次的竞争因素已经不是主导的决定性因素。这些因素很容易被模仿，因此吸引力正渐渐变小。为了与众多对手相区别，企业在整体策略层面开始设计竞争手段，竞争的内容出现了许多新的变化，像品牌、客户满意度服务、公益广告、企业文化等因素组合并左右顾客的选择。同时，在每一个竞争领域，由于企业的模仿能力强、竞争压力大，在同一内容的竞争中也出现了多种变化，所以在任何一个竞争领域，企业都必须跟上环境变化，不断地弥补、修改、提升、创新整体策略层面的竞争力。

9. 由持续经营合作转向项目型经营合作

多数企业基于战略的长远框架已经搭建，即基于长远的企业利润模式已经明晰，所以持续经营型合作形式越来越减少。虽然有些跨行业或跨产业领域持续经营合作形式依然存在，但数量在急剧下降。独特性和一次性业务活动在企业实践中所占价值比重越来越大。这种环境因素和趋利性的本性使得企业趋向于选择短期合作形式即项目型经营合作，无论是同业间还是跨行业或产业，为某一营运事项成立法人组织，等事项一完成，法人组织也就依法解散。

10. 由资源互补合作转向资源交易合作

基于持续经营合作模式的营运基础是资源和能力的优势互补，转向项目型经营合作后，顺其自然就成为一种交易性合作，而且往往成为项目型经营合作的制约要素，一方往往为寻求有效资源交易而与拥有资源的另一方主动合作，以交易的方式形成合作模式。

7.3.5 企业管理创新案例与评析

◆ 案例一

湖南衡钢的 ERP 管理

湖南衡阳钢管（集团）有限公司（以下简称衡钢）始建于1958年，改革开放以后，企业飞速发展，从一家地方小厂变成了一家大型一档工业企业。拥有5条钢管生产线和一套全水平连铸圆坯生产系统，是全国第二大专业化钢管生产企业、中南地区最大的钢管生产基地、我国最大的小口径钢管生产厂家。衡钢需要新的管理思想、观念、方法、手段来满足企业的内部生产经营的需要，以适应企业的规模和发展。而进行管理流程重组（BRP），建立完善的现代企业制度，充分利用信息技术，引入体现现代企业管理思想的ERP 系统是最佳的选择。

1. 管理流程重组（BRP）

根据衡钢实际情况，引入管理咨询，分析和诊断管理现状，找出集团公司管理的症结和不合理、不增值的流程，结合ERP的管理思想和管理理念，对管理模式进行"彻底性"、革命性的变革。通过业务流程重组规范和优化了集团公司的业务流程，建立了面向业务流程的扁平化组织机构和面向电子商务及信息流、资金流、物流集中动态为特征的管理体系，制订了公司管理白皮书，建立了现代企业制度体系，进一步深化了企业改革改制。

2. 企业资源计划（ERP）

根据业务流程重组对信息系统的需求、企业的实际情况以及国内外软件应用效果比较，衡钢ERP软件采用"外购"ORACLE ERP 产品与"定做"其他辅助模块相结合的方式来实现。

对于制造企业，分销、采购、库存、财务、制造、质量是主要业务流程，根据业务流程重组需求及企业的业务特点，衡钢采用了成熟的国际先进ERP软件。

根据现阶段国有大型企业及冶金行业的实际情况，衡钢和天工远科信息技术股份有限公司联合开发人力资源、设备管理、计量管理、科技管理、安全管理、环保管理、档案管理、党群管理等八大辅助模块。

◆ 案例评析

（1）变革了管理模式。企业从传统的科层制管理模式转变为流程制管理模式，组织结构由直线职能型转变为扁平型。衡钢的组织框架为四大中心：决策中心、管理中心、利润中心、成本中心，层次清晰，职责明确。管理思想由职能导向型转变为流程导向型，确立了流程服从原则和流程负责制，即在坚持客户导向原则的基础上，物质供应服从生产，生产服从技术质量，技术质量服从营销；流程牵头部门必须对本流程内部工作负全面责任。由此，基本建立了与企业规模相适应的现代企业管理模式。

（2）理顺了管理关系，提高了工作效率。为解决以前各管理部门职能交叉或职能重叠的问题，按增值性原则和客户导向原则对非增值性或重复的环节予以过滤清除，衡钢在此基础上重新设计目标业务流程，划分各部门的管理职责，确定各管理岗位设置。通过流程重组，建立ERP系统后，提高了工作效率，改善了工作质量。

（3）强化了基础工作，堵塞了管理漏洞。衡钢通过建立ERP系统，在基础数据的管理上，由计算机系统的规范程序代替了人工的不规范状态，避免了过去人为干扰现象，杜绝了人为差错，提高了核算的准确性，堵塞了管理漏洞。在价格管理、成本管理等核心数据上，改变了过去人为因素的不正常干扰，规范了进出物资价格和管理，真实反映了企业的成本状况，为领导决策提供了可靠的依据。

（4）提高了市场反应速度和客户满意度。通过建立ERP系统，衡钢从采购、生产、库存到销售、回款的各个环节的数据都可在系统内迅速传递，随时查阅。全面推行订单管理，以订单流带动资金流、信息流、物流。提高采购计划、生产计划的准确性、科学性，避免了原辅材料、半成品、产成品的积压，提高了资金使用效率，提高企业经济效益，也提高了市场反应速度和客户满意度。

（资料来源于网络）

◆ 案例二

华为的创新实践

华为的创新实践之一：技术创新

从1992年开始，华为就坚持将每年销售额的至少10%投入研发，什么事情都可以打折扣，但"研发的10%投不下去是要被砍头的"——这是华为主管研发的负责人说的。2013年华为研发投入12.8%，达到53亿美金，过去10年的研发投入，累计超过200亿美金；华为在全球有16个研发中心，2011年又成立了面向基础科学研究为主的2012实验室，这可以说是华为的秘密武器。

华为在欧洲等发达国家市场的成功，得益于两大架构式的颠覆性产品创新：一个叫分布式基站，一个叫SingleRAN，后者被沃达丰的技术专家称作"很性感的技术发明"。这一颠覆性产品的设计原理，是指在一个机柜内实现2G、3G、4G三种无线通信制式的融合功能，理论上可以为客户节约50%的建设成本，也很环保。华为的竞争对手们也企图对此进行模仿创新，但至今未有实质性突破，因为这种多制式的技术融合，背后有着复杂无比的数学运算，并非简单的积木拼装。

正是这样一个革命性、颠覆性的产品，过去几年给华为带来了欧洲和全球市场的重大斩获。

华为的创新实践之二："工者有其股"的制度创新

这应该是华为最大的颠覆性创新，是华为创造奇迹的根本所在，也是任正非对当代管理学研究带有填补空白性质的重大贡献——如何在互联网、全球化的时代对知识劳动者进行管理，在过去百年一直是管理学研究的薄弱环节。

从常理上讲，任正非完全可以拥有华为的控股权，但创新一定是反常理的。在26年前，华为创立的第一天起，任正非就给知识劳动者的智慧——这些非货币、非实物的无形资产进行定价，让"知本家"作为核心资产成为华为的股东和大大小小的老板，到今天为止，华为有将近8万股东。最新的股权创新方案是，外籍员工也将大批量地成为公司股东，从而实现完全意义上的"工者有其股"，这无疑是人类有商业史以来未上市公司中员工持股人数最多的企业，也无疑是一种创举，既体现着创始领袖的奉献精神，也考验着管理者的把控能力：如何在如此分散的股权结构下，实现企业的长期使命和中长期战略，满足不同股东阶层、劳动者阶层、管理阶层的不同利益，从而达成多种不同诉求的内外部平衡，其实是极富挑战的——前无经验可循，后面的挑战依然很多。从这一意义上看，这种颠覆性创新具有独特的标本性质。

华为的创新实践之三：产品微创新

早期，不管西方公司还是华为给运营商卖设备都是代理商模式，是华为改变了当年中国市场的营销模式，由代理模式走向了直销模式。这个模式首先是被逼出来的——产品差，不断出问题，然后就得贴近客户去服务。华为的老员工经常说一个词，叫做"守局"，这里的局指的是邮电局，就是今天的运营商。设备随时会出问题，华为那些年轻的研究人员、专家，十几个人经常在一台设备安装之后，守在偏远县、乡的邮电局（所）一个月、两个月，白天设备在运行，晚上就跑到机房去检测和维护。设备不出问题是侥幸，出故障是大概率。

这就逼出了华为的微创新文化。华为能够从一家小公司成长为让全球客户信赖的大企业和行业领导者，20多年不间断的、大量的贴近客户的微创新是一个重要因素。有一位华为老员工估计，20多年华为面向客户需求这样的产品微创新有数千个。正是由于华为跟客户不断、频繁的沟通，正是由于西方公司店大欺客，尤其在中国市场的早期把乙方做成了甲方——那时候买设备要先交钱，半年以后能给你设备算不错了——构成了华为和竞争对手的重大区别与20多年彼消此长的分野。

华为创新实践之四：市场与研发的组织创新

市场组织创新。"一点两面三三制"作为华为公司的一种市场作战方式、一线组织的组织建设原则在全公司广泛推开。应该说，这是受中国军队的启示，华为在市场组织建设上的一种模仿式创新，对华为20多年的市场成功助益甚多，至今仍然被市场一线的指挥官们奉为经典。

研发体制创新。比如固定网络部门用工业的流程在做研发，创造了一种模块式组织——把一个研发产品分解成不同的功能模块，在此基础上成立不同的模块组织，每个组织由4、5个精干的专家组成，分头进行技术攻关，各自实现突破后再进行模块集成。第一，大大提高了研发速度。第二，每一模块的人员都由精英构成，所以每个功能模块的错误率很低，集成的时候相对来说失误率也低。

华为创新实践之五：决策体制的创新

美国的美世咨询（Mercer）公司，在2004年对华为进行决策机制的咨询，让任正非主持办公会，任正非不愿意，就提了一个模型，叫轮值COO。七位常务副总裁轮流担任COO，每半年轮值一次。轮值COO进行了8年，结果是什么呢？

首先是任正非远离经营，甚至远离管理，变成一个头脑越来越发达，"四肢越来越萎缩"的领袖。真正的大企业领袖在企业进入相对成熟阶段时一定是畸形的人，脑袋极其发达，聚焦于思想和文化，和企业观念层面的建设；"四肢要萎缩"，四肢不萎缩，就会时常指手画脚，下面的人就会无所适从。

10年前，任正非是大半个思想家，和小半个事务主义者。10年以后的任正非完全脱离开事务层面，成为完全意义上的华为思想领袖。轮值COO的成功实践，促使在3年前，华为开始推行轮值CEO制度。EMT管理团队由7个常务董事组成，负责公司日常的经营管理，7个人中3位是轮值主席，每人轮值半年。3年来的运行效果是显著的，最大成效之一是决策体系的动态均衡。如果上任轮值主席偏于激进，那么整个公司战车隆隆，但半年以后会有偏稳健的人上来掌舵，把前任风格调节一下，而过于稳健又可能影响发展，再上来的人可能既非左又非右，既非激进又非保守。这套体制的原型来自咨询公司的建议，但华为做了很多改造和创新，包括从美国的政党轮替制度里借鉴了一些东西，融入华为的高层决策体系。

轮值 CEO 制度，相对于传统的管理理论与实践，可以称得上是划时代的颠覆性创新，在有史可寻的人类商业管理史上恐怕找不到第二例。有中国学者质疑这一体制的成功可能性，但至少迄今为止，华为实验是相对成功的。未来如何？由未来的历史去下结论：创新就意味着风险，意味着对本本主义、教条主义的反叛和修正。华为的任何创新都是基于变化而作出的主动或被动的适应，在这个日益动荡和充满变化的时代，最大的危险是"缘木求鱼"。

（资料来源于网络）

思政园地

"创新是一个民族的灵魂，是一个国家兴旺发达的不竭动力。"江泽民总书记的这句话给华为人极大的激励和鼓舞，华为自始至终以实现客户的价值观为经营管理的理念，围绕这个中心，为提升企业核心竞争力，进行不懈的技术创新与管理创新。在实践中我们体会到，不冒风险才是企业最大的风险。只有不断地创新，才能持续提高企业的核心竞争力，只有提高核心竞争力，才能在技术日新月异、竞争日趋激烈的社会中生存下去。华为的发展得益于伟大的改革开放时代，得益于党和政府的技术创新政策。

一直以来，美国科技霸权主义都存在，凡是在核心领域内，有其他国家的企业或者技术超越了美国，美国都千方百计实行打压。自 2018 年以来，美国的打击，让华为面临异常严峻的形势和考验。可以说，美国几乎动用了所有能用的半导体企业，对华为进行封锁和孤立，甚至还以莫须有的罪名截留了华为的高管，对华为进行非法施压。然而，华为上下团结一心，共克时艰，安心做好"自己的事"，没有被困难吓倒，没有在险阻面前后退。我们其他的中国企业也要葆有这样的大局观和胸怀，才不会陷入局部发展利益的窠臼；秉持这种精神气质奋力前行，才能取得更为丰饶的成就。

当前，中国正前所未有地接近实现中华民族伟大复兴的目标，华为精神是科技兴国，以人才团队来创造人生价值。华为在最艰难的时期都没有退缩，而是以其居安思危的危机意识、务实奋进的实干精神、自主创新的时代精神，打了一个漂亮的绝地反击战，华为的发展壮大是中国企业的一面旗帜。走科技发展之路，科技创新之路，让民族企业一步步走向更高的顶峰，这是中华民族的骄傲！

复习与练习

一、重点概念

创新　管理创新　制度创新　文化创新　模仿创新

二、复习思考

1. 试述创新的类型。
2. 试述创新的意义。
3. 试述管理创新的内容。

4. 为什么说"维持和创新是管理的本质内容，有效的管理在于适度的维持与创新的组合"？

5. 试述管理创新的方法。

6. 试述管理创新的过程。

7. 企业应如何进行管理创新？

8. 企业管理创新的误区有哪些？

三、案例分析

创新出用友

企业创新绝不只是产品和技术的创新。如果企业只注重在技术上创新，而忽略在内部运行机制、内部管理体系等方面不断创新，其技术创新本身很难真正为企业带来价值。企业全面创新，才是企业发展的真正动力所在。用友的历程十分清晰地印证了这一点。

1. 企业体制创新

1988年12月6日由两个人靠5万元借款创立的用友公司，其前身为"用友财务软件服务社"。在当时年代和环境下体现了用友创新意识，也注定了用友必须要走一条创新之路。

软件服务社经过一年多的创业过程，1990年转办为"用友电子财务技术有限公司"，从无限责任的个体工商户转变为有限责任公司，实现了公司第一次在体制上的重大变迁。

随着公司的规模扩大及业务发展需要，1995年在有限责任公司基础上，发展为"用友软件（集团）有限公司"并组建"用友软件集团"，象征着国内软件开始向产业化、规模化方向发展，并探索一条发展软件产业规模化的道路。用友体制不断创新和变迁，伴随着用友公司的不断发展。

2. 技术、产品创新

软件产业发展的一个突出的特点就是"波浪式"前进，即软件技术、产品和市场每隔一定周期就会出现一次大的浪潮和更替，而且频率越来越快。每一次新的浪潮都带来机会，也是一次严峻的考验。在这样的环境中，一个软件企业把握住一次机会就可能起来，没有抓住就可能失败。不管曾经是否成功，对软件企业来说，抓住一次、两次机会是可能的，真正的挑战是能否抓住每一次机会，这就要求软件企业要不断地进行技术和产品的创新，确保抓住每次机会，确保竞争优势。

国内的财务及企业管理软件市场，这些年来的发展也呈现同样的现象。加入的厂家很多，起来一批，又倒下一批。用友公司作为这一领域最早的厂商之一，由于始终不断地进行技术、产品创新，把握住了历次发展的机会，使公司一直走在这一领域的前沿，产品持续领先，树立了较好的竞争优势，巩固了财务及企业管理软件龙头企业的地位。

3. 营销服务创新

用友公司的销售服务网络从直销开始，经历了"直销→代理分销→地区销售服务公司/代理分销"的发展过程。到目前为止，用友已建立起40家地区分、子公司、500家代理商、60家客户服务中心和100家授权培训中心的销售服务体系，是目前中国商品化软件最大销售服务网。

面对网络时代的到来，用友公司率先开通基于 Internet 网络支持服务体系，并正在建设用友软件产品销售服务的电子商务系统，实现用友软件产品销售和服务的网络化。

4. 运行机制创新

为确保用友软件产业的发展，公司在内部运行机制上不断地创新，以适应日益激烈的市场竞争。

运行机制从1989年的按功能划分的中心制，1996年发展为以产品为核心的产品事业部制。1998年发展为按用户对象划分的产品分公司制，针对不同用户群，分设了管理软件、财务软件和商务软件三个产品分公司。1999年根据全球信息产业发展趋势及结合业务战略，发展为按战略事业单位方式建立的内部运行机制。

5. 内部管理创新

用友公司一直按照规范化进行管理，强调内部管理围绕公司业务开展，并为业务发展提供支持，在内部管理上不断创新。

(1) 建立并实施完善的软件开发和质量控制的文件化管理体系。1997年10月企业通过了 ISO 9001 质量保证体系，为国内同行第一，实现软件产品开发、生产供应和维护的质量管理和保证与国际接轨，开创了国内软件企业 ISO 9001 认证的先河。

(2) 建立并实施覆盖全国的文件化的软件服务质量保证体系。1999年5月用友又率先于国内软件业界通过 ISO 9002 标准认证，建立并通过了覆盖全国的服务质量保证体系认证，标志着覆盖全国的软件服务与支持的质量保证体系与国际接轨。

(3) 全面推行绩效管理系统，使之成为推动公司业务发展和员工发展有效的管理工具。用友公司推行的绩效管理是以公司业绩和员工发展为中心，帮助公司完成业绩目标和帮助员工取得成功的全过程控制的有效管理方法。通过将公司目标、任务层层分解到机构、部门和岗位，将机构部门和员工的工作目标与公司战略和目标有机结合起来，并通过对各机构、部门和岗位目标完成情况进行监控，提高或改善员工的工作表现，加强与员工的双向沟通。

(4) 公司建立并实施了完善的知识产权管理监督控制体系，尊重他人知识产权、保护自有知识产权制度化。

(5) 建立用友知识管理系统，使公司知识、经验不断得到积累和应用。有效的知识管理系统，对软件企业的发展是相当重要的。在公司内部网络系统中建立了如知识仓库、产品文档管理、产品测试统计及管理系统、产品支持库等知识管理的应用。

6. 企业战略创新

2013年，用友公司针对企业面临的机遇与挑战，在分析内外部因素的基础上，适时地提出了"平台化发展和产业链共赢"的未来三年的关键发展策略。即为了防止摊子铺得太大，成本过高，未来几年，公司将主要集中在研发和市场推广等优势领域，而将可以外包的售后服务推向市场，由合作伙伴承担，自己集中提供平台，与合作伙伴共同发展。通过这样一种模式的调整,实际给合作伙伴创造更大的盈利空间,一方面利于用友的发展,另外一方面让合作伙伴有更多的盈利。

请根据上面案例,分析下面问题。

(1) 创新的意义是什么?

(2) 用友的创新体现在几个方面?

四、技能训练

实训项目7-1　企业管理创新的调研分析

【实训目标】

(1) 加深学生对企业改革创新的理解。

(2) 培养学生对管理创新的分析能力。

(3) 提高学生运用管理创新的程序和方法处理问题的能力。

【实训内容与要求】

(1) 以5~7人的小组为单位,有选择性地到改革成功或失败的企业进行调研。

(2) 调查的内容主要包括:企业创新的特点和核心要求、企业创新的动因、管理创新的主体、制度创新、技术创新和管理方式创新的情况。

(3) 运用管理创新的程序和方法分析企业创新的过程和结果。

(4) 写出简要的分析报告,并以小组为单位进行班级交流。

【实训成果】

各小组提交一份企业创新调研分析报告。

【实训考核与评价】

教师根据学生的调查报告和在班上交流的情况评定成绩。

实训项目7-2　创意训练

【实训目标】

(1) 体会创意形成的方法。

(2) 培养创造性解决问题的意识。

(3) 提升综合概括能力。

【实训内容与要求】

(1) 将全班同学分组,每6~8人一组,告诉大家现在他们就是一家饰品公司的职员,他们的任务就是要设计出一个新的饰品,可以是任何类型,针任何年龄段,唯一的要求就是要有新意。

(2) 给他们10分钟时间,然后让每一个组选出一名组长,对他们设计的饰品进行详尽的介绍,内容应该包括:名称、目标群体、卖点、广告、预算等。

(3) 由教师带领学生讨论下列问题。

① 什么样的创意会让你觉得眼前一亮?怎样才能想出这些创意?

② 时间的限制对你们想出好的创意是否有影响?

③ 一个好的方案是不是只要有好创意就行了?如果不是,还需要什么东西?

(4) 让大家评判出最好的组,即以最少的成本做出了最好的创意。

（5）通过评选最优创意激励大家的兴趣。例如最炫的名字，最动人的广告创意，花钱最少的玩具等。

【实训成果】

（1）每人提交一份饰品构想介绍书。

（2）各小组提交一份饰品构想介绍书，主要包括创新的内容、步骤、方法等。

【实训考核与评价】

教师根据学生的创意报告和在班上交流的情况评定成绩。

实训项目 7-3　管理创新的分析与运用

【实训目标】

（1）深刻体会管理创新的意义。

（2）掌握创新职能的内容。

【实训内容与要求】

（1）阅读以下案例。

王安实验室与惠普公司：两种不同的变革方式

王安实验室以年销售额超过 30 亿美元名列 1989 年《幸福》500 家大公司的第 146 名。这一文字处理计算机的先驱者，在全世界范围雇有 2.7 万名员工。可就在 3 年之后，王安公司申请了《破产法》保护。这时，王安公司的销售额已下降到 19 亿美元，员工人数为 8 000 人左右。公司遭受巨大的损失，其亏损额 1990 年达到 7.16 亿美元；1991 年为 3.86 亿美元；1992 年为 3.57 亿美。公司的股票市场价值一度达到 56 亿美元，而最低时跌落到 0.7 亿美元。

再来看看惠普公司。这家计算机与电器企业在 1989 年出现了销售额锐减并多年来第一次经历了盈利下降局面。但是，惠普公司没有像王安公司那样步入大规模衰退时期，而是迅速走向引人注目的复苏。在员工队伍从 9.2 万人减到 8.9 万人（并没有实行强制性的解雇裁员）的情况下，公司实现了销售额的大幅回升。1992 年第一、第二季度的盈利分别增长了 49% 和 40%。公司的市场价值剧增到 190 亿美元以上。惠普公司到底采取了什么措施，使其取得与王安公司截然相反的结果呢？

20 世纪 80 年代后期以来，计算机行业成了面临环境急剧变化的典型例子。它对像国际商用机器公司、数据设备公司和优利系统公司这样的大企业都造成了不利的影响。顾客需要已经从大型计算机转为小型机乃至更小的多用途的个人计算机（PC）。许多硬件成了日用品一样的商品，无论是低价的供货者，还是提供优质服务或持续创新的厂家，都可以加入争夺市场份额的行列。在这一时刻，王安公司管理当局的行动仍像他们是在一个稳定的环境中运营似的。公司的创建者王安博士本人也没有意识到变革的需要。他以为使办公室职员们从打字机时代中解放出来，就已经完成了办公室的革命。他和他的整个管理队伍没能看到，飞速发展的个人计算机已远远超过了王安的单功能文字处理机和价格昂贵的微型机。

惠普公司则走了另一条路子。其管理当局看到了环境的变化并全力推进公司的变革。他们授予了员工充分的权力，简化了决策制定过程，并大幅削减了成本。虽然惠普公司仍然是一家大公司，但它的管理当局已经决定，绝不能使惠普公司成为行动缓慢者。高层经理们视察了全国的生产基地，收集了生产和销售第一线员工的意见和建议。他们所到之处听到的是对于公司官僚行政机构的普遍抱怨，以及新项目得到批准的重重困难。于是，管理当局对组织进行了重组。他们撤销了两个高层管理委员会，取而代之的是一种跨职能领域和组织界限的团队结构。工作团队被给予前所未有的从新产品设计到分销全过程的充分自主权。高层管理当局投入了大量的时间向员工们宣传，他们需要有一种高度的紧迫意识，勇于采取冒风险的行动。同时，需要认识到，在竞争者不断削价的新形势下，仅靠提供优质的产品是不够的。管理当局鼓励员工们找全新的方法，使公司从研究开发到行政管理和销售各领域都到达到低成本。这些措施的结果，使惠普公司在其大部分产品的毛利都下降的情况下，得以取得了较高的盈利。

(2) 以小组为单位，根据所学知识，结合上面的案例材料分析下面的问题。

① 试问惠普公司和王安公司各采取了哪一种变革方式，体现了什么样的理念？

② 惠普公司在20世纪80年代后期所采取的管理措施是否也适用于王安公司？请论证你的观点。

③ 惠普公司的经验反映了哪些组织管理的思想？

(3) 小组讨论结束后，以班级为单位进行讨论。

【实训成果】

班级讨论结束后，每位同学把讨论结果以书面形式上交。

【实训考核与评价】

教师根据书面讨论稿和发言表现进行评分。

参 考 文 献

[1] 贺彩玲，林文杰．管理学原理与方法［M］．北京：中国财政经济出版社，2007．
[2] 单凤儒．管理学基础［M］．3版．北京：高等教育出版社，2009．
[3] 李军．管理学基础［M］．北京：清华大学出版社，北京交通大学出版社，2006．
[4] 蒋永忠，张颖．管理学基础［M］．大连：东北财经大学出版社，2006．
[5] 周三多．管理学［M］．北京：高等教育出版社，2005．
[6] 亓名杰．管理思想史［M］．北京：机械工业出版社，2008．
[7] 汪洁．管理学基础［M］．北京：高等教育出版社，2009．
[8] 陈传明，周小虎．管理学原理［M］．北京：机械工业出版社，2009．
[9] 刘兴倍．管理学原理［M］．北京：清华大学出版社，2004．
[10] 赵奕，韩建东．市场调查与预测［M］．北京：清华大学出版社，2007．
[11] 代海涛．企业战略管理［M］．北京：北京交通大学出版社，2009．
[12] 季辉，漆明龙．管理学基础［M］．成都：四川大学出版社，2004．
[13] 崔卫国，刘学虎．管理学小故事［M］．北京：中华工商联合出版社，2005．
[14] 胡建宏，刘雪梅．管理学原理与实务［M］．北京：清华大学出版社，2009．
[15] 王社民．管理基础与实务［M］．北京：北京理工大学出版社，2009．
[16] 苏义林．管理学［M］．北京：中国轻工业出版社，2009．
[17] 曾坤生．管理学［M］．北京：清华大学出版社，2009．
[18] 朱占峰，陈德清．管理学原理［M］．武汉：武汉理工大学出版社，2005．
[19] 路宏达．管理学基础［M］．2版．北京：高等教育出版社，2008．
[20] 余秀江，张光辉．管理学原理［M］．北京：中国人民大学出版社，2004．
[21] 王爱民．管理学原理［M］．成都：西南财经大学出版社，2009．
[22] 王俊柳．管理学教程［M］．北京：清华大学出版社，2007．
[23] 孟建国．管理学［M］．北京：光明日报出版社，2008．
[24] 王新宏．现代管理学［M］．天津：天津大学出版社，2008．
[25] 张存禄．企业管理经典案例评析［M］．北京：中国人民大学出版社，2004．
[26] 王德清，陈金凤．现代管理案例精析［M］．重庆：重庆大学出版社，2004．